大数据与人工智能技术丛书

Python 科学与工程数据分析实战

◎ 李晓东　编著

清華大学出版社
北京

内容简介

本书以 Python 3.10.7 为平台，以实际应用为背景，通过概述+算法+经典应用的形式，深入浅出地介绍Python数据分析的相关知识。全书共9章，主要内容包括Python概述、科学计算库、开源科学集、数据分析利器、数据分析的可视化、基于回归的数据分析、基于分类的数据分析、基于聚类的数据分析、数据特征分析等。通过学习本书，读者可领略到Python的简单、易学、易读、易维护等特点，同时也可感受到利用Python实现数据分析应用领域广泛，功能强大。

本书可作为高等学校相关专业本科生和研究生的教学用书，也可作为相关专业科研人员、学者、工程技术人员的参考用书。

图书在版编目(CIP)数据

Python科学与工程数据分析实战/李晓东编著. —北京：清华大学出版社，2024.3
(大数据与人工智能技术丛书)
ISBN 978-7-302-65708-8

Ⅰ.①P… Ⅱ.①李… Ⅲ.①软件工具－程序设计 Ⅳ.①TP311.561

中国国家版本馆CIP数据核字(2024)第042492号

责任编辑：黄 芝 薛 阳
封面设计：刘 键
责任校对：申晓焕
责任印制：杨 艳

出版发行：清华大学出版社
网 址：https://www.tup.com.cn，https://www.wqxuetang.com
地 址：北京清华大学学研大厦A座 **邮 编**：100084
社 总 机：010-83470000 **邮 购**：010-62786544
投稿与读者服务：010-62776969，c-service@tup.tsinghua.edu.cn
质量反馈：010-62772015，zhiliang@tup.tsinghua.edu.cn
课件下载：https://www.tup.com.cn，010-83470236
印 装 者：三河市人民印务有限公司
经 销：全国新华书店
开 本：185mm×260mm **印 张**：20.25 **字 数**：531千字
版 次：2024年5月第1版 **印 次**：2024年5月第1次印刷
印 数：1～2500
定 价：89.80元

产品编号：101951-01

前言

数据分析是指用适当的统计分析方法对收集来的大量数据进行分析，提取有用信息形成结论，从而对数据加以详细研究和概括总结的过程。

在实际应用中，数据分析可帮助人们作出判断，以便采取适当行动。数据分析是有目的地收集数据、分析数据，使之成为信息的过程。

数据分析有极广泛的应用范围，典型的数据分析可能包含以下三步：

（1）探索性数据分析，当数据刚取得时，可能杂乱无章，看不出规律，通过作图、造表、用各种形式的方程拟合、计算某些特征量等手段探索规律性的可能形式。

（2）模型选定分析，在探索性分析的基础上提出一类或几类可能的模型，然后通过进一步的分析从中挑选一定的模型。

（3）推断分析，通常使用数理统计方法对所定模型或估计的可靠程度和精确程度作出推断。

数据分析过程的主要活动由识别信息需求、收集数据、分析数据、评价并改进数据分析的有效性组成。

本书为什么会在众多语言当中选择 Python 来实现数据分析呢？其主要原因之一是：Python 是一种效率极高的语言；相比众多其他语言，Python 具有简单、易学、易读、易维护等特点。

另一个原因是：对程序员来说，社区是非常重要的，大多数程序员都需要向解决过类似问题的人寻求建议，在需要有人帮助解决问题时，有一个联系紧密、互帮互助的社区至关重要，Python 社区就是这样的一个社区。

本书将数据分析的基本理论与应用实践联系起来，通过这种方式让读者聚焦于如何正确地提出问题、解决问题。书中讲解了如何利用 Python 的核心元素以及强大的学习库，解决数据分析中的问题。不管你是学习数据科学的初学者，还是想进一步拓展对数据科学领域的认知，本书都是一个重要且不可错过的资源，它能帮助你了解如何使用 Python 解决数据分析中的关键问题。

【本书特色】

1. 内容浅显易懂

本书不会纠缠于晦涩难懂的概念，而是整本书力求用浅显易懂的语言引出概念，用常用的方式介绍编程，用清晰的逻辑解释思路。

2. 知识点全面

书中从介绍 Python 软件出发，接着介绍 Python 的用法，然后介绍 Python 程序设计，再由实例总结巩固相关知识点。

3. 学以致用

本书理论与实例相结合，内容丰富、实用，帮助读者快速领会知识要点。书中的实例与经典应用具有超强的实用性，并且书中源代码、数据集等读者都可免费轻松获得。

【本书结构】

全书共9章，主要内容包括：

第1章　掀开Python面纱，主要内容包括Python环境搭建、基本命令、数据类型、字符串操作等内容。

第2章　科学计算库，主要内容包括NumPy概述、NumPy的数据类型、NumPy数组、NumPy统计函数等内容。

第3章　开源科学集，主要内容包括SciPy常量模块、SciPy优化器、SciPy稀疏矩阵、SciPy图结构、SciPy空间数据等内容。

第4章　数据分析利器，主要内容包括Pandas数据结构、统计性描述、Pandas重建索引、Pandas分组与聚合、数据缺失等内容。

第5章　数据分析的可视化，主要内容包括基本二维绘图、三维绘图、小提琴图等内容。

第6章　基于回归的数据分析，主要内容包括简单线性回归、多元回归、广义线性回归、岭回归、套索回归等内容。

第7章　基于分类的数据分析，主要内容包括KNN分类器、线性分类器、逻辑分类、贝叶斯分类、决策树、随机森林等内容。

第8章　基于聚类的数据分析，主要内容包括k-means聚类、Mean Shift聚类、谱聚类、层次聚类算法、密度聚类等内容。

第9章　数据特征分析，主要内容包括数据表达、交互式与多项式特征、自动化特征选择等内容。

这些算法目前应用非常广泛，也是效果不错的算法，是数据分析的主要算法，通过本书的学习，我们要学会利用Python解决数据分析中的实际问题，达到应用自如的程度。

【适读人群】

本书适合Python初学者、研究Python软件的科研者。

本书由佛山科学技术学院李晓东编写。

由于时间仓促，加之编者水平有限，书中错误和疏漏之处在所难免。在此，诚恳地期望得到各领域的专家和广大读者的批评指正。

编　者

2024年1月

目录

第 1 章

掀开Python面纱

Python 是一种计算机程序语言，具有简洁性、易学性和可扩展性，已成为最受欢迎的程序语言之一。Python 提供了高效的高级数据结构，还能简单有效地面向对象编程。Python 语法和动态类型，以及解释型语言的本质，使它成为多数平台上写脚本和快速开发应用的编程语言，随着版本的不断更新和语言新功能的添加，逐渐被用于独立的、大型的项目开发。

Python 具有比其他语言更有特色的语法结构：

- Python 是一种解释型语言。这意味着开发过程中没有了编译这个环节，类似于 PHP 和 Perl 语言。
- Python 是交互式语言。这意味着，可以在一个 Python 提示符“＞＞＞”后直接执行代码。
- Python 是面向对象语言：这意味着 Python 支持面向对象的风格或代码封装在对象中的编程技术。
- Python 是初学者的语言：Python 对初级程序员而言，是一种伟大的语言，它支持广泛的应用程序开发，从简单的文字处理到 Web 浏览器再到游戏。

1.1 Python 环境搭建

在 Python 中，只需像普通软件一样安装好 Anaconda，就可以把 Python 科学计算环境变量、解释器、开发环境等安装到计算机中。

除此之外，Anaconda 还提供了众多科学计算的包，如 NumPy、SciPy、Pandas 和 Matplotlib 等，以及机器学习、生物医学和天体物理学计算等众多的包模块，如 scikit-learn、BioPython 等。

1.1.1 Python 的安装

Python 英文单词的意思为“蟒蛇”，而 Anaconda 英文单词的意思为“南美洲的巨蟒”，Anaconda 不愧为 Python 的好帮手，它可以为我们安装和配置 Python 开发环境节省大量的时间和精力，可谓是初学者学习 Python 的最佳工具。

Anaconda 的安装十分简单，只需要以下两步即可完成。下面介绍在 Windows 系统下安装 Anaconda 的步骤，在 macOS 下的安装方法类似。

（1）下载 Anaconda。在官网 https://www.onlinedown.net/soft/14542.htm 下载 Anaconda。Python 版本选择 3.10.7，如图 1-1 所示（该版本并不是目前最新的版本，但却是功能环境最稳定的版本）。

https://www.onlinedown.net/soft/14542.htm
软件介绍
下载地址
相关文章
其他版本
网友点评
相关专题
Python
python下载专区
Python
Anaconda
Python
python
ChartDirector for Py...
Python milter
ChartDirector for Py...
ChartDirector for Py...

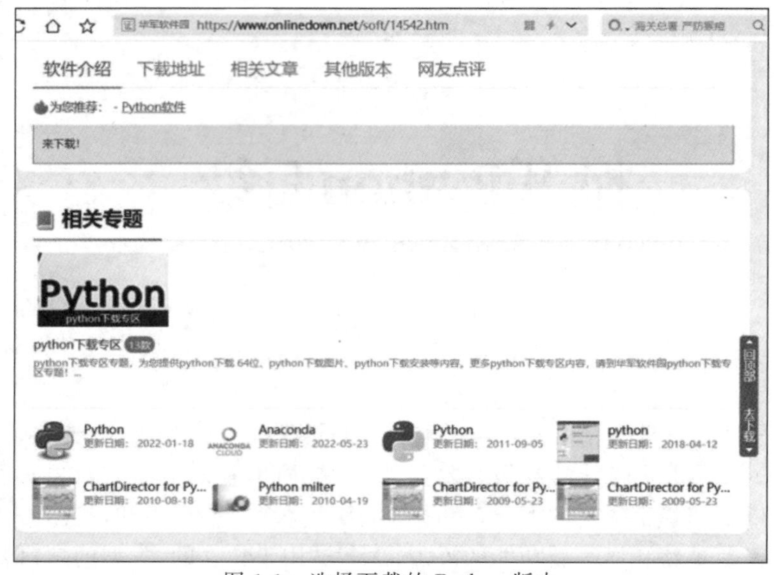

图 1-1　选择下载的 Python 版本

（2）安装 Anaconda。双击打开 Anaconda 安装文件，就像安装普通软件一样，直接单击 Install 按钮安装即可。

安装完成后，在命令提示符界面中输入“Python”即可显示如图 1-2 所示的信息，表示已成功安装 Python。

命令提示符 - python
Microsoft Windows [版本 10.0.19044.1889]
(c) Microsoft Corporation。保留所有权利。
C:\Users\ASUS>python
Python 3.10.7 (tags/v3.10.7:6cc6b13, Sep 5 2022, 14:08:36) [MSC v.1933 64 bit (AMD64)] on win32
Type "help", "copyright", "credits" or "license" for more information.
>>>

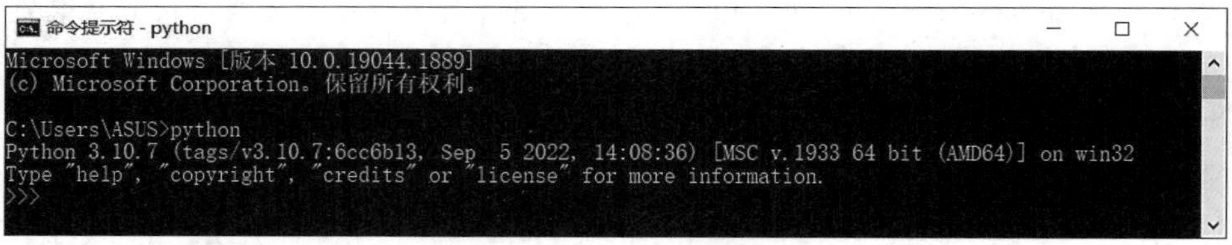

图 1-2　已成功安装 Python

1.1.2　pip 安装第三方库

pip 是 Python 安装各种第三方库（package）的工具。

对于第三方库不太理解的读者，可以将其理解为供用户调用的代码组合。在安装某个库之后，可以直接调用其中的功能，使得我们不用逐个实现某个功能。就像我们需要为计算机杀毒时会选择下载一个杀毒软件一样，而不是自己编写一个杀毒软件，直接使用杀毒软件中的杀毒功能来杀毒就可以了。这个比方中的杀毒软件就像是第三方库，杀毒功能就是第三方库中可以实现的功能。

注意：Anaconda 中已经自带了 pip，因此不用再自己安装配置 pip。

下面我们将介绍如何用 pip 安装第三方库 bs4，bs4 可以使用其中的 BeautifulSoup 解析网页。步骤为：

（1）打开 cmd.exe，在 Windows 中为 cmd，在 macOS 中为 terminal。在 Windows 中，cmd

是命令提示符，输入一些命令后，cmd.exe 可以执行对系统的管理。单击“开始”菜单（如果是 Windows 10 系统，即直接按“开始”+R 快捷键）打开“运行”窗口，在“打开”文本框中输入“cmd”后按 Enter 键，如图 1-3 所示，系统会打开命令提示符窗口。在 macOS 中，可以直接在“应用程序”中打开 terminal 程序。

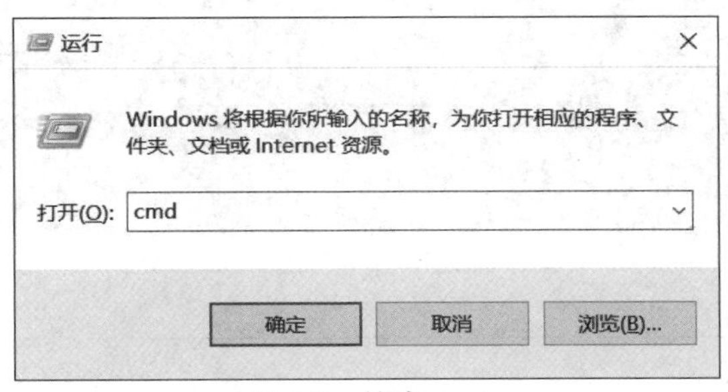

图 1-3　搜索 cmd

（2）安装 bs4 的 Python 库。利用 win+R 快捷键打开“运行”窗口，输入“cmd”命令，在弹出的命令窗口中，如果出现 successfully installed，就表示安装成功，如图 1-4 所示。

```
命令提示符
Collecting bs4
  Using cached bs4-0.0.1.tar.gz (1.1 kB)
Collecting beautifulsoup4
  Downloading beautifulsoup4-4.11.1-py3-none-any.whl (128 kB)
     |████████████████████████████████| 128 kB 233 kB/s
Collecting soupsieve>1.2
  Downloading soupsieve-2.3.2.post1-py3-none-any.whl (37 kB)
Using legacy 'setup.py install' for bs4, since package 'wheel' is not installed.
Installing collected packages: soupsieve, beautifulsoup4, bs4
  WARNING: Value for scheme.headers does not match. Please report this to <https://github.com/pypa/pip/issues/10151>

  distutils: D:Include\soupsieve
  sysconfig: D:\Include\soupsieve
  WARNING: Value for scheme.headers does not match. Please report this to <https://github.com/pypa/pip/issues/10151>

  distutils: D:Include\beautifulsoup4
  sysconfig: D:\Include\beautifulsoup4
  WARNING: Value for scheme.headers does not match. Please report this to <https://github.com/pypa/pip/issues/10151>

  distutils: D:Include\bs4
  sysconfig: D:\Include\bs4
    Running setup.py install for bs4 ... done
Successfully installed beautifulsoup4-4.11.1 bs4-0.0.1 soupsieve-2.3.2.post1
WARNING: You are using pip version 21.2.4; however, version 22.1.1 is available.
```

图 1-4　安装 bs4 成功

除了 bs4 这个库，我们之后还会用到 requests 库、lxml 库等第三方库，正因为这些第三方库，才使得 Python 功能如此强大。

1.1.3　编辑器 Jupyter Notebook

Python 的编辑器很多，有 Notepad++、Sublime Text 2、Spyder 和 Jupyter Notebook。为了方便大家学习，推荐使用 Anaconda 自带的 Jupyter Notebook。

（1）通过命令提示符界面打开 Jupyter。在命令提示符界面输入“jupyter notebook”后按 Enter 键，浏览器启动 Jupyter 主界面，地址默认为 http://localhost:8888/tree，如图 1-5 所示。

（2）创建 Python 文件。选择相应的文件夹，单击右上角的 New 按钮，从下拉列表中选择 Python 3 作为希望的 Jupyter Notebook 类型，如图 1-6 所示。

（3）在新创建的文件中编写 Python 程序。输入“print('hello python! ')”，单击菜单栏中的运行按钮 ▶Run，即可执行代码，效果如图 1-7 所示。

```
命令提示符 - jupyter notebook
(c) Microsoft Corporation。保留所有权利。

C:\Users\ASUS>jupyter notebook
[I 19:02:33.746 NotebookApp] Serving notebooks from local directory: C:\Users\ASUS
[I 19:02:33.752 NotebookApp] 0 active kernels
[I 19:02:33.752 NotebookApp] The Jupyter Notebook is running at:
[I 19:02:33.753 NotebookApp] http://localhost:8888/?token=5641a614144d06102de967708a0283c2af5cc876c8f3c271
[I 19:02:33.753 NotebookApp] Use Control-C to stop this server and shut down all kernels (twice to skip confirmati
on).
[C 19:02:33.755 NotebookApp]

    Copy/paste this URL into your browser when you connect for the first time,
    to login with a token:
        http://localhost:8888/?token=5641a614144d06102de967708a0283c2af5cc876c8f3c271
[I 19:02:37.279 NotebookApp] Accepting one-time-token-authenticated connection from ::1
```

图 1-5　启动 Jupyter Notebook 主界面

图 1-6　选择 Python 3

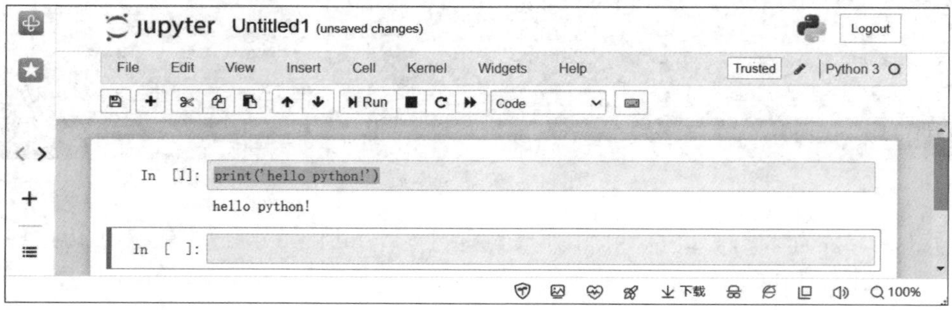

图 1-7　编写并运行 Python 程序

1.2　寻求帮助

借助互联网解决编程问题可能比我们想的要容易得多。如果不相信，下面我们故意产生一个错误：在交互式环境中输入：

```
>>> '4'+3
Traceback (most recent call last):
  File "<stdin>", line 1, in <module>
TypeError: can only concatenate str (not "int") to str
SyntaxError: cannot assign to literal here. Maybe you meant '==' instead of '='?
```

这里出现的错误信息有两个，因为 Python 不理解我们的指令。错误信息的 Traceback 部分显示 Python 遇到困难的特定指令和行号。如果你不知道怎样处理特定的错误信息，可以通过互联网查看那条错误信息。在搜索引擎中输入“TypeError：can only concatenate str (not "int") to str”(包括引号)，就会看到许多链接，解释这条错误信息的含义，以及是什么原因导致的这条错误，如图 1-8 所示。

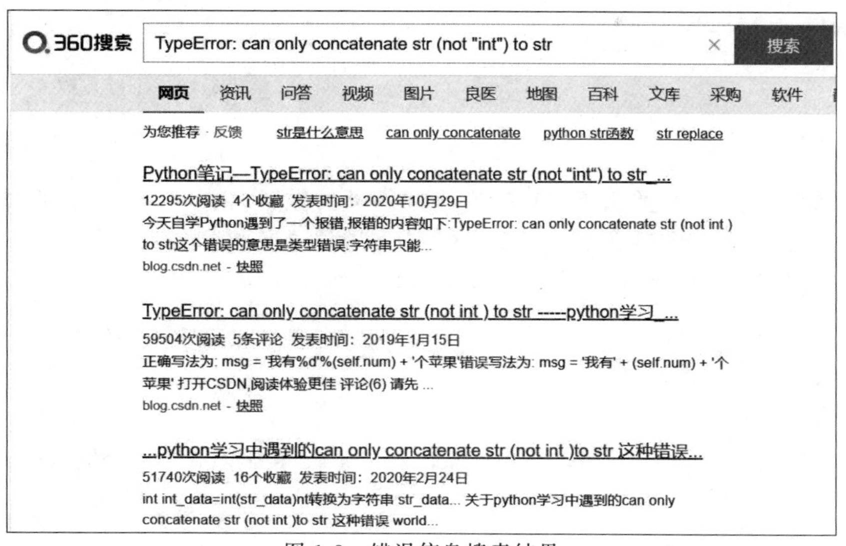

图 1-8　错误信息搜索结果

我们常常会发现，别人也遇到了同样的问题，而其他乐于助人的人已经回答了这个问题。

如果不能通过搜索引擎查找到答案，可尝试在 Stack Overflow(http://stackoverflow.com/)或“learnprogramming”subreddit(http://reddit.com/r/learnprogramming/)这样的论坛上提问。但要记住，用合适的方式提出编程问题，这有助于别人来帮助你。请确保阅读这些网站的 FAQ(常见问题)，了解正确的提问方式。

1.3　基本命令

Python 是一种非常简单的语言，最简单的语句就是 print，使用 print 语句可以打印出一系列结果。另外，Python 要求严格的代码缩进，以 Tab 键或者 4 个空格进行缩进，代码按照结构严格缩进，例如：

```
x=1
if x==1:
    print("Hello Python");
Hello Python
```

如果需要注释某行代码，可以在代码前面加上“#”，例如：

```
#在前面加上#,表示注释
print("Hello Python!")
Hello Python!
```

1.3.1　数字

在 Python 中，解释器表现得就像一个简单的计算器：可以向其输入一些表达式，它会给出返回值。表达式语法很直白：运算符+，-，* 和/与其他语言一样(例如 Pascal 或 C)；括号

(( ))用于分组。例如：

```
>>> 2+3
5
>>> 45-3*11
12
>>> (50-5*6)/4
5.0
>>> 8/5                                     #除法,结果返回一个浮点数
1.6
>>>
```

整数(例如,2,4,20)的类型是 int,带有小数部分的数字(例如,5.0,1.6)的类型是 float。除法"/"返回的永远是一个浮点数。如要使用 floor 除法并且得到整数结果(丢掉任何小数部分),可以使用"//"运算符;要计算余数可以使用"%"运算符,如：

```
>>> 19/3                                    #经典除法,返回一个浮点数
6.333333333333333
>>> 19//3                                   #floor 除法,丢弃小数部分
6
>>> 19%3                                    #%运算符返回除法的余数
1
>>> 5*3+2                                   #结果*除数+余数
17
```

通过 Python,还可以使用**运算符计算幂乘方：

```
>>> 5**2                                    #5 的平方
25
>>> 2**7                                    #2 的 7 次幂
128
```

等号('=')用于给变量赋值。赋值之后,在下一个提示符之前不会有任何结果显示：

```
>>> width = 25
>>> height=5*8
>>> width*height
1000
>>>
```

变量在使用前必须"定义"(赋值),否则会出错：

```
>>> #try to access an undefined variable
... n
Traceback (most recent call last):
  File "<stdin>", line 1, in <module>
NameError: name 'n' is not defined
```

浮点数有完整的支持。在整数和浮点数的混合运算中,整数会被转换为浮点数,如：

```
>>> 3*3.78/1.5
7.56
>>> 7.0/2
3.5
```

交互模式中,将最近一个表达式的值赋给变量_。这样我们就可以把它当作一个桌面计算

器，用于连续计算，例如：

```
>>> t=13.5/100
>>> price=98.5
>>> price * t
13.297500000000001
>>> price+_
111.7975
>>> round(_,2)
111.8
```

此变量对于用户是只读的。不要尝试给它赋值，它只会创建一个独立的同名局部变量，并屏蔽系统内置变量的效果。除了 int 和 float，Python 还支持其他数字类型，例如 decimal 和 fraction。Python 还支持复数，使用后缀 j 或 J 表示虚数部分（例如，3+5j）。

1.3.2 变量

下面来尝试在 hello_world.py 中执行以下语句：

```
>>>message="Hello Python!!"
>>>print(message)
```

运行程序，输出如下：

```
Hello Python!!
```

此处添加了一个名为 message 的变量。每个变量都存储了一个值——与变量相关联的信息。在此，存储的值为文本“Hello Python!!”。

下面进一步扩展这个程序：修改 hello_world.py，使其再打印一条消息。为此，在 hello_world.py 中添加一个空行，再添加下面两行代码：

```
>>> message="Hello World!!"
>>> print(message)
>>>
>>> message="Hello Python Crash Course World!!"
>>> print(message)
```

运行程序，输出如下：

```
Hello World!!
Hello Python Crash Course World!!
```

在程序中我们可随时修改变量的值，而 Python 将始终记录变量的最新值。

1. 变量的命名和使用

在 Python 中使用变量时，需要遵守一些规则和指南。违反这些规则将引发错误，而指南旨在使编写的代码更容易阅读和理解。变量有关的规则有：

- 变量名只能包含字母、数字和下画线。变量名可以字母或下画线开头，但不能以数字开头，例如，可将变量命名为 message_1，但不能将其命名为 1_message。
- 变量名不能包含空格，但可使用下画线来分隔其中的单词。例如，变量名 gr_message 可行，但变量名 gr message 会引发错误。
- 不要将 Python 关键字和函数名作为变量名，即不要使用 Python 保留用于特殊用途的单词作为变量名，如 print。

- 变量名应既简短又具有描述性。例如,name 比 n 好,student_name 比 s_n 好,name_length 比 length_of_persons_name 好。
- 慎用小写字母 l 和大写字母 O,因为它们可能被人错看成数字 1 和 0。

要创建良好的变量名,需要经过一定的实践,在程序复杂而有趣时尤其如此。随着编写的程序越来越多,并开始阅读别人编写的代码,我们将越来越善于创建有意义的变量名。

技巧:就目前而言,应使用小写的 Python 变量名。在变量名中使用大写字母虽然不会导致错误,但小写字母更易于他人阅读,避免使用大写字母是个不错的主意。

2. 变量赋值

1) 单个变量赋值

Python 中的变量赋值不需要类型声明。每个变量在内存中创建,都包括变量的标识、名称和数据这些信息。每个变量在使用前都必须赋值,变量赋值以后该变量才会被创建。等号(=)用来给变量赋值。等号运算符左边是一个变量名,等号运算符右边是存储在变量中的值。例如:

```
counter = 100                                    #赋值整型变量
miles = 1000.0                                   #浮点型
name = "John"                                    #字符串
print(counter)
print(miles)
print(name)
```

以上实例中,100,1000.0 和"John"分别赋值给 counter,miles,name 变量。运行程序,输出如下:

```
100
1000.0
John
```

2) 多个变量赋值

Python 允许同时为多个变量赋值。例如:

```
a = b = c = 1
```

以上实例,创建一个整型对象,值为 1,三个变量被分配到相同的内存空间上。也可以为多个对象指定多个变量。例如:

```
a, b, c = 1, 2, "john"
```

以上实例,两个整型对象 1 和 2 分配给变量 a 和 b,字符串对象 "john" 分配给变量 c。

3. 使用变量时避免命名错误

程序员一般都会犯错,而且大多数程序员每天都会犯错。虽然优秀的程序员也会犯错,但他们知道如何高效地消除错误。下面来看一种大家可能经常会犯的错误,并学习如何消除它。

我们将有意编写一些引发错误的代码。输入以下代码,包括拼写不正确的单词 message:

```
message="Hello Python Crash Course reader!"
print(mesage)
```

程序存在错误时,Python 解释器将竭尽所能地帮助找出问题所在。程序无法成功地运行时,解释器会提供一个 Traceback。Traceback 是一条记录,指出了解释器尝试运行代码时,在什么地方陷入了困境。下面是不小心拼写了变量名时,Python 解释器提供的 Traceback:

```
Traceback(most recent call last):
  File "hello_world.py",line2,in<module>
    print(mesage)
NameError:name 'mesage' is not defined
```

解释器提出，文件 hello_world.py 的第 2 行存在错误；它列出了这行代码，旨在帮助我们快速找出错误；它还提出了这是什么样的错误。在此，解释器发现了一个名称错误，并指出打印的变量 message 未定义：Python 无法识别提供的变量名。名称错误通常意味着两种情况：要么是使用变量前忘记给它赋值了，要么是输入变量名里拼写不正确。

在这个实例中，第 2 行的变量名 message 中遗漏了字母 s。Python 解释器不会对代码做拼写检查，但要求变量名的拼写一致。如果在代码的另一个地方也将 message 错误地拼写成 mesage，结果将如何呢？

```
mesage="Hello Python Crash Course reader!"
print(mesage)
```

在这种情况下，程序将成功地运行：

```
Hello Python Crash Course reader!
```

计算机一丝不苟，但不关心拼写是否正确。因此，创建变量名和编写代码时，我们无须考虑英语中的拼写和语法规则。

1.3.3　运算符

运算符是可以操纵操作数的结构。如一个表达式：10 ＋ 20 ＝ 30。这里，10 和 20 称为操作数，＋则被称为运算符。

Python 语言支持以下类型的运算符：

- 算术运算符
- 比较（关系）运算符
- 赋值运算符
- 位运算符
- 逻辑运算符
- 成员运算符
- 身份运算符

下面来看看 Python 的所有运算符。

1. 算术运算符

假设变量 a 的值是 10，变量 b 的值是 21，则表 1-1 列出了算术运算符规则。

表 1-1　算术运算符规则

运算符	描　　述	实　　例
＋	加：两个对象相加	>>> a＋b→31
－	减：得到负数或是一个数减去另一个数	>>> a－b→－11
*	乘：两个数相乘或是返回一个被重复若干次的字符串	>>> a * b→210
/	除：x 除以 y	>>> b/a→2.1

续表

运算符	描　　述	实　　例
%	取模：返回除法的余数	>>> b % a→1
**	幂：返回 x 的 y 次幂	>>> a**b 100000000000000000000
//	取整除：向下取接近商的整数	>>> a//b→0 >>> b//a→2

【例 1-1】 Python 的算术运算。

```
a = 21
b = 10
c = 0
c = a + b
print ("1 - c 的值为:", c)
c = a - b
print ("2 - c 的值为:", c)
c = a * b
print ("3 - c 的值为:", c)
c = a / b
print ("4 - c 的值为:", c)
c = a % b
print ("5 - c 的值为:", c)
#修改变量 a 、b 、c
a = 2
b = 3
c = a**b
print ("6 - c 的值为:", c)
a = 10
b = 5
c = a//b
print ("7 - c 的值为:", c)
```

运行程序,输出如下：

```
1 - c 的值为: 31
2 - c 的值为: 11
3 - c 的值为: 210
4 - c 的值为: 2.1
5 - c 的值为: 1
6 - c 的值为: 8
7 - c 的值为: 2
```

2. 比较(关系)运算符

表 1-2 是假设变量 a 为 8,变量 b 为 17 的比较效果。

表 1-2　比较运算符规则

运算符	描　　述	实　　例
==	等于：比较对象是否相等	a==b→False
！=	不等于：比较两个对象是否不相等	a！=b→True

续表

运算符	描　述	实　例
>	大于：返回 x 是否大于 y	a>b→False
<	小于：返回 x 是否小于 y。所有比较运算符返回 1 表示真，返回 0 表示假。这分别与特殊的变量 True 和 False 等价。注意，这些变量名的大小写	a<b→True
>=	大于或等于：返回 x 是否大于或等于 y	a>=b→False
<=	小于或等于：返回 x 是否小于或等于 y	a<=b→True

【例 1-2】 Python 的比较运算。

```
c=0
a = 5
b = 20
if ( a <= b ):
   print ("5 - a 小于或等于 b")
else:
   print ("5 - a 大于  b")

if ( b >= a ):
   print ("6 - b 大于或等于 a")
else:
   print ("6 - b 小于 a")
```

运行程序，输出如下：

```
5 - a 小于或等于 b
6 - b 大于或等于 a
```

3. 赋值运算符

表 1-3 是假设变量 a 为 8，变量 b 为 17 的赋值效果。

表 1-3　赋值运算符规则

运算符	描　述	实　例
=	简单的赋值运算符	c = a + b 将 a + b 的运算结果赋值为 c
+=	加法赋值运算符	c += a 等效于 c = c + a
-=	减法赋值运算符	c -= a 等效于 c = c - a
*=	乘法赋值运算符	c *= a 等效于 c = c * a
/=	除法赋值运算符	c /= a 等效于 c = c / a
%=	取模赋值运算符	c %= a 等效于 c = c % a
**=	幂赋值运算符	c **= a 等效于 c = c ** a
//=	取整除赋值运算符	c //= a 等效于 c = c // a

【例 1-3】 Python 的赋值运算操作。

```
a = 8
b = 17
c = 0
```

```
c = a + b
print ("1 - c 的值为:", c)
c += a
print ("2 - c 的值为:", c)
c *= a
print ("3 - c 的值为:", c)
c /= a
print ("4 - c 的值为:", c)
c = 2
c %= a
print ("5 - c 的值为:", c)
c **= a
print ("6 - c 的值为:", c)
c //= a
print ("7 - c 的值为:", c)
```

运行程序,输出如下:

```
输出结果为:
1 -c 的值为: 25
2 -c 的值为: 33
3 -c 的值为: 264
4 -c 的值为: 33.0
5 -c 的值为: 2
6 -c 的值为: 256
7 -c 的值为: 32
```

4. 位运算符

位运算符是把数字看作二进制数来进行计算的。Python 中的位运算法则如下:

表 1-4 中变量 a 为 60,b 为 13 的二进制格式如下:

```
a = 0011 1100
b = 0000 1101
------------------
a&b = 0000 1100
a|b = 0011 1101
a^b = 0011 0001
~a  = 1100 0011
```

表 1-4 位运算符规则

运算符	描 述	实 例
&	按位与运算符:参与运算的两个值,如果两个相应位都为 1,则该位的结果为 1,否则为 0	(a & b)输出结果 12,二进制解释:0000 1100
|	按位或运算符:只要对应的两个二进制位有一个为 1,结果位就为 1	(a | b)输出结果 61,二进制解释:0011 1101
^	按位异或运算符:当两个对应的二进制位相异时,结果为 1	(a ^ b)输出结果 49,二进制解释:0011 0001
~	按位取反运算符:对数据的每个二进制位取反,即把 1 变为 0,把 0 变为 1。~x 类似于$-x-1$	(~a)输出结果 −61,二进制解释:1100 0011,一个有符号二进制数的补码形式

续表

运算符	描　　述	实　　例
<<	左移运算符：运算数的各二进制位全部左移若干位，由<<右边的数字指定移动的位数，高位丢弃，低位补0	a << 2 输出结果 240，二进制解释：1111 0000
>>	右移运算符：把>>左边的运算数的各二进制位全部右移若干位，>>右边的数字指定了移动的位数	a >> 2 输出结果 15，二进制解释：0000 1111

【例 1-4】 Python 的位运算。

```
a = 60                          #60 = 0011 1100
b = 13                          #13 = 0000 1101 c = 0
c = a & b                       #12 = 0000 1100
print ("1 - c 的值为:", c)
c = a | b                       #61 = 0011 1101
print ("2 - c 的值为:", c)
c = a ^ b                       #49 = 0011 0001
print ("3 - c 的值为:", c)
c = ~a                          #-61 = 1100 0011
print ("4 - c 的值为:", c)
c = a << 2                      #240 = 1111 0000
print ("5 - c 的值为:", c)
c = a >> 2                      #15 = 0000 1111
print ("6 - c 的值为:", c)
```

运行程序，输出如下：

```
1 - c 的值为: 12
2 - c 的值为: 61
3 - c 的值为: 49
4 - c 的值为: -61
5 - c 的值为: 240
6 - c 的值为: 15
```

5. 逻辑运算符

Python 语言支持逻辑运算符，表 1-5 为假设变量 a 为 8，b 为 16 进行运算的结果。

表 1-5 逻辑运算符规则

运算符	逻辑表达式	描　　述	实　　例
and	x and y	布尔"与"：如果 x 为 False，x and y 返回 False，否则它返回 y 的计算值	(a and b)返回 16
or	x or y	布尔"或"：如果 x 为非 0，它返回 x 的值，否则它返回 y 的计算值	(a or b)返回 8
not	not x	布尔"非"：如果 x 为 True，返回 False。如果 x 为 False，它返回 True	not(a and b)返回 False

【例 1-5】 Python 的逻辑运算实例。

```
a = 60                          #60 = 0011 1100
b = 13                          #13 = 0000 1101 c = 0
c = a & b                       #12 = 0000 1100
print ("1 - c 的值为:", c)
```

```
c = a | b                                    # 61 = 0011 1101
print ("2 - c 的值为:", c)
c = a ^ b                                    # 49 = 0011 0001
print ("3 - c 的值为:", c)
c = ~a                                       # -61 = 1100 0011
print ("4 - c 的值为:", c)
c = a << 2                                   # 240 = 1111 0000
print ("5 - c 的值为:", c)
c = a >> 2                                   # 15 = 0000 1111
print ("6 - c 的值为:", c)
```

运行程序,输出如下:

```
1 - c 的值为: 12
2 - c 的值为: 61
3 - c 的值为: 49
4 - c 的值为: -61
5 - c 的值为: 240
6 - c 的值为: 15
```

6. 成员运算符

除了以上运算符之外,Python 还支持成员运算符,测试实例中包含了一系列的成员,包括字符串、列表或元组,如表 1-6 所列。

表 1-6 成员运算符规则

运算符	描述	实例
in	如果在指定的序列中找到值返回 True,否则返回 False	x 在 y 序列中,如果 x 在 y 序列中返回 True
not in	如果在指定的序列中没有找到值返回 True,否则返回 False	x 不在 y 序列中,如果 x 不在 y 序列中返回 True

【例 1-6】 Python 的成员运算实例。

```
a = 8
b = 16
list = [1, 2, 3, 4, 5 ]
if ( a in list ):
   print ("1 - 变量 a 在给定的列表 list 中")
else:
   print ("1 - 变量 a 不在给定的列表 list 中")
if ( b not in list ):
   print ("2 - 变量 b 不在给定的列表 list 中")
else:
   print ("2 - 变量 b 在给定的列表 list 中")
#修改变量 a 的值
a = 2
if ( a in list ):
   print ("3 - 变量 a 在给定的列表 list 中")
else:
   print ("3 - 变量 a 不在给定的列表 list 中")
```

运行程序,输出如下:

```
1 - 变量 a 不在给定的列表 list 中
2 - 变量 b 不在给定的列表 list 中
3 - 变量 a 在给定的列表 list 中
```

7. 身份运算符

身份运算符用于比较两个对象的存储单元，如表 1-7 所列。

表 1-7 身份运算符规则

运算符	描 述	实 例
is	is 是判断两个标识符是不是引用自一个对象	x is y，类似 id(x) == id(y)，如果引用的是同一个对象则返回 True，否则返回 False
is not	is not 是判断两个标识符是不是引用自不同对象	x is not y，类似 id(x) != id(y)。如果引用的不是同一个对象则返回 True，否则返回 False

【例 1-7】 身份运算实例。

```
a = 15
b = 15
if ( a is b ):
   print ("1 - a 和 b 有相同的标识")
else:
   print ("1 - a 和 b 没有相同的标识")
if ( id(a) == id(b) ):
   print ("2 - a 和 b 有相同的标识")
else:
   print ("2 - a 和 b 没有相同的标识")
#修改变量 b 的值
b = 30
if ( a is b ):
   print ("3 - a 和 b 有相同的标识")
else:
   print ("3 - a 和 b 没有相同的标识")
if ( a is not b ):
   print ("4 - a 和 b 没有相同的标识")
else:
   print ("4 - a 和 b 有相同的标识")
```

运行程序，输出如下：

```
1 - a 和 b 有相同的标识
2 - a 和 b 有相同的标识
3 - a 和 b 没有相同的标识
4 - a 和 b 没有相同的标识
```

提示：is 与==的区别主要表现在，is 用于判断两个变量引用对象是否为同一个，==用于判断引用变量的值是否相等。

1.4 数据类型

表达式是值和操作符的组合，它们可以通过求值成为单个值。“数据类型”是一类值，每个值都只属于一种数据类型。表 1-8 列出了 Python 中最常见的数据类型。例如，值−2 和 30 属于“整型”值。整型(或 int)数据类型表明值是整数。带有小数点的数，如 3.14，称为“浮点型”

(或 float)。请注意,尽管 42 是一个整型,但 42.0 是一个浮点型。

表 1-8 常见的数据类型

数 据 类 型	例 子
整型	−2,−1,0,1,2,3,4,5
浮点型	−1.25,−1.0,−0.5,0.0,0.5,1.0,1.25
字符串	'a', 'aa', 'aaa', 'Hello! ', 'a1 dot'

Python 程序也可以有文本值,称为“字符串”,或 strs(发音为“stirs”)。总是用单引号“'”包围住字符串(例如'Hello'或'Goodbye cruel world! '),这样 Python 就知道字符串的开始和结束。甚至可以包括没有字符的字符串,称为“空字符串”。

如果看到错误信息 SyntaxError: EOL while scanning string literal,可能是忘记了字符串末尾的单引号,如下面的例子所示:

```
>>> 'Hello Python!
  File "<stdin>", line 1
    'Hello Python!
    ^
SyntaxError: unterminated string literal (detected at line 1)
```

1.5 字符串操作

操作符之后值的数据类型不同,操作符的含义可能会改变。例如,在操作两个整型或浮点型值时,“+”是相加操作符。但是,在用于两个字符串时,它将字符串连接起来,成为“字符串连接”的操作符。在交互式环境中输入以下内容:

```
>>> 'Lily'+'Bob'
'LilyBob'
```

该表达式求值为一个新字符串,包含两个字符串的文本。但是,如果对一个字符串和一个整型值使用加操作符,Python 就不知道如何处理了,它将显示一条错误信息。

```
>>> 'Lily'+35
Traceback (most recent call last):
  File "<stdin>", line 1, in <module>
TypeError: can only concatenate str (not "int") to str
```

错误信息 can only concatenate str (not "int") to str 表示 Python 认为,你试图将一个整数连接到字符串'Lily'。在 Python 代码中,必须显式地将整数转换为字符串,因为 Python 不能自动完成转换。

在用于两个整型或浮点型值时,“*”操作符表示乘法。但“*”操作符用于一个字符串值和一个整型值时,它变成了“字符串复制”。在交互式环境中输入一个字符串和一个数字相乘:

```
>>> 'Lily'*6
'LilyLilyLilyLilyLilyLily'
```

该表达式求值为一个字符串,它将原来的字符串重复若干次,次数就是整型的值。字符串复制是一个有用的技巧,但不像字符串连接那样常用。

“*”操作符只能用于两个数字(作为乘法),或一个字符串和一个整型(作为字符串复制操作符)。否则,Python 将显示错误信息。

```
>>> 'Lily' * 'Bob'
Traceback (most recent call last):
  File "<stdin>", line 1, in <module>
TypeError: can't multiply sequence by non-int of type 'str'
>>> 'Lily' * 6.0
Traceback (most recent call last):
  File "<stdin>", line 1, in <module>
TypeError: can't multiply sequence by non-int of type 'float'
```

Python 不理解这些表达式是有道理的:我们不能把两个单词相乘,也很难将一个任意字符串复制小数次。

1.6 元素的集合

Python 中有列表、元组、字典、集合这 4 种可以存放多个数据元素的集合,它们在总体功能上都起着存放数据的作用,但却有着各自的特点。

1.6.1 列表

序列是 Python 中最基本的数据结构。序列中的每个值都有对应的位置值,称为索引,第一个索引是 0,第二个索引是 1,以此类推。Python 有 6 个序列的内置类型,但最常见的是列表和元组。

列表都可以进行的操作包括索引、切片、加、乘、检查成员。此外,Python 已经内置确定序列的长度以及确定最大和最小元素的方法。列表是最常用的 Python 数据类型,它可以作为一个方括号内的逗号分隔值出现。列表的数据项不需要具有相同的类型。创建一个列表,只要把逗号分隔的不同的数据项使用方括号括起来即可。如下所示:

```
list1 = ['Google', 'Runoob', 1997, 2000]
list2 = [1, 2, 3, 4, 5 ]
list3 = ["a", "b", "c", "d"]
list4 = ['red', 'green', 'blue', 'yellow', 'white', 'black']
```

1. 访问列表中的值

与字符串的索引一样,列表索引从 0 开始,第二个索引是 1,以此类推。通过索引列表可以进行截取、组合等操作,效果如图 1-9 所示。

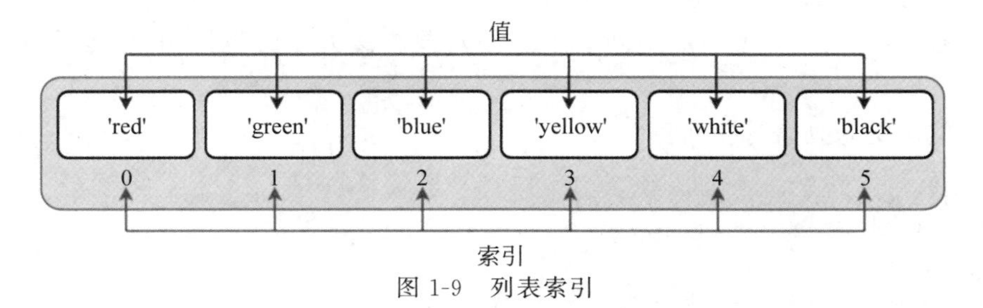

图 1-9 列表索引

【例 1-8】 访问列表中的值。

```
list = ['red', 'green', 'blue', 'yellow', 'white', 'black']
print( list[0] )
print( list[1] )
```

```
print( list[2] )
```

运行程序，输出如下：

```
red
green
blue
```

使用下标索引来访问列表中的值，同样也可以使用方括号[]的形式截取字符，如图 1-10 所示。

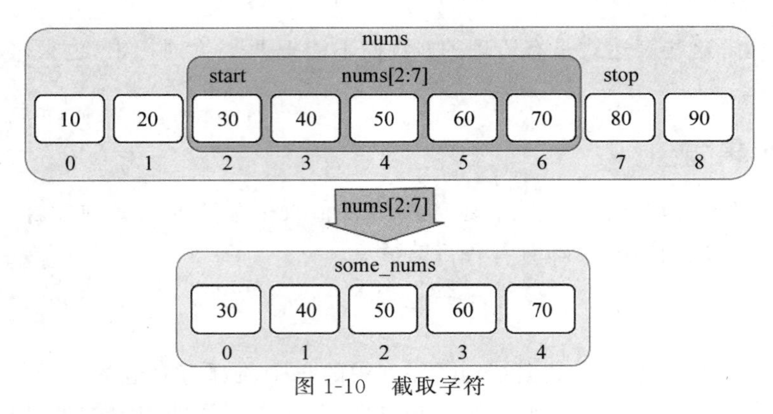

图 1-10 截取字符

【例 1-9】 使用负数索引值截取。

```
list = ['Google', 'Runoob', "Zhihu", "Taobao", "Wiki"]
#读取第二位
print ("list[1]: ", list[1])
#从第二位开始(包含)截取到倒数第二位(不包含)
print ("list[1:-2]: ", list[1:-2])
```

运行程序，输出如下：

```
list[1]:  Runoob
list[1:-2]:  ['Runoob', 'Zhihu']
```

2. 更新列表

可以对列表的数据项进行修改或更新，也可以使用 append()方法来添加列表项，append()方法用于在列表末尾添加新的对象。其调用格式为：

list.append(obj)：obj 为添加到列表末尾的对象。该方法无返回值，但是会修改原来的列表。

【例 1-10】 更新列表操作实例。

```
list = ['Google', 'Runoob', 1997, 2020]
print ("第三个元素为 : ", list[2])
list[2] = 2021
print ("更新后的第三个元素为 : ", list[2])
list1 = ['Google', 'Runoob', 'Taobao']
list1.append('Baidu')
print ("更新后的列表 : ", list1)
```

运行程序，输出如下：

```
第三个元素为 :  1997
更新后的第三个元素为 :  2021
更新后的列表 :  ['Google', 'Runoob', 'Taobao', 'Baidu']
```

【例 1-11】 定义两个函数：一个用 extend()方法，一个用 append()方法。

```
#-*- coding: UTF-8 -*-
def changeextend(str):                          #定义函数
    "print string with extend"
    mylist.extend([40,50,60]);
    print ("print string mylist:",mylist)
    return
def changeappend(str):                          #定义函数
    "print string with append"
    mylist.append( [7,8,9] )
    print("print string mylist:",mylist )
    return
mylist = [10,20,30]
changeextend( mylist );
print ("print extend mylist:", mylist )
changeappend( mylist );
print ("print append mylist:", mylist )
```

运行程序，输出如下：

```
print string mylist: [10, 20, 30, 40, 50, 60]
print extend mylist: [10, 20, 30, 40, 50, 60]
print string mylist: [10, 20, 30, 40, 50, 60, [7, 8, 9]]
print append mylist: [10, 20, 30, 40, 50, 60, [7, 8, 9]]
```

3. 删除列表元素

在 Python 中，可以使用 del 语句来删除列表的元素。

【例 1-12】 使用 del 语句删除列表元素。

```
list = ['Google', 'Runoob', 1997, 2020]
print ("原始列表 : ", list)
del list[2]
print ("删除第三个元素 : ", list)
```

运行程序，输出如下：

```
原始列表 :  ['Google', 'Runoob', 1997, 2020]
删除第三个元素 :  ['Google', 'Runoob', 2020]
```

此外，还可以使用 remove()函数移除列表中某个值的第一个匹配项。函数的语法格式为：

list.remove(obj)：obj 为列表中要移除的对象。没有返回值但是会移除列表中的某个值的第一个匹配项。

【例 1-13】 使用 remove()函数删除列表的匹配项。

```
list1 = ['Google', 'Jingdong', 'Taobao', 'Baidu']
list1.remove('Taobao')
print ("列表现在为 : ", list1)
list1.remove('Baidu')
```

```
print ("列表现在为 : ", list1)
```

运行程序，输出如下：

```
列表现在为 :  ['Google', 'Jingdong', 'Baidu']
列表现在为 :  ['Google', 'Jingdong']
```

4. 查找列表元素

Python 中的列表(list)提供了 index()和 count()方法，它们都可以用来查找元素。

(1) index()方法。

index()方法用来查找某个元素在列表中出现的位置(也就是索引)，如果该元素不存在，则会导致 ValueError 错误，所以在查找之前最好使用 count()方法判断一下。

index()的语法格式为：

listname.index(obj, start, end)：listname 表示列表名称，obj 表示要查找的元素，start 表示起始位置，end 表示结束位置。

- start 和 end 参数用来指定检索范围；
- start 和 end 可以都不写，此时会检索整个列表；
- 如果只写 start 不写 end，表示检索从 start 到末尾的元素；
- 如果 start 和 end 都写，表示检索 start 和 end 之间的元素。

index()方法会返回元素所在列表中的索引值。

【例 1-14】 应用 index()方法查找列表元素。

```
nums = [40, 36, 89, 2, 36, 100, 7, -20.5, -999]
#检索列表中的所有元素
print( nums.index(2) )
#检索 3~7 的元素
print( nums.index(100, 3, 7) )
#检索 4 之后的元素
print( nums.index(7, 4) )
#检索一个不存在的元素
print( nums.index(55) )
```

运行程序，输出如下：

```
3
5
6
Traceback (most recent call last):
  File "E:\BookEdit\教材\2022.1.11\Python 数据分析\example\1\P1_14.py", line 9, in
<module>
    print( nums.index(55) )
ValueError: 55 is not in list
```

(2) count()方法。

count()方法用来统计某个元素在列表中出现的次数，基本语法格式为：

listname.count(obj)：listname 代表列表名，obj 表示要统计的元素。

如果 count()返回 0，就表示列表中不存在该元素，所以 count()也可以用来判断列表中是否存在某个元素。

【例 1-15】 使用 count()方法统计某元素在列表中出现的次数。

```
nums = [40, 36, 89, 2, 36, 100, 7, -20.5, 36]
#统计元素出现的次数
print("36 出现了%d 次" % nums.count(36))
#判断一个元素是否存在
if nums.count(100):
    print("列表中存在 100 这个元素")
else:
    print("列表中不存在 100 这个元素")
```

运行程序，输出如下：

```
36 出现了 3 次
列表中存在 100 这个元素
```

1.6.2 元组

元组(tuple)是 Python 中另一个重要的序列结构，和列表类似，元组也是由一系列按特定顺序排列的元素组成。

元组和列表(list)的不同之处在于：

- 列表的元素是可以更改的，包括修改元素值，删除和插入元素，所以列表是可变序列；
- 元组一旦被创建，它的元素就不可更改了，所以元组是不可变序列。

元组也可以看作是不可变的列表，通常情况下，元组用于保存无须修改的内容。从形式上看，元组的所有元素都放在一对小括号( )中，相邻元素之间用逗号“,”分隔，如下所示：

```
(element1, element2, ... , elementn)
```

其中 element1～elementn 表示元组中的各个元素，个数没有限制，只要是 Python 支持的数据类型就可以。

从存储内容来看，元组可以存储整数、实数、字符串、列表、元组等任何类型的数据，并且在同一元组中，元素的类型可以不同，例如：

```
("c.biancheng.net", 1, [2,'a'], ("abc",3.0))
```

在这个元组中，有多种类型的数据，包括整型、字符串、列表、元组。

另外，我们都知道，列表的数据类型是 list，那么元组的数据类型是什么呢？不妨通过 type()函数来查看一下：

```
>>> type(("c.biancheng.net",1,[2,'a'],("abc",3.0)))
<class 'tuple'>
```

可以看到，元组是 tuple 类型，这也是很多教程中用 tuple 指代元组的原因。

1. 元组的创建

Python 提供了两种创建元组的方法，分别为使用()创建和使用 tuple()函数创建。

1) 使用()创建元组

使用()创建元组很简单，只需要在括号中添加元素，并使用逗号隔开即可，如图 1-11 所示。

例如，下面的元组都是合法的：

元组元素位于小括号中（...）

tuple = ("Google", 'Runoob', "Taobao")

元组中元素使用逗号分隔

图 1-11　元组创建图

```
>>> tup1 = ('Google', 'Runoob', 1997, 2000)
>>> tup2 = (1, 2, 3, 4, 5 )
>>> tup3 = "a", "b", "c", "d"                    #不加括号也可以
```

需要注意的一点是，当创建的元组中只有一个字符串类型的元素时，该元素后面必须要加一个逗号“,”，否则 Python 解释器会将它视为字符串。

【例 1-16】 元组的创建实例。

```
#最后加上逗号
a =("http://c.biancheng.net/cplus/",)
print(type(a))
print(a)
#最后不加逗号
b = ("http://c.biancheng.net/socket/")
print(type(b))
print(b)
```

运行程序，输出如下：

```
<class 'tuple'>
('http://c.biancheng.net/cplus/',)
<class 'str'>
http://c.biancheng.net/socket/
```

2）使用 tuple()函数创建元组

除了使用()创建元组外，Python 还提供了一个内置的函数 tuple()，用来将其他数据类型转换为元组类型。tuple()的语法格式如下：

tuple(data)：data 表示可以转换为元组的数据，包括字符串、元组、range 对象等。

【例 1-17】 使用 tuple()函数创建元组。

```
#将字符串转换成元组
tup1 = tuple("hello")
print(tup1)
#将列表转换成元组
list1 = ['Python', 'Java', 'MATLAB', 'JavaScript']
tup2 = tuple(list1)
print(tup2)
#将字典转换成元组
dict1 = {'a':100, 'b':42, 'c':9}
tup3 = tuple(dict1)
print(tup3)
#将区间转换成元组
range1 = range(1, 6)
tup4 = tuple(range1)
print(tup4)
```

```
#创建空元组
print(tuple())
```

运行程序，输出如下：

```
('h', 'e', 'l', 'l', 'o')
('Python', 'Java', 'MATLAB', 'JavaScript')
('a', 'b', 'c')
(1, 2, 3, 4, 5)
()
```

元组与字符串类似，下标索引从 0 开始，可以进行截取、组合等，如图 1-12 所示。

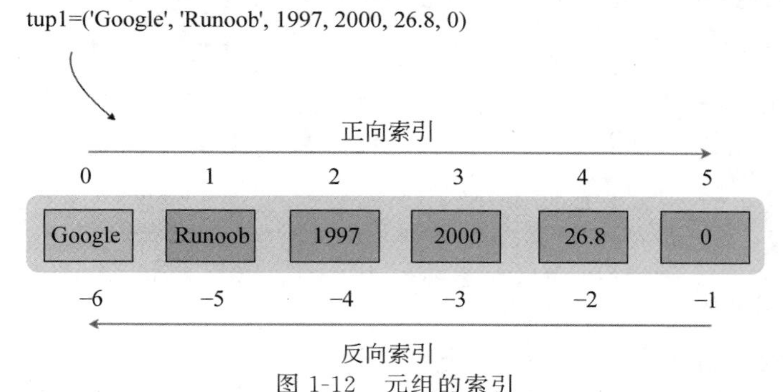

图 1-12　元组的索引

2. 访问元组

和列表一样，我们可以使用索引（Index）访问元组中的某个元素（得到的是一个元素的值），也可以使用切片访问元组中的一组元素（得到的是一个新的子元组）。

使用索引访问元组元素的格式为：

tuplename[i]：tuplename 表示元组名字，i 表示索引值。元组的索引可以是正数，也可以是负数。

使用切片访问元组元素的格式为：

tuplename[start ：end ：step]：start 表示起始索引，end 表示结束索引，step 表示步长。

【例 1-18】　使用两种方式访问元组元素。

```
url = tuple("https://hao.360.com/?a1004")
#使用索引访问元组中的某个元素
print(url[3])                          #使用正数索引
print(url[-4])                         #使用负数索引
#使用切片访问元组中的一组元素
print(url[9: 18])                      #使用正数切片
print(url[9: 18: 3])                   #指定步长
print(url[-6: -1])                     #使用负数切片
```

运行程序，输出如下：

```
p
1
('a', 'o', '.', '3', '6', '0', '.', 'c', 'o')
('a', '3', '.')
('?', 'a', '1', '0', '0')
```

3. 修改元组

在 Python 中,元组是不可变序列,元组中的元素不能被修改,所以我们只能创建一个新的元组去替代旧的元组。

另外,还可以通过连接多个元组(使用+可以拼接元组)的方式向元组中添加新元素。

【例 1-19】 修改元组实例。

```
#对元组变量进行重新赋值:
tup = (100, 0.5, -36, 73)
print(tup)
#对元组进行重新赋值
tup = ("首页","https://hao.360.com/? a1004")
print(tup)
#连接元组
tup1 = (100, 0.5, -36, 73)
tup2 = (3+12j, -54.6, 99)
print(tup1+tup2)
print(tup1)
print(tup2)
```

运行程序,输出如下:

```
(100, 0.5, -36, 73)
('首页', 'https://hao.360.com/? a1004')
(100, 0.5, -36, 73, (3+12j), -54.6, 99)
(100, 0.5, -36, 73)
((3+12j), -54.6, 99)
```

4. 删除元组

元组中的元素是不允许删除的,但我们可以使用 del 语句来删除整个元组。

【例 1-20】 删除元组操作实例。

```
tup = ('Google', 'Runoob', 1997, 2020)
print (tup)
del tup
print ("删除后的元组 tup : ")
print (tup)
```

以上实例元组被删除后,输出变量会有异常信息,输出如下所示:

```
('Google', 'Runoob', 1997, 2020)
```

删除后的元组 tup:

```
Traceback (most recent call last):
  File "E:\BookEdit\教材\2022.1.11\Python 数据分析\example\1\P1_20.py", line 5, in
<module>
    print (tup)
NameError: name 'tup' is not defined
```

1.6.3 字典

字典也是 Python 提供的一种常用的数据结构,它用于存放具有映射关系的数据。比如有份成绩表数据,语文:79,数学:80,英语:92,这组数据看上去像两个列表,但这两个列表的元素之间有一定的关联关系。如果单纯使用两个列表来保存这组数据，则无法记录两组数据之间的关联关系。

为了保存具有映射关系的数据，Python 提供了字典，字典相当于保存了两组数据，其中一组数据是关键数据，称为 key；另一组数据可通过 key 来访问，称为 value。形象地看，字典中 key 和 value 的关联关系如图 1-13 所示。

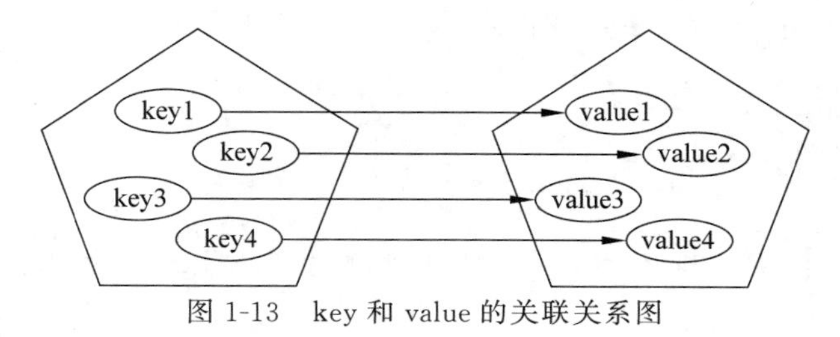

图 1-13　key 和 value 的关联关系图

由于字典中的 key 是非常关键的数据，而且程序需要通过 key 来访问 value，因此字典中的 key 不允许重复。

程序既可使用花括号语法来创建字典，也可使用 dict()函数来创建字典。实际上，dict 是一种类型，它就是 Python 中的字典类型。

在使用花括号语法创建字典时，花括号中应包含多个 key-value 对，key 与 value 之间用英文冒号隔开；多个 key-value 对之间用英文逗号隔开。

【例 1-21】 使用花括号创建字典。

```
#创建一个简单的 dict，该 dict 的 key 是字符串，value 是整数
scores = {'语文': 89, '数学': 92, '英语': 93}
print(scores)
#空的花括号代表空的 dict
empty_dict = {}
print(empty_dict)
#使用元组作为 dict 的 key
dict2 = {(20, 30):'good', 30:'bad'}
print(dict2)
```

运行程序，输出如下：

```
{'语文': 89, '数学': 92, '英语': 93}
{}
{(20, 30): 'good', 30: 'bad'}
```

需要指出的是，元组可以作为 dict 的 key，但列表不能作为元组的 key。这是由于 dict 要求 key 必须是不可变类型，但列表是可变类型，因此列表不能作为元组的 key。

在使用 dict()函数创建字典时，可以传入多个列表或元组参数作为 key-value 对，每个列表或元组将被当成一个 key-value 对，因此这些列表或元组都只能包含两个元素。

【例 1-22】 使用 dict()创建字典。

```
vegetables = [('celery', 1.58), ('brocoli', 1.39), ('lettuce', 2.19)]
#创建包含 3 组 key-value 对的字典
dict3 = dict(vegetables)
print(dict3)
cars = [['BMW', 8.4], ['BENS', 8.5], ['AUDI', 7.6]]
#创建包含 3 组 key-value 对的字典
```

```
dict4 = dict(cars)
print(dict4)
```

运行程序，输出如下：

```
{'celery': 1.58, 'brocoli': 1.39, 'lettuce': 2.19}
{'BMW': 8.4, 'BENS': 8.5, 'AUDI': 7.6}
```

如果不为 dict()函数传入任何参数，则代表创建一个空的字典。例如：

```
#创建空的字典
dict5 = dict()
print(dict5)
{}
```

还可通过为 dict 指定关键字参数创建字典，此时字典的 key 不允许使用表达式。例如：

```
#使用关键字参数来创建字典
dict6 = dict(spinach = 1.39, cabbage = 2.59)
print(dict6)
{'spinach': 1.39, 'cabbage': 2.59}
```

1. 字典的基本用法

在 Python 中，key 是字典的关键数据，所以程序对字典的操作都是基于 key 的。基本操作如下：

- 通过 key 访问 value。
- 通过 key 添加 key-value 对。
- 通过 key 删除 key-value 对。
- 通过 key 修改 key-value 对。
- 通过 key 判断指定 key-value 对是否存在。
- 通过 key 访问 value 使用的也是方括号语法，就像前面介绍的列表和元组一样，只是此时在方括号中放的是 key，而不是列表或元组中的索引。

【例 1-23】 字典的基本用法实例。

```
scores = {'数学': 92}
#通过 key 访问 value
print(scores['数学'])
```

如果要为 dict 添加 key-value 对，只需为不存在的 key 赋值即可：

```
#对不存在的 key 赋值，就是增加 key-value 对
scores['数学'] = 92
scores[92] = 5.7
print(scores)                                   #{'语文': 88, '数学': 92, 91: 5.7}
```

如果要删除字典中的 key-value 对，则可使用 del 语句，例如：

```
#使用 del 语句删除 key-value 对
del scores['语文']
del scores['数学']
print(scores)
```

如果对 dict 中存在的 key-value 对赋值，新赋的 value 就会覆盖原有的 value，这样即可改变 dict 中的 key-value 对。例如：

```
cars = {'BMW': 8.5, 'BENS': 8.3, 'AUDI': 7.9}
#对存在的 key-value 对赋值,改变 key-value 对
cars['BENS'] = 4.2
cars['AUDI'] = 4.8
print(cars)
{'BMW': 8.5, 'BENS': 4.2, 'AUDI': 4.8}
```

如果要判断字典是否包含指定的 key,则可以使用 in 或 not in 运算符。需要指出的是,对于 dict 而言,in 或 not in 运算符都是基于 key 来判断的。例如:

```
#判断 cars 是否包含名为'AUDI'的 key
print('AUDI' in cars)
True
#判断 cars 是否包含名为'PORSCHE'的 key
print('PORSCHE' in cars)
False
print('LAMBORGHINI' not in cars)
True
```

通过上面内容可以看出,字典的 key 是它的关键。换个角度来看,字典的 key 就相当于它的索引,只不过这些索引不一定是整数类型,字典的 key 可以是任意不可变类型。

此外,还有一点需要指出,列表的索引总是从 0 开始、连续增大的;但字典的索引即使是整数类型,也不需要从 0 开始,而且不需要连续。因此,列表不允许对不存在的索引赋值:但字典却允许直接对不存在的 key 赋值,这样就会为字典增加一个 key-value 对。

2. 字典的常用方法

字典由 dict 类代表,因此同样可使用 dir(dict)来查看该类包含哪些方法。在交互式解释器中输入 dir(dict)命令,将看到如下输出结果:

```
>>> dir(dict)
['__class__', '__class_getitem__', '__contains__', '__delattr__', '__delitem__',
'__dir__', '__doc__', '__eq__', '__format__', '__ge__', '__getattribute__',
'__getitem__', '__gt__', '__hash__', '__init__', '__init_subclass__', '__ior__',
'__iter__', '__le__', '__len__', '__lt__', '__ne__', '__new__', '__or__', '__reduce__',
'__reduce_ex__', '__repr__', '__reversed__', '__ror__', '__setattr__', '__setitem__',
'__sizeof__', '__str__', '__subclasshook__', 'clear', 'copy', 'fromkeys', 'get',
'items', 'keys', 'pop', 'popitem', 'setdefault', 'update', 'values']
```

下面介绍 dict 的一些方法。

1) clear()方法

clear()方法用于清空字典中所有的 key-value 对,对一个字典执行 clear()方法之后,该字典就会变成一个空字典。

【例 1-24】 clear()方法的使用实例。

```
tinydict = {'Name': 'Liming', 'Age': 8}
print ("字典长度 : %d" %  len(tinydict))
tinydict.clear()
print ("字典删除后长度 : %d" %  len(tinydict))
```

运行程序,输出如下:

```
字典长度 : 2
字典删除后长度 : 0
```

2）get()方法

get()方法其实就是根据 key 来获取 value，它相当于方括号语法的增强版，当使用方括号语法访问并不存在的 key 时，字典会引发 KeyError 错误；但如果使用 get()方法访问不存在的 key，该方法会简单地返回 None，不会导致错误。

【例 1-25】 使用 get()方法获取字典中的值。

```
tinydict = {'Name': 'Python', 'Age': 25}
print ("Age : ", tinydict.get('Age'))
#没有设置 Sex,也没有设置默认的值,输出 None
print ("Sex : ", tinydict.get('Sex'))
#没有设置 Salary,输出默认的值 0.0
print ('Salary: ', tinydict.get('Salary', 0.0))
Age :  25
Sex :  None
Salary:  0.0
```

3）update()方法

update()方法可使用一个字典所包含的 key-value 对来更新已有的字典。在执行 update()方法时，如果被更新的字典中已包含对应的 key-value 对，那么原 value 会被覆盖；如果被更新的字典中不包含对应的 key-value 对，则该 key-value 对被添加进去。

【例 1-26】 使用 update()方法更新字典中的值。

```
tinydict = {'Name': 'WangShan', 'Age': 8}
tinydict2 = {'Sex': 'female' }
tinydict.update(tinydict2)
print ("更新字典 tinydict : ", tinydict)
```

运行程序，输出如下：

```
更新字典 tinydict :  {'Name': 'WangShan', 'Age': 8, 'Sex': 'female'}
```

4）items()方法、keys()方法、values()方法

items()方法、keys()方法、values()方法分别用于获取字典中的所有 key-value 对、所有 key、所有 value。这三个方法依次返回 dict_items、dict_keys 和 dict_values 对象，Python 不希望用户直接操作这几个方法，但可通过 list()函数把它们转换成列表。

【例 1-27】 items()方法、keys()方法、values()方法的用法实例。

```
cars = {'BMW': 8.8, 'BENS': 8.1, 'AUDI': 7.0}
#获取字典所有的 key-value 对,返回一个 dict_items 对象
ims = cars.items()
print(type(ims))
#将 dict_items 转换成列表
print(list(ims))
#访问第 2 个 key-value 对
print(list(ims)[1])
#获取字典所有的 key,返回一个 dict_keys 对象
kys = cars.keys()
print(type(kys))
#将 dict_keys 转换成列表
print(list(kys))
#访问第 2 个 key
```

```
print(list(kys)[1])
#获取字典所有的 value,返回一个 dict_values 对象
vals = cars.values()
#将 dict_values 转换成列表
print(type(vals))
#访问第 2 个 value
print(list(vals)[1])
```

运行程序,输出如下:

```
<class 'dict_items'>
[('BMW', 8.8), ('BENS', 8.1), ('AUDI', 7.0)]
('BENS', 8.1)
<class 'dict_keys'>
['BMW', 'BENS', 'AUDI']
BENS
<class 'dict_values'>
8.1
```

从例 1-27 可看出,程序调用字典的 items()方法、keys()方法、values()方法之后,都需要调用 list()函数将它们转换为列表,这样即可把这三个方法的返回值转换为列表。

5) pop()方法

pop()方法用于获取指定 key 对应的 value,并删除这个 key-value 对。

【例 1-28】 展示 pop()方法的使用。

```
site= {'name': 'Python 教程', 'alexa': 9999, 'url': 'www.runoob.com'}
element = site.pop('name')
print('删除的元素为:', element)
print('字典为:', site)
```

运行程序,输出如下:

```
删除的元素为: Python 教程
字典为: {'alexa': 9999, 'url': 'www.runoob.com'}
```

6) popitem()方法

popitem()方法用于随机弹出字典中的一个 key-value 对。

此处的随机其实是假的,正如列表的 pop()方法总是弹出列表中的最后一个元素,实际上字典的 popitem()方法也是弹出字典中的最后一个 key-value 对。由于字典存储 key-value 对的顺序是不可知的,因此开发者感觉字典的 popitem()方法是“随机”弹出的,但实际上字典的 popitem()方法总是弹出底层存储的最后一个 key-value 对。

【例 1-29】 展示 popitem()方法的使用方法。

```
site= {'name': 'Python 教程', 'alexa': 9999, 'url': 'www.runoob.com'}
result = site.popitem()
print('返回值 = ', result)
print('site = ', site)
#插入新元素
site['nickname'] = 'Runoob'
print('site = ', site)
#现在 ('nickname', 'Runoob') 是最后插入的元素
result = site.popitem()
```

```
print('返回值 = ', result)
print('site = ', site)
```

运行程序,输出如下:

```
返回值 =  ('url', 'www.runoob.com')
site =  {'name': 'Python 教程', 'alexa': 9999}
site =  {'name': 'Python 教程', 'alexa': 9999, 'nickname': 'Runoob'}
返回值 =  ('nickname', 'Runoob')
site =  {'name': 'Python 教程', 'alexa': 9999}
```

由于实际上 popitem()弹出的就是一个元组,因此程序完全可以通过序列解包的方式用两个变量分别接收 key 和 value。

7) setdefault()方法

setdefault()方法也用于根据 key 来获取对应的 value 值。但该方法有一个额外的功能,即当程序要获取的 key 在字典中不存在时,该方法会先为这个不存在的 key 设置一个默认的 value,然后再返回该 key 对应的 value。

总之,setdefault()方法总能返回指定 key 对应的 value;如果该 key-value 对存在,则直接返回该 key 对应的 value;如果该 key-value 对不存在,则先为该 key 设置默认的 value,然后再返回该 key 对应的 value。

【例 1-30】 展示 setdefault()方法的使用方法。

```
tinydict = {'Name': 'Python', 'Age': 6}
print ("Age 键的值为 : %s" %  tinydict.setdefault('Age', None))
print ("Sex 键的值为 : %s" %  tinydict.setdefault('Sex', None))
print ("新字典为:", tinydict)
```

运行程序,输出如下:

```
Age 键的值为 : 6
Sex 键的值为 : None
新字典为: {'Name': 'Python', 'Age': 6, 'Sex': None}
```

8) fromkeys()方法

fromkeys()方法使用给定的多个 key 创建字典,这些 key 对应的 value 默认都是 None;也可以额外传入一个参数作为默认的 value。该方法一般不会使用字典对象调用,通常会使用 dict 类直接调用。

【例 1-31】 fromkeys()方法的使用方法。

```
#使用列表创建包含 2 个 key 的字典
a_dict = dict.fromkeys(['a', 'b'])
print(a_dict)                                    #{'a': None, 'b': None}
#使用元组创建包含 2 个 key 的字典
b_dict = dict.fromkeys((13, 17))
print(b_dict)                                    #{13: None, 17: None}
#使用元组创建包含 2 个 key 的字典,指定默认的 value
c_dict = dict.fromkeys((13, 17), 'good')
print(c_dict)                                    #{13: 'good', 17: 'good'}
```

运行程序,输出如下:

```
{'a': None, 'b': None}
```

```
{13: None, 17: None}
{13: 'good', 17: 'good'}
```

1.6.4　集合

Python 的集合是一个无序且没有重复元素的序列，集合中的元素必须是可 Hash 对象。集合不记录元素位置和插入顺序，因此，也不支持索引、切片等其他序列类的操作。

定义集合可以使用{}或者 set()，但定义空集合不能使用{}，因为{}是创建空字典的方法，定义空集合可以使用 set()。

【例 1-32】 创建集合的实例演示。

```
>>> s = {1,2,4,5}
>>> print(type(s))
<class 'set'>
>>> s1 = {}
>>> print(type(s1))                                ##空字典定义
<class 'dict'>
>>> s1 = set([])
>>> print(type(s1))                                ###空集合定义
<class 'set'>
```

1. 集合运算

集合之间也可进行数学集合运算(例如并集、交集等)，可用相应的操作符或方法来实现。

1) 子集

子集，为某个集合中一部分的集合，故亦称部分集合。使用操作符“<”执行子集操作，同样地，也可使用方法 issubset()完成。

【例 1-33】 子集的演示。

```
>>> A = set('abcd')
>>> B = set('cdef')
>>> C = set("ab")
>>> C < A                                          #C 是 A 的子集
True
>>> C < A
True
>>> C.issubset(A)
True
```

2) 并集

一组集合的并集是这些集合的所有元素构成的集合，而不包含其他元素。使用操作符“|”执行并集操作，同样地，也可使用方法 union()完成。

【例 1-34】 并集实例演示。

```
>>> A|B
{'f', 'e', 'a', 'd', 'c', 'b'}
>>> A.intersection(B)
{'c', 'd'}
```

3) 交集

两个集合 A 和 B 的交集是含有所有既属于 A 又属于 B 的元素，而没有其他元素的集合。

使用“&”操作符执行交集操作，同样地，也可使用方法 intersection()完成。

【例 1-35】 交集实例演示。

```
>>> A & B
{'c', 'd'}
>>> A.intersection(B)
{'c', 'd'}
```

4）差集

A 与 *B* 的差集是所有属于 *A* 且不属于 *B* 的元素构成的集合。使用操作符“-”执行差集操作，同样地，也可使用方法 difference()完成。

【例 1-36】 差集实例演示。

```
>>> A - B
{'a', 'b'}
>>> A.difference(B)
{'a', 'b'}
>>> {'b', 'a'}
{'a', 'b'}
```

5）对称差

两个集合的对称差是只属于其中一个集合，而不属于另一个集合的元素组成的集合。使用“^”操作符执行对称差操作，同样地，也可使用方法 symmetric_difference()完成。

【例 1-37】 对称差实例演示。

```
>>> A ^ B
{'f', 'e', 'a', 'b'}
>>> A.symmetric_difference(B)
{'f', 'e', 'a', 'b'}
```

2. 集合的方法

在 Python 中，相关的集合方法也提供相应的函数来实现，下面对各种方法进行介绍。

1）添加元素

在 Python 中，提供了 add()方法向集合内增加元素，如果添加的元素已经存在，则不执行任何操作。

【例 1-38】 使用 add()方法向集合中添加元素。

```
thisset = set(("Google", "Runoob", "Taobao"))
thisset.add("Facebook")
print(thisset)
{'Google', 'Facebook', 'Taobao', 'Runoob'}
```

还有一个方法也可以实现添加元素，且参数可以是列表、元组、字典等，其语法格式为：

```
s.update( x )
```

x 可以有多个，用逗号分开。

【例 1-39】 使用 update()方法添加集合元素。

```
>>> thisset = set(("Google", "Runoob", "Taobao"))
>>> thisset.update({1,3})
>>> print(thisset)
```

```
{'Google', 1, 3, 'Runoob', 'Taobao'}
>>> thisset.update([1,4],[5,6])
>>> print(thisset)
{'Google', 1, 3, 4, 5, 6, 'Runoob', 'Taobao'}
```

2）移除元素

在 Python 中，提供了 remove()方法实现集合移除元素。语法格式为：

s.remove(x)：将元素 x 从集合 s 中移除，如果元素不存在，则会发生错误。

【例 1-40】 使用 remove()方法移除集合元素。

```
>>> s = {1, 2, 3, 4, 5, 6}
>>> s.remove(3)
>>> s
{1, 2, 4, 5, 6}
>>> s.remove(8)    %不存在会发生错误
Traceback (most recent call last):
  File "<stdin>", line 1, in <module>
KeyError: 8
```

此外还有一个方法也可以实现移除集合中的元素，且如果元素不存在，不会发生错误。格式如下所示：

```
s.discard( x )
```

【例 1-41】 使用 discard()方法删除集合元素。

```
>>> s = {1, 2, 3, 4, 5, 6}
>>> s.discard(7)                                    #不存在不会发生错误
>>> s
{1, 2, 3, 4, 5, 6}
```

我们也可以设置随机删除集合中的一个元素，语法格式如下：

```
s.pop()
```

【例 1-42】 使用 pop()方法随机删除集合中的元素。

```
>>> fruits = {"apple", "banana", "cherry"}
>>> x = fruits.pop()
>>> print(x)
cherry
```

第 2 章

科学计算库

Python 是一个高层次的并结合了解释性、编译性、互动性和面向对象的脚本语言。Python 的设计具有很强的可读性。事实上，有一些第三方机构发行了一些已经集成必要的库的 Python 开发工具，如 Anaconda、Enthought Canopy、Python(x，y)等，它们的主要功能是用于科学计算和大规模的数据处理。如果不想自己去动手逐步配置环境，直接下载这些工具也是不错的选择。但是对于新手而言，在此建议下载 Python 的原始安装文件，并尝试安装这些库。

2.1 必需库的安装

前面我们已经安装好了 Python 和 Jupyter Notebook，但是这还不够，我们还需要安装一些库，这些库包括 NumPy、SciPy、Matplotlib、Pandas、IPython，以及非常核心的 scikit-learn。

首先，如果使用的是 macOS，那么安装的过程很简单，只需要在 macOS 的终端中输入一行命令：

```
sudo pip3 install numpy scipy matplotlib ipython padndas scikit-learn
```

然后等待计算机把这些库逐一下载并安装即可。

但如果是 Windows 系统，可能会在安装 SciPy 这一步时遇到一些问题，解决办法是在下面这个链接中手动下载 NumPy+MKL 的安装文件和 SciPy 的安装文件。

```
http://www.lfd.uci.edu/~gohlke/pythonlibs
```

在这个链接的页面中分别找到和系统及 Python 版本相对应的 NumPy+MKL 安装文件和 SciPy 安装文件，并下载到本地计算机；然后以管理员身份运行 Windows 命令提示符，在命令提示符中进入两个安装文件所在的目录，输入命令如下：

```
pip install 安装文件命名
```

一定要先安装 NumPy+MKL 安装包，再安装 SciPy 才能成功。安装完成后，在 Python IDLE 中输入 import+库名称来验证是否安装成功，例如，想知道 SciPy 是否安装成功，就在 IDLE 中输入如下代码：

```
import scipy
```

如果没有报错，则说明安装已经成功，就可以使用了。下面我们一起来看一下这些库的主要功能。

注意：如果操作系统是 Windows 10，记得用管理员身份运行命令提示符，否则安装过程中可能会提示拒绝访问。

2.2　NumPy 概述

NumPy 是 Python 中一个非常基础的用于进行科学计算的库，它的功能包括高维数组计算、线性代数计算、傅里叶变换以及生产伪随机数等。NumPy 对于 scikit-learn 来说是至关重要的，因为 scikit-learn 使用 NumPy 数组形式的数据来进行处理，所以我们需要把数据都转换成 NumPy 数组的形式，而多维数组（n-dimensional array）也是 NumPy 的核心功能之一。NumPy 是一个运行速度非常快的数学库，主要用于数组计算，包含：

- 一个强大的 *N* 维数组对象 ndarray。
- 广播功能函数。
- 整合 C/C++ /FORTRAN 代码的工具。
- 线性代数、傅里叶变换、随机数生成等功能。

【例 2-1】　利用 NumPy 实现科学计算。

```
import numpy
#将变量 i 赋值为一个数组
i=numpy.array([[500,12,13],[123,4,9]])
#打印 i
print("i:\n{}".format(i))
```

运行程序，输出如下：

```
i:
[[500  12  13]
 [123   4   9]]
```

此处的 i 就是一个典型的 NumPy 数组。后面我们会用“np 数组”来指代 NumPy 数组。

2.3　NumPy 的数据类型

NumPy 支持的数据类型比 Python 内置的类型要多很多，基本上可以和 C 语言的数据类型对应上，其中部分类型对应为 Python 内置的类型。

数据类型对象（numpy.dtype 类的实例）用来描述与数组对应的内存区域是如何使用的，它描述了数据的以下几方面：

- 数据的类型（整数、浮点数或者 Python 对象）。
- 数据的大小（例如整数使用多少字节存储）。
- 数据的字节顺序（小端法或大端法）。
- 在结构化类型的情况下，字段的名称、每个字段的数据类型和每个字段所取的内存块的部分。
- 数据类型是子数组时它的形状和数据类型。

字节顺序是通过对数据类型预先设定＜或＞来决定的。＜意味着小端法（最小值存储在最小的地址，即低位组放在最前面）。＞意味着大端法（最重要的字节存储在最小的地址，即高位组放在最前面）。

dtype 对象是使用以下语法构造的：

numpy.dtype(object, align, copy)：object 为要转换为的数据类型对象；align 如果为 True，填充字段使其类似 C 的结构体，copy 为复制 dtype 对象，如果 copy=False，则是对内置数据类型对象的引用。

【例 2-2】 展示结构化数据类型的使用，类型字段和对应的实际类型将被创建。

```
#首先创建结构化数据类型
import numpy as np
dt = np.dtype([('age',np.int8)])
print(dt)
```

运行程序，输出如下：

```
[('age', 'i1')]
```

2.4 NumPy 数组

NumPy 数组的维数称为秩(rank)，秩就是轴的数量，即数组的维度，一维数组的秩为 1，二维数组的秩为 2，以此类推。

在 NumPy 中，每一个线性的数组称为一个轴(axis)，也就是维度(dimensions)。例如，二维数组相当于是两个一维数组，其中第一个一维数组中每个元素又是一个一维数组。所以一维数组就是 NumPy 中的轴，第一个轴相当于是底层数组，第二个轴是底层数组里的数组。而轴的数量——秩，就是数组的维数。

很多时候可以声明 axis。axis=0，表示沿着第 0 轴进行操作，即对每一列进行操作；axis=1，表示沿着第 1 轴进行操作，即对每一行进行操作。

下面直接通过两个例子来演示 NumPy 数组的属性。

【例 2-3】 利用 reshape 函数来调整数组大小。

```
import numpy as np
a = np.array([[1,2,3],[4,5,6]])
b = a.reshape(3,2)
print (b)
```

运行程序，输出如下：

```
[[1 2]
 [3 4]
 [5 6]]
```

【例 2-4】 使用 ndarray.ndim 返回数组的维数。

```
import numpy as np
a = np.arange(24)
print (a.ndim)                          #a 现在只有一个维度
#现在调整其大小
b = a.reshape(2,4,3)                    #b 现在有三个维度
print (b.ndim)
```

运行程序，输出如下：

```
1
3
```

2.4.1　NumPy 数组的创建

ndarray 数组除了可以使用底层 ndarray 构造器来创建外，也可以通过以下几种方式来创建。

1. numpy.empty()方式

numpy.empty()方式用来创建一个指定形状(shape)、数据类型(dtype)且未初始化的数组，初始方式为：

numpy.empty(shape, dtype = float, order = 'C')：shape 为数组形状；dtype 为数据类型，可选；order 有“C”和“F”两个选项，分别代表行优先和列优先(在计算机内存中存储元素的顺序)。

【例 2-5】 创建一个空数组。

```
import numpy as np
x = np.empty([3,2], dtype = int)
print (x)
```

运行程序，输出如下：

```
[[1 2]
 [3 4]
 [5 6]]
```

2. numpy.zeros()方式

numpy.zeros()方式创建指定大小的数组，数组元素以 0 来填充，初始方式为：

numpy.zeros(shape, dtype = float, order = 'C')：参数 shape 为数组形状；dtype 为数据类型，可选；order 有“C”和“F”两个选项，“C”用于 C 的行数组，“F”用于 FORTRAN 的列数组。

【例 2-6】 利用 numpy.zeros()方式创建数组。

```
import numpy as np
#默认为浮点数
x = np.zeros(5)
print(x)
#设置类型为整数
y = np.zeros((5,), dtype = int)
print(y)
#自定义类型
z = np.zeros((2,2), dtype = [('x', 'i4'), ('y', 'i4')])
print(z)
```

运行程序，输出如下：

```
[0. 0. 0. 0. 0.]
[0 0 0 0 0]
[[(0, 0) (0, 0)]
 [(0, 0) (0, 0)]]
```

3. numpy.ones()方式

numpy.ones()方式用于创建指定形状的数组，数组元素以 1 来填充，初始方式为：

numpy.ones(shape, dtype = None, order = 'C')：参数 shape 为数组形状；dtype 为数据

类型，可选；order 有“C”和“F”两个选项，“C”用于 C 的行数组，“F”用于 FORTRAN 的列数组。

【例 2-7】 利用 numpy.ones()方式创建数组。

```
import numpy as np
#默认为浮点数
x = np.ones(5)
print(x)
#自定义类型
x = np.ones([2,2], dtype = int)
print(x)
```

运行程序，输出如下：

```
[1. 1. 1. 1. 1.]
[[1 1]
 [1 1]]
```

4. 从已有的数组创建数组

numpy.asarray()类似 numpy.array()，但 numpy.asarray()的参数只有三个，比 numpy.array()少两个。numpy.asarray()初始化为：

numpy.asarray(a, dtype = None, order = None)：参数 a 为任意形式的输入参数，可以是列表、列表的元组、元组、元组的元组、元组的列表、多维数组；dtype 为数据类型，可选；order 可选，有“C”和“F”两个选项，分别代表行优先和列优先(在计算机内存中存储元素的顺序)。

【例 2-8】 将元组列表转换为 ndarray。

```
import numpy as np
x =  [(1,4,3),(6,9)]
a = np.asarray(x)
print (a)
```

运行程序，输出如下：

```
[(1, 4, 3) (6, 9)]
```

5. 从数值范围创建数组

NumPy 包中使用 arange()函数创建数值范围并返回 ndarray 对象，函数格式如下：

numpy.arange(start, stop, step, dtype)：根据 start 与 stop 指定的范围以及 step 设定的步长，生成一个 ndarray。

【例 2-9】 生成 0 到 5 的数组。

```
import numpy as np
x = np.arange(5)
print (x)
```

运行程序，输出如下：

```
[0 1 2 3 4]
```

此外，利用 numpy.linspace()函数创建一个一维数组，数组是一个等差数列构成的，格式如下：

np.linspace(start, stop, num=50, endpoint=True, retstep=False, dtype=None)：

start 为序列的起始值；stop 为序列的终止值，当 endpoint＝True 时，数列中包含 stop 值，反之不包含，数列默认包含 stop 值；num 为要生成的等步长的样本数量，默认为 50；retstep 如果为 True，生成的数组中会显示间距，反之不显示。dtype 为 ndarray 的数据类型。

numpy.logspace()函数用于创建一个等比数列。格式如下：

np.logspace(start, stop, num＝50, endpoint＝True, base＝10.0, dtype＝None)：star 为序列的起始值；stop 为序列的终止值；如果 endpoint＝True，数列中包含 stop 值，反之不包含，数列默认包含 stop 值；num 为要生成的等步长的样本数量，默认为 50；base 是对数的底数；dtype 为 ndarray 的数据类型。

【例 2-10】 利用函数分别创建一个等比数列和一个等差数列。

```
import numpy as np
a = np.linspace(1,10,10)
print("等差数列:")
print(a)
#默认底数是 10
b = np.logspace(1.0,  2.0, num =  10)
print("等比数列:")
print (b)
```

运行程序，输出如下：

```
等差数列:
[ 1.  2.  3.  4.  5.  6.  7.  8.  9.  10.]
等比数列:
[ 10.         12.91549665  16.68100537  21.5443469   27.82559402
  35.93813664  46.41588834  59.94842503  77.42636827 100.        ]
```

2.4.2 NumPy 切片

ndarray 对象的内容可以通过索引或切片来访问和修改，与 Python 中 list 的切片操作一样。

ndarray 数组可以基于 0～n 的下标进行索引，切片对象可以通过内置的 slice()函数设置，并设置 start、stop 及 step 参数从原数组中切割出一个新数组。

【例 2-11】 利用 slice()函数分割新数组。

```
import numpy as np
a = np.arange(10)
s = slice(2,8,2)                              #从索引 2 开始到索引 8 停止,间隔为 2
print (a[s])
```

运行程序，输出如下：

```
[2 4 6]
```

在例 2-11 中，首先通过 arange()函数创建 ndarray 对象。然后分别设置起始、终止和步长的参数为 2,7 和 2。

也可以通过冒号分隔切片参数 start:stop:step 来进行切片操作，例如：

```
import numpy as np
a = np.arange(10)
b = a[2:8:2]                                  #从索引 2 开始到索引 8 停止,间隔为 2
```

```
print(b)
```

运行程序，输出如下：

```
[2 4 6]
```

其中，如果切片参数中只放置一个参数，如[2]，将返回与该索引相对应的单个元素。如果为[2:]，表示从该索引开始以后的所有项都将被提取。如果使用了两个参数，如[2:7]，那么则提取两个索引(不包括停止索引)之间的项。例如：

```
import numpy as np
a = np.arange(10)                                    #[0 1 2 3 4 5 6 7 8 9]
b = a[6]
print(b)
```

运行程序，输出如下：

```
6
```

切片还可以包括省略号(…)，用于使选择元组的长度与数组的维度相同。如果在行位置使用省略号，它将返回包含行中元素的 ndarray，例如：

```
import numpy as np
a = np.array([[1,4,7],[2,5,8],[3,6,9]])
print (a[...,1])                                     #第 2 列元素
print (a[1,...])                                     #第 2 行元素
print (a[...,1:])                                    #第 2 列及剩下的所有元素
```

运行程序，输出如下：

```
[4 5 6]
[2 5 8]
[[4 7]
 [5 8]
 [6 9]]
```

2.4.3 NumPy 索引

NumPy 比一般的 Python 序列提供更多的索引方式。除了之前讲到的用整数和切片的索引外，数组可以由整数数组索引、布尔索引及花式索引。

1. 数组索引

【例 2-12】 获取 4×3 数组中四个角的元素。行索引是[0,0]和[3,3]，而列索引是[0,2]和[0,2]。

```
import numpy as np
x = np.array([[  0,  1,  2],[  3,  4,  5],[  6,  7,  8],[  9,  10,  11]])
print ('数组是:' )
print (x)
print ('\n')
rows = np.array([[0,0],[3,3]])
cols = np.array([[0,2],[0,2]])
y = x[rows,cols]
print  ('这个数组四个角的元素是:')
print (y)
```

运行程序,输出如下:

```
数组是:
[[ 0  1  2]
 [ 3  4  5]
 [ 6  7  8]
 [ 9 10 11]]
这个数组四个角的元素是:
[[ 0  2]
 [ 9 11]]
```

返回的结果是包含每个角元素的 ndarray 对象。此外还可以借助切片":"或"..."与索引数组组合。例如:

```
import numpy as np
a = np.array([[1,3,7], [4,5,6],[2,8,9]])
b = a[1:3, 1:3]
c = a[1:3,[1,2]]
d = a[...,1:]
print(b)
print(c)
print(d)
```

运行程序,输出如下:

```
[[5 6]
 [8 9]]
[[5 6]
 [8 9]]
[[3 7]
 [5 6]
 [8 9]]
```

2. 布尔索引

在 Python 中,可以通过一个布尔数组来索引目标数组。布尔索引通过布尔运算(如比较运算符)来获取符合指定条件的元素的数组。

【例 2-13】 获取大于 5 的元素。

```
import numpy as np
x = np.array([[  0,  2,  6],[  3,  11,  5],[  4,  7,  8],[  9,  10,  12]])
print ('的数组是:')
print (x)
print ('\n')
#打印出大于 5 的元素
print ('大于 5 的元素是:')
print (x[x >  5])
```

运行程序,输出如下:

```
数组是:
[[ 0   2   6]
 [ 3  11   5]
 [ 4   7   8]
 [ 9  10  12]]
```

```
大于 5 的元素是:
[ 6 11  7  8  9 10 12]
```

3. 花式索引

花式索引指的是利用整数数组进行索引。花式索引根据索引数组的值作为目标数组的某个轴的下标来取值。对于使用一维整型数组作为索引,如果目标是一维数组,那么索引的结果就是对应下标的行,如果目标是二维数组,那么就是对应位置的元素。花式索引跟切片不一样,它总是将数据复制到新数组中。

【例 2-14】 传入顺序与倒序索引数组。

```
import numpy as np
x=np.arange(32).reshape((8,4))
print('顺序索引数组:')
print (x[[4,2,1,7]])
print('倒序索引数组:')
print (x[[-4,-2,-1,-7]])
```

运行程序,输出如下:

```
顺序索引数组:
[[16 17 18 19]
 [ 8  9 10 11]
 [ 4  5  6  7]
 [28 29 30 31]]
倒序索引数组:
[[16 17 18 19]
 [24 25 26 27]
 [28 29 30 31]
 [ 4  5  6  7]]
```

2.4.4 NumPy 迭代

NumPy 迭代器对象 numpy.nditer 提供了一种灵活访问一个或者多个数组元素的方式。迭代器最基本的任务是可以完成对数组元素的访问。

【例 2-15】 使用 arange()函数创建一个 2×3 数组,并使用 nditer 对它进行迭代。

```
import numpy as np
a = np.arange(6).reshape(2,3)
print ('原始数组是:')
print (a)
print ('\n')
print ('迭代输出元素:')
for x in np.nditer(a):
    print (x, end=", " )
print ('\n')
```

运行程序,输出如下:

```
原始数组是:
[[0 1 2]
 [3 4 5]]
迭代输出元素:
0, 1, 2, 3, 4, 5,
```

例 2-15 不是使用标准 C 或者 FORTRAN 顺序，选择的顺序是和数组内存布局一致的，这样做是为了提升访问的效率，默认是行序优先(row-major order，或者说是 C-order)。

这反映了默认情况下只需访问每个元素，而无须考虑其特定顺序。可以通过迭代上述数组的转置来看到这一点，并与以 C 顺序访问数组转置的 copy 方式做对比。例如：

```
import numpy as np
a = np.arange(6).reshape(2,3)
for x in np.nditer(a.T):
    print (x, end=", " )
print ('\n')
for x in np.nditer(a.T.copy(order='C')):
    print (x, end=", " )
print ('\n')
```

运行程序，输出如下：

```
0, 1, 2, 3, 4, 5,
0, 3, 1, 4, 2, 5,
```

从上面代码可以看出，a 和 a.T 的遍历顺序是一样的，也就是它们在内存中的存储顺序也是一样的，但是 a.T.copy(order = 'C')的遍历结果是不同的，那是因为它和前两种存储方式是不一样的，默认是按行访问。

在 NumPy 中，还可以通过 for 结构来控制数组的遍历顺序。

【例 2-16】 利用 for 结构来控制数组的遍历顺序。

```
import numpy as np
a = np.arange(0,48,4)
a = a.reshape(3,4)
print ('原始数组是:')
print (a)
print ('\n')
print ('原始数组的转置是:')
b = a.T
print (b)
print ('\n')
print ('以 C 风格顺序排序:')
c = b.copy(order='C')
print (c)
for x in np.nditer(c):
    print (x, end=", " )
print ('\n')
print ('以 F 风格顺序排序:')
c = b.copy(order='F')
print (c)
for x in np.nditer(c):
    print (x, end=", " )
```

运行程序，输出如下：

```
原始数组是:
[[ 0  4  8 12]
 [16 20 24 28]
 [32 36 40 44]]
```

```
原始数组的转置是:
[[ 0 16 32]
 [ 4 20 36]
 [ 8 24 40]
 [12 28 44]]
以 C 风格顺序排序:
[[ 0 16 32]
 [ 4 20 36]
 [ 8 24 40]
 [12 28 44]]
0, 16, 32, 4, 20, 36, 8, 24, 40, 12, 28, 44,
以 F 风格顺序排序:
[[ 0 16 32]
 [ 4 20 36]
 [ 8 24 40]
 [12 28 44]]
0, 4, 8, 12, 16, 20, 24, 28, 32, 36, 40, 44,
```

还可以通过显式设置,来强制 nditer 对象使用某种顺序,例如:

```
import numpy as np
a = np.arange(0,48,4)
a = a.reshape(3,4)
print ('原始数组是:')
print (a)
print ('\n')
print ('以 C 风格顺序排序:')
for x in np.nditer(a, order =  'C'):
    print (x, end=", " )
print ('\n')
print ('以 F 风格顺序排序:')
for x in np.nditer(a, order =  'F'):
    print (x, end=", " )
```

运行程序,输出如下:

```
原始数组是:
[[ 0  4  8 12]
 [16 20 24 28]
 [32 36 40 44]]
以 C 风格顺序排序:
0, 4, 8, 12, 16, 20, 24, 28, 32, 36, 40, 44,
以 F 风格顺序排序:
0, 16, 32, 4, 20, 36, 8, 24, 40, 12, 28, 44,
```

nditer 对象有另一个可选参数 op_flags。默认情况下,nditer 将视待迭代遍历的数组设为只读对象(read-only),为了在遍历数组的同时实现对数组元素值的修改,必须指定 read-write 或者 read-only 的模式。

```
import numpy as np
a = np.arange(0,48,4)
a = a.reshape(3,4)
print ('原始数组是:')
print (a)
```

```
print ('\n')
for x in np.nditer(a, op_flags=['readwrite']):
    x[...]=2 * x
print ('修改后的数组是:')
print (a)
```

运行程序，输出如下：

```
原始数组是:
[[ 0  4  8 12]
 [16 20 24 28]
 [32 36 40 44]]
修改后的数组是:
[[ 0  8 16 24]
 [32 40 48 56]
 [64 72 80 88]]
```

2.4.5　NumPy 数组操作

NumPy 中包含了一些函数用于处理数组，大概可分为以下几类：

- 修改数组形状；
- 翻转数组；
- 连接数组；
- 分割数组；
- 数组元素的添加与删除。

1. 修改数组形状

在 NumPy 中，提供了几个函数用于修改数组的形状，下面对这几个函数进行介绍。

1) reshape()函数

numpy.reshape()函数可以在不改变数据的条件下修改形状，格式如下：

numpy.reshape(arr, newshape, order='C')：arr 为要修改形状的数组。newshape 为整数或者整数数组，新的形状应当兼容原有形状。order 为排列的顺序，取值为'C'时，按行；取值为'F' 时，按列；取值为'A' 时，按原顺序；取值为'K'时，按元素在内存中的出现顺序。

【例 2-17】 利用 reshape()函数改变数组的形状。

```
import numpy as np
a = np.arange(8)
print ('原始数组:')
print (a)
print ('\n')
b = a.reshape(4,2)
print ('修改后的数组:')
print (b)
```

运行程序，输出如下：

```
原始数组:
[0 1 2 3 4 5 6 7]
修改后的数组:
[[0 1]
 [2 3]
```

```
 [4 5]
 [6 7]]
```

2) flat()函数

numpy.ndarray.flat()是一个数组元素迭代器,作用类似于 nditer。

【例 2-18】 利用 flat()函数修改数组形状。

```
import numpy as np
a = np.arange(9).reshape(3,3)
print ('原始数组:')
for row in a:
    print (row)
#对数组中每个元素都进行处理,可以使用 flat()函数属性,该属性是一个数组元素迭代器:
print ('迭代后的数组:')
for element in a.flat:
    print (element,end=" ")
```

运行程序,输出如下:

```
原始数组:
[0 1 2]
[3 4 5]
[6 7 8]
迭代后的数组:
0 1 2 3 4 5 6 7 8
```

3) flatten()函数

numpy.ndarray.flatten()返回一份数组拷贝,对拷贝所做的修改不会影响原始数组,格式如下:

ndarray.flatten(order='C'):参数 order 取'C'时,按行;取'F'时,按列;取'A'时,按原顺序;取'K'时,按元素在内存中的出现顺序。

【例 2-19】 利用 flatten()函数改变数组形状。

```
import numpy as np
a = np.arange(8).reshape(2,4)
print ('原数组:')
print (a)
print ('\n')
#默认按行
print ('展开的数组:')
print (a.flatten())
print ('\n')
print ('以 F 风格顺序展开的数组:')
print (a.flatten(order = 'F'))
```

运行程序,输出如下:

```
原数组:
[[0 1 2 3]
 [4 5 6 7]]
展开的数组:
[0 1 2 3 4 5 6 7]
以 F 风格顺序展开的数组:
```

```
[0 4 1 5 2 6 3 7]
```

4）ravel()函数

numpy.ravel()实现将数组维度拉成一维数组，顺序通常是"C 风格"，返回的是数组视图（有点类似 C/C++ 引用的 reference），修改会影响原始数组。函数的调用格式为：

numpy.ravel(a, order='C')：order 取'C'时，按行；取'F'时，按列；取'A'时，按原顺序；取'K'时，按元素在内存中的出现顺序。

【例 2-20】 利用 ravel()函数修改数组形状。

```
import numpy as np
a = np.arange(8).reshape(2,4)
print ('原数组:')
print (a)
print ('\n')
print ('调用 ravel()函数之后:')
print (a.ravel())
print ('\n')
print ('以 F 风格顺序调用 ravel()函数之后:')
print (a.ravel(order = 'F'))
```

运行程序，输出如下：

```
原数组:
[[0 1 2 3]
 [4 5 6 7]]
调用 ravel()函数之后:
[0 1 2 3 4 5 6 7]
以 F 风格顺序调用 ravel()函数之后:
[0 4 1 5 2 6 3 7]
```

2. 翻转数组

在 NumPy 中，提供了 4 个函数用于翻转数组，下面对这几个函数进行介绍。

1）transpose()函数

numpy.transpose()函数用于对换数组的维度，函数的格式如下：

numpy.transpose(arr, axes)：参数 arr 为要操作的数组；axes 为整数列表，对应维度，通常所有维度都会对换。

【例 2-21】 利用 transpose()函数对数组进行翻转。

```
import numpy as np
a = np.arange(10).reshape(2,5)
print ('原数组:')
print (a )
print ('\n')
print ('对换数组:')
print (np.transpose(a))
```

运行程序，输出如下：

```
原数组:
[[0 1 2 3 4]
 [5 6 7 8 9]]
对换数组:
```

```
[[0 5]
 [1 6]
 [2 7]
 [3 8]
 [4 9]]
```

2) ndarray.T()函数

numpy.ndarray.T()类似于 numpy.transpose()。

【例 2-22】 利用 ndarray.T()函数翻转数组。

```
import numpy as np
a = np.arange(10).reshape(2,5)
print ('原数组:')
print (a)
print ('\n')
print ('转置数组:')
print (a.T)
```

运行程序,输出如下:

```
原数组:
[[0 1 2 3 4]
 [5 6 7 8 9]]
转置数组:
[[0 5]
 [1 6]
 [2 7]
 [3 8]
 [4 9]]
```

3) rollaxis()函数

numpy.rollaxis()函数向后滚动特定的轴到一个特定位置,格式如下:

numpy.rollaxis(arr, axis, start): arr 为数组;axis 为要向后滚动的轴,其他轴的相对位置不会改变;start 默认为 0,表示完整的滚动,会滚动到特定位置。

【例 2-23】 利用 rollaxis()函数翻转数组。

```
import numpy as np
#创建了三维的 ndarray
a = np.arange(8).reshape(2,2,2)
print ('原数组:')
print (a)
print ('\n')
#将轴 2 滚动到轴 0(宽度到深度)
print ('调用 rollaxis()函数:')
print (np.rollaxis(a,2))
#将轴 0 滚动到轴 1:(宽度到高度)
print ('\n')
print ('调用 rollaxis()函数:')
print (np.rollaxis(a,2,1))
```

运行程序,输出如下:

```
原数组:
```

```
[[[0 1]
  [2 3]]
 [[4 5]
  [6 7]]]
调用 rollaxis()函数:
[[[0 2]
  [4 6]]
 [[1 3]
  [5 7]]]
调用 rollaxis()函数:
[[[0 2]
  [1 3]]
 [[4 6]
  [5 7]]]
```

4）swapaxes()函数

numpy.swapaxes()函数用于交换数组的两个轴，格式如下：

numpy.swapaxes(arr, axis1, axis2)：arr 为输入的数组；axis1 为对应第一个轴的整数；axis2 为对应第二个轴的整数。

【例 2-24】 利用 swapaxes()函数实现数组翻转。

```
import numpy as np
#创建了三维的 ndarray
a = np.arange(8).reshape(2,2,2)
print ('原数组:')
print (a)
print ('\n')
#现在交换轴 0(深度方向)到轴 2(宽度方向)
print ('调用 swapaxes()函数后的数组:')
print (np.swapaxes(a, 2, 0))
```

运行程序，输出如下：

```
原数组:
[[[0 1]
  [2 3]]
 [[4 5]
  [6 7]]]
调用 swapaxes()函数后的数组:
[[[0 4]
  [2 6]]
 [[1 5]
  [3 7]]]
```

3. 连接数组

在 NumPy 中，提供了 4 个函数实现数组的连接，下面对这几个函数进行介绍。

1）concatenate()函数

numpy.concatenate()函数用于沿指定轴连接相同形状的两个或多个数组，函数的调用格式为：

numpy.concatenate((a1, a2, ...), axis)：a1, a2, ...表示相同类型的数组；axis 为沿着它连接数组的轴，默认为 0。

【例 2-25】 利用 concatenate()函数实现数组的连接。

```
import numpy as np
a = np.array([[1,2],[3,4]])
print ('第一个数组:')
print (a)
print ('\n')
b = np.array([[5,6],[7,8]])
print ('第二个数组:')
print (b)
print ('\n')
#两个数组的维度相同
print ('沿轴 0 连接两个数组,竖向拼接矩阵:')
print (np.concatenate((a,b)))
print ('\n')
print ('沿轴 1 连接两个数组,横向拼接矩阵:')
print (np.concatenate((a,b),axis = 1))
```

运行程序,输出如下:

```
第一个数组:
[[1 2]
 [3 4]]
第二个数组:
[[5 6]
 [7 8]]
沿轴 0 连接两个数组,竖向拼接矩阵:
[[1 2]
 [3 4]
 [5 6]
 [7 8]]
沿轴 1 连接两个数组,横向拼接矩阵:
[[1 2 5 6]
 [3 4 7 8]]
```

2) stack()函数

numpy.stack()函数用于沿新轴连接数组序列,函数格式如下:

numpy.stack(arrays, axis): arrays 为相同形状的数组序列;axis 为返回数组中的轴,输入数组沿着它来堆叠。

【例 2-26】 利用 stack()函数实现数组的连接。

```
import numpy as np
a = np.array([[1,4],[3,5]])
print ('第一个数组:')
print (a)
print ('\n')
b = np.array([[6,8],[7,9]])
print ('第二个数组:')
print (b)
print ('\n')
print ('沿轴 0 堆叠两个数组:')
print (np.stack((a,b),0))
print ('\n')
```

```
print ('沿轴 1 堆叠两个数组:')
print (np.stack((a,b),1))
```

运行程序,输出如下:

```
第一个数组:
[[1 4]
 [3 5]]
第二个数组:
[[6 8]
 [7 9]]
沿轴 0 堆叠两个数组:
[[[1 4]
  [3 5]]
 [[6 8]
  [7 9]]]
沿轴 1 堆叠两个数组:
[[[1 4]
  [6 8]]
 [[3 5]
  [7 9]]]
```

3) hstack()函数

numpy.hstack()是 numpy.stack()函数的变体,它通过水平堆叠来生成数组。

【例 2-27】 利用 hstack()函数实现数组的连接。

```
import numpy as np
a = np.array([[1,4],[3,5]])
print ('第一个数组:')
print (a)
print ('\n')
b = np.array([[6,8],[7,9]])
print ('第二个数组:')
print (b)
print ('\n')
print ('水平堆叠:')
c = np.hstack((a,b))
print (c)
print ('\n')
```

运行程序,输出如下:

```
第一个数组:
[[1 4]
 [3 5]]
第二个数组:
[[6 8]
 [7 9]]
水平堆叠:
[[1 4 6 8]
 [3 5 7 9]]
```

4) vstack()函数

numpy.vstack()是 numpy.stack()函数的变体,它通过垂直堆叠来生成数组。

【例 2-28】 利用 vstack()函数实现数组的连接。

```
import numpy as np
a = np.array([[1,4],[3,5]])
print ('第一个数组:')
print (a)
print ('\n')
b = np.array([[6,8],[7,9]])
print ('第二个数组:')
print (b)
print ('\n')
print ('竖直堆叠:')
c = np.vstack((a,b))
print (c)
```

运行程序,输出如下:

```
第一个数组:
[[1 4]
 [3 5]]
第二个数组:
[[6 8]
 [7 9]]
竖直堆叠:
[[1 4]
 [3 5]
 [6 8]
 [7 9]]
```

4. 分割数组

在 NumPy 中,提供了相关函数实现分割数组,下面对这几个函数进行介绍。

1) split()函数

numpy.split()函数沿特定的轴将数组分割为子数组,函数格式如下:

numpy.split(ary, indices_or_sections, axis)。ary 为被分割的数组。indices_or_sections 如果是一个整数,就用该数平均切分,如果是一个数组,为沿轴的位置(左开右闭)切分。axis 为设置沿着哪个方向进行切分,默认为 0,横向切分,即水平方向;为 1 时,纵向切分,即竖直方向。

【例 2-29】 利用 split()函数对数组进行分割。

```
import numpy as np
a = np.arange(9)
print ('第一个数组:')
print (a)
print ('\n')
print ('将数组分为三个大小相等的子数组:')
b = np.split(a,3)
print (b)
print ('\n')
print ('将数组在一维数组中表明的位置分割:')
b = np.split(a,[4,7])
print (b)
```

运行程序,输出如下:

```
第一个数组:
[0 1 2 3 4 5 6 7 8]
将数组分为三个大小相等的子数组:
[array([0, 1, 2]), array([3, 4, 5]), array([6, 7, 8])]
将数组在一维数组中表明的位置分割:
[array([0, 1, 2, 3]), array([4, 5, 6]), array([7, 8])]
```

2) hsplit()函数

numpy.hsplit()函数用于水平分割数组,通过指定要返回的相同形状的数组数量来拆分原数组。

【例 2-30】 利用 hsplit()函数对数组进行水平分割。

```
import numpy as np
harr = np.arange(16).reshape(4,4)
print ('原 array:')
print(harr)
print ('拆分后:')
print(np.hsplit(harr, 2))
```

运行程序,输出如下:

```
原 array:
[[ 0  1  2  3]
 [ 4  5  6  7]
 [ 8  9 10 11]
 [12 13 14 15]]
拆分后:
[array([[ 0,  1],
       [ 4,  5],
       [ 8,  9],
       [12, 13]]), array([[ 2,  3],
       [ 6,  7],
       [10, 11],
       [14, 15]])]
```

同时,在 NumPy 中,numpy.vsplit()沿着垂直轴分割,其分割方式与 hsplit()相同。

5. 数组元素的添加与删除

与其他语言一样,在 NumPy 中,也提供了相关函数用于实现数组元素的添加和删除。下面对相关函数进行介绍。

1) resize()函数

numpy.resize()函数返回指定大小的新数组。如果新数组大小大于原始大小,则包含原始数组中的元素的副本。函数的格式为:

numpy.resize(arr, shape): arr 为要修改大小的数组;shape 为返回数组的新形状。

【例 2-31】 利用 resize()函数返回指定大小的新数组。

```
import numpy as np
a = np.array([[1,4,7],[3,6,9]])
print ('第一个数组:')
print (a)
print ('\n')
```

```
print ('第一个数组的形状:')
print (a.shape)
print ('\n')
b = np.resize(a, (3,2))
print ('改变第一个数组的形状:')
print (b)
print ('\n')
print ('改变后的形状:')
print (b.shape)
print ('\n')
#要注意 a 的第一行在 b 中重复出现,因为尺寸变大了
print ('修改新数组的大小:')
b = np.resize(a,(3,3))
print (b)
```

运行程序,输出如下:

```
第一个数组:
[[1 4 7]
 [3 6 9]]
第一个数组的形状:
(2, 3)
改变第一个数组的形状:
[[1 4]
 [7 3]
 [6 9]]
改变后的形状:
(3, 2)
修改新数组的大小:
[[1 4 7]
 [3 6 9]
 [1 4 7]]
```

2) append()函数

numpy.append()函数在数组的末尾添加值,添加操作会分配整个数组,并把原来的数组复制到新数组中。此外,输入数组的维度必须匹配否则将生成 ValueError。append()函数返回的始终是一个一维数组。函数的格式为:

numpy.append(arr, values, axis=None): arr 为输入数组。values 为要向 arr 添加的值,需要和 arr 形状相同(除了要添加的轴)。axis 默认为 None,当 axis 无定义时,是横向操作,返回总是为一维数组;当 axis 有定义的时候,取值为 0 和 1,当 axis 为 0 时,数组按列进行操作(列数要相同)。当 axis 为 1 时,数组按行进行操作(行数要相同)。

【例 2-32】 利用 append()函数在数组末尾添加值。

```
import numpy as np
a = np.array([[1,4,7],[3,6,9]])
print ('第一个数组:')
print (a)
print ('\n')
print ('向数组添加元素:')
print (np.append(a, [2,5,8]))
print ('\n')
print ('沿轴 0 添加元素:')
```

```
print (np.append(a, [[2,5,8]],axis = 0))
print ('\n')
print ('沿轴 1 添加元素:')
print (np.append(a, [[3,3,3],[2,5,8]],axis = 1))
```

运行程序,输出如下:

```
第一个数组:
[[1 4 7]
 [3 6 9]]
向数组添加元素:
[1 4 7 3 6 9 2 5 8]
沿轴 0 添加元素:
[[1 4 7]
 [3 6 9]
 [2 5 8]]
沿轴 1 添加元素:
[[1 4 7 3 3 3]
 [3 6 9 2 5 8]]
```

3) insert()函数

numpy.insert()函数实现沿给定轴在给定索引之前插入值。函数的格式为:

numpy.insert(arr, obj, values, axis): arr 为输入数组;obj 为在其之前插入值的索引;values 为要插入的值;axis 为沿着它插入的轴,如果未提供,则输入数组会被展开。

【例 2-33】 利用 insert()函数在给定轴的数组中插入值。

```
import numpy as np
a = np.array([[1,4],[2,5],[3,6]])
print ('第一个数组:')
print (a)
print ('\n')
print ('未传递 axis 参数。在插入之前输入数组会被展开。')
print (np.insert(a,3,[11,12]))
print ('\n')
print ('传递了 axis 参数。会广播值数组来使其与输入数组形状吻合。')
print ('沿轴 0 广播:')
print (np.insert(a,1,[11],axis = 0))
print ('\n')
print ('沿轴 1 广播:')
print (np.insert(a,1,11,axis = 1))
```

运行程序,输出如下:

```
第一个数组:
[[1 4]
 [2 5]
 [3 6]]
未传递 axis 参数。在插入之前输入数组会被展开。
[ 1  4  2  11  12  5  3  6]
传递了 axis 参数。会广播值数组来使其与输入数组形状吻合。
沿轴 0 广播:
[[ 1  4]
 [11 11]
 [ 2  5]
```

```
 [ 3  6]]
沿轴 1 广播:
[[ 1  11  4]
 [ 2  11  5]
 [ 3  11  6]]
```

4）delete()函数

numpy.delete()函数返回从输入数组中删除指定子数组的新数组。与 insert()函数的情况一样，如果未提供轴参数，则输入数组将展开。函数的格式为：

numpy.delete(arr, obj, axis)：arr 为输入数组；obj 可以被切片，整数或者整数数组，表明要从输入数组删除的子数组；axis 表示沿着它删除给定子数组的轴，如果未提供，则输入数组会被展开。

【例 2-34】 利用 delete()函数从输入数组中删除指定数组。

```
import numpy as np
a = np.arange(12).reshape(3,4)
print ('第一个数组:')
print (a)
print ('\n')
print ('未传递 axis 参数。在删除之前输入数组会被展开。')
print (np.delete(a,5))
print ('\n')
print ('删除第二列:')
print (np.delete(a,1,axis = 1))
print ('\n')
print ('删除第三行:')
print (np.delete(a,2,axis = 0))
print ('\n')
```

运行程序，输出如下：

```
第一个数组:
[[ 0  1   2   3]
 [ 4  5   6   7]
 [ 8  9  10  11]]
未传递 axis 参数。在删除之前输入数组会被展开。
[ 0  1  2  3  4  6  7  8  9 10 11]
删除第二列:
[[ 0   2   3]
 [ 4   6   7]
 [ 8  10  11]]
删除第三行:
[[0  1  2  3]
 [4  5  6  7]]
```

5）unique()函数

numpy.unique()函数用于去除数组中的重复元素。函数的格式为：

numpy.unique(arr, return_index, return_inverse, return_counts)：arr 为输入数组，如果不是一维数组则会展开；return_index 如果为 True，返回新列表元素在旧列表中的位置（下标），并以列表形式存储；return_inverse 如果为 True，返回旧列表元素在新列表中的位置（下标），并以列表形式存储；return_counts 如果为 True，返回去重数组中的元素在原数组中的出现次数。

【例 2-35】 利用 unique()函数去除数组中的重复元素。

```
import numpy as np
a = np.array([5,2,6,2,7,2,6,8,2,9])
print ('第一个数组:')
print (a)
print ('\n')
print ('第一个数组去重后:')
u = np.unique(a)
print (u)
print ('\n')
print ('去重数组的索引数组(新列表元素在旧列表中的位置):')
u,indices = np.unique(a, return_index = True)
print (indices)
print ('\n')
print ('可以看到每个和原数组下标对应的数值:')
print (a)
print ('\n')
print ('去重后的数组:')
u,indices = np.unique(a,return_inverse = True)
print (u)
print ('\n')
print ('下标(旧列表元素在新列表中的位置)为:')
print (indices)
print ('\n')
print ('使用下标重构原数组:')
print (u[indices])
print ('\n')
print ('返回去重元素的重复数量:')
u,indices = np.unique(a,return_counts = True)
for x,y in zip(u,indices):
    print (x,":重复数量",y)
```

运行程序,输出如下:

```
第一个数组:
[5 2 6 2 7 2 6 8 2 9]
第一个数组去重后:
[2 5 6 7 8 9]
去重数组的索引数组(新列表元素在旧列表中的位置):
[1 0 2 4 7 9]
可以看到每个和原数组下标对应的数值:
[5 2 6 2 7 2 6 8 2 9]
去重后的数组:
[2 5 6 7 8 9]
下标(旧列表元素在新列表中的位置)为:
[1 0 2 0 3 0 2 4 0 5]

使用下标重构原数组:
[5 2 6 2 7 2 6 8 2 9]
返回去重元素的重复数量:
2 :重复数量 4
5 :重复数量 1
```

```
6 :重复数量 2
7 :重复数量 1
8 :重复数量 1
9 :重复数量 1
```

2.4.6 NumPy 算术函数

NumPy 算术函数包含简单的加、减、乘、除，对应的函数分别为 add()、subtract()、multiply()和 divide()。

需要注意的是数组必须具有相同的形状或符合数组广播规则。

【例 2-36】 数组的加减乘除运算。

```
import numpy as np
a = np.arange(9, dtype = np.float_).reshape(3, 3)
print('第一个数组:')
print(a)
print('\n')
print('第二个数组:')
b = np.array([9, 9, 9])
print(b)
print('\n')
print('两个数组相加:')
print(np.add(a, b))
print('\n')
print('两个数组相减:')
print(np.subtract(a, b))
print('\n')
print('两个数组相乘:')
print(np.multiply(a, b))
print('\n')
print('两个数组相除:')
print(np.divide(a, b))
```

运行程序，输出如下：

```
第一个数组:
[[0. 1. 2.]
 [3. 4. 5.]
 [6. 7. 8.]]
第二个数组:
[9 9 9]
两个数组相加:
[[ 9. 10. 11.]
 [12. 13. 14.]
 [15. 16. 17.]]
两个数组相减:
[[-9. -8. -7.]
 [-6. -5. -4.]
 [-3. -2. -1.]]
两个数组相乘:
[[ 0.  9. 18.]
 [27. 36. 45.]
 [54. 63. 72.]]
```

```
两个数组相除:
[[0.         0.11111111 0.22222222]
 [0.33333333 0.44444444 0.55555556]
 [0.66666667 0.77777778 0.88888889]]
```

此外 NumPy 也包含了其他重要的算术函数,下面对一些常用的算术函数进行介绍。

1) reciprocal()函数

numpy.reciprocal()函数返回参数逐元素的倒数。如 1/4 倒数为 4/1。

【例 2-37】 利用 reciprocal()函数返回逐元素的倒数。

```
import numpy as np
a = np.array([1.25,  1.33,  1,  100])
print ('数组是:')
print (a)
print ('\n')
print ('调用 reciprocal()函数:')
print (np.reciprocal(a))
```

运行程序,输出如下:

```
数组是:
[  1.25   1.33   1.   100.  ]
调用 reciprocal()函数:
[0.8       0.7518797 1.        0.01     ]
```

2) power()函数

numpy.power()函数将第一个输入数组中的元素作为底数,计算它与第二个输入数组中相应元素的幂。

【例 2-38】 利用 power()函数将第一个输入数作为底数,计算相应元素的幂。

```
import numpy as np
a = np.array([10,500,1000])
print ('数组是:')
print (a)
print ('\n')
print ('调用 power()函数:')
print (np.power(a,2))
print ('\n')
print ('第二个数组:')
b = np.array([1,2,3])
print (b)
print ('\n')
print ('再次调用 power()函数:')
print (np.power(a,b))
```

运行程序,输出如下:

```
数组是;
[  10   500 1000]
调用 power()函数:
[     100   250000 1000000]
第二个数组:
[1 2 3]
```

```
再次调用 power()函数:
[         10      250000 1000000000]
```

3) mod()函数

numpy.mod()函数计算输入数组中相应元素相除后的余数。函数 numpy.remainder()也产生相同的结果。

【例 2-39】 利用 mod()函数求相应元素相除后的余数。

```
import numpy as np
a = np.array([10,30,60])
b = np.array([3,5,7])
print ('第一个数组:')
print (a)
print ('\n')
print ('第二个数组:')
print (b)
print ('\n')
print ('调用 mod() 函数:')
print (np.mod(a,b))
print ('\n')
print ('调用 remainder() 函数:')
print (np.remainder(a,b))
```

运行程序,输出如下:

```
第一个数组:
[10 30 60]
第二个数组:
[3 5 7]
调用 mod() 函数:
[1 0 4]
调用 remainder() 函数:
[1 0 4]
```

2.5 NumPy 统计函数

NumPy 提供了很多统计函数,用于从数组中查找最小元素、最大元素、百分位标准差和方差等。

1. 最大最小值

在 NumPy 中,提供了 amin()和 amax()函数用于求数组的最小值和最大值,函数的格式为:

numpy.amin():用于计算数组中的元素沿指定轴的最小值。

numpy.amax():用于计算数组中的元素沿指定轴的最大值。

【例 2-40】 利用 amin()和 amax()函数分别求数组的最小值和最大值。

```
import numpy as np
a = np.array([[2,-10,20],[80,42,31],[22,33,10]])
print("原始数组:\n")
print(a)
print('\n')
print("数组中最小元素:", np.amin(a))
```

```
print("数组中最大元素:", np.amax(a))
print('\n')
print("数组列中最小元素:", np.amin(a,0))
print("数组列中最大元素:", np.amax(a,0))
print('\n')
print("数组行中最小元素:", np.amin(a,1))
print("数组行中最大元素:", np.amax(a,1))
```

运行程序,输出如下:

```
原始数组:
[[   2  -10  20]
 [  80   42  31]
 [  22   33  10]]
数组中最小元素: -10
数组中最大元素: 80
数组列中最小元素: [   2  -10  10]
数组列中最大元素: [  80   42  31]
数组行中最小元素: [-10   31  10]
数组行中最大元素: [  20   80  33]
```

2. ptp()函数

numpy.ptp()返回数组某个轴方向的峰间值,即最大值最小值之差。

【例 2-41】 利用 ptp()函数返回数组的峰间值。

```
import numpy as np
a = np.array([[2,-10,20],[80,42,31],[22,33,10]])
print("原始数组:\n", a)
print('\n')
print("轴 1 峰间值:", np.ptp(a,1))
print("轴 0 峰间值:", np.ptp(a,0))
```

运行程序,输出如下:

```
原始数组:
[[ 2  -10  20]
 [80   42  31]
 [22   33  10]]
轴 1 峰间值: [30 49 23]
轴 0 峰间值: [78 52 21]
```

3. percentile()函数

percentile()函数用于计算数组的百分位数,百分位数是统计中使用的度量,表示小于这个值的观察值占总数的百分比。

例如,第 80 个百分位数是这样一个值,它使得至少有 80%的数据项小于或等于这个值,且至少有(100−80)%的数据项大于或等于这个值。函数格式为:

numpy.percentile(input, q, axis):参数 input 为输入数组;q 为要计算的百分位数,范围为 0~100;axis 为计算百分位数的轴方向,二维取值 0,1。

【例 2-42】 利用 percentile()函数计算数组的百分位数。

```
import numpy as np
a = np.array([[9, 7, 4], [10, 2, 1]])
print ('数组是:')
```

```
print (a)
print ('调用 percentile() 函数:')
#50% 的分位数,就是 a 里排序之后的中位数
print (np.percentile(a, 50))
#axis 为 0,在纵列上求
print (np.percentile(a, 50, axis=0))
#axis 为 1,在横行上求
print (np.percentile(a, 50, axis=1))
#保持维度不变
print (np.percentile(a, 50, axis=1, keepdims=True))
```

运行程序,输出如下:

```
数组是:
[[ 9  7  4]
 [10  2  1]]
调用 percentile() 函数:
5.5
[9.5 4.5 2.5]
[7. 2.]
[[7.]
 [2.]]
```

4. 计算数组项的中值、平均值、加权平均值

在 NumPy 中,提供了相应函数用于计算数组的中值、平均值、加权平均值等,格式如下:

numpy.median():中值是一组数值中,排在中间位置的值,可以指定轴方向。

numpy.mean():计算数组的平均值,可以指定轴方向。

numpy.average():计算数组的加权平均值,权重用另一个数组表示,并作为参数传入,可以指定轴方向。

考虑一个数组[1,2,3,4]和相应的权值[4,3,2,1],通过将对应元素的乘积相加,再除以权值的和来计算加权平均值。

加权平均值= (14+23+32+41)/(4+3+2+1)

【例 2-43】 利用相应函数计算数组项的中值、平均值和加权平均值。

```
import numpy as np
a = np.array([[1,4,7],[2,5,8],[3,6,9]])
print("原始数组:\n", a)
print('\n')
print("轴 0 中值:", np.median(a, 0))
print("轴 0 平均值:", np.mean(a, 0))
wt = np.array([0, 0, 10])
print("轴 1 加权平均值:", np.average(a, 1, weights = wt))
```

运行程序,输出如下:

```
原始数组:
 [[1 4 7]
 [2 5 8]
 [3 6 9]]
轴 0 中值: [2. 5. 8.]
轴 0 平均值: [2. 5. 8.]
轴 1 加权平均值: [7. 8. 9.]
```

5. 标准差与方差

在 NumPy 中,提供了 std()函数用于计算数组的标准差。标准差是一组数据平均值分散程度的一种度量。标准差是方差的算术平方根。

标准差公式为:std = sqrt(mean((x - x.mean())**2))

如果数组是[1,2,3,4],则其平均值为 2.5。因此,差的平方是[2.25,0.25,0.25,2.25],再求其平均值的平方根除以 4,即 sqrt(5/4),结果为 1.1180339887498949。

在 NumPy 中,提供了 var()函数计算数组中的方差。统计中的方差(样本方差)是每个样本值与全体样本值的平均数之差的平方值的平均数,即 mean((x - x.mean())** 2)。

换句话说,标准差是方差的平方根。

【例 2-44】 计算数组的标准差和方差。

```
import numpy as np
print("数组的标准差:\n")
print (np.std([1,4,3,6]))
print("数组的方差:\n")
print (np.std([1,4,3,6]))
```

运行程序,输出如下:

```
数组的标准差:
1.8027756377319946
数组的方差:
1.8027756377319946
```

2.6 NumPy 排序

NumPy 提供了多种排序的方法。这些排序函数实现不同的排序算法,每个排序算法的特征在于执行速度,最坏情况性能是所需的工作空间和算法的稳定性。

1. sort()函数

numpy.sort()函数提供了多种排序功能,支持归并排序、堆排序、快速排序等多种排序算法。函数的格式为:

numpy.sort(a,axis,kind,order):参数 a 为要排序的数组;axis 为沿着排序的轴,axis=0 按照列排序,axis=1 按照行排序;kind 为排序所用的算法,默认使用快速排序。常用的排序方法还有:

- quicksort():快速排序,速度最快,算法不具有稳定性。
- mergesort():归并排序,优点是具有稳定性,空间复杂度较高,一般外部排序时才会考虑。
- heapsort():堆排序,优点是堆排序在最坏的情况下,其时间复杂度也为 $O(n\log n)$。它是一个既最高效率又最节省空间的排序方法。

【例 2-45】 利用 sort()函数对给定数组进行排序。

```
import numpy as np
a = np.array([[3,7],[9,1]])
print ('数组是:')
print (a)
print ('\n')
print ('调用 sort() 函数:')
```

```
print (np.sort(a))
print ('\n')
print ('按列排序:')
print (np.sort(a, axis =  0))
print ('\n')
#在 sort()函数中排序字段
dt = np.dtype([('name',  'S10'),('age',  int)])
a = np.array([("raju",21),("anil",25),("ravi",  17),  ("amar",27)], dtype = dt)
print ('数组是:')
print (a)
print ('\n')
print ('按 name 排序:')
print (np.sort(a, order =  'name'))
```

运行程序,输出如下:

```
数组是:
[[3 7]
 [9 1]]
调用 sort() 函数:
[[3 7]
 [1 9]]
按列排序:
[[3 1]
 [9 7]]
数组是:
[(b'raju', 21) (b'anil', 25) (b'ravi', 17) (b'amar', 27)]
按 name 排序:
[(b'amar', 27) (b'anil', 25) (b'raju', 21) (b'ravi', 17)]
```

2. argsort()函数

numpy.argsort()函数返回的是数组值从小到大的索引值。格式为:

```
numpy.argsort(a, axis=-1, kind='quicksort', order=None)
```

参数类似于 sort()函数。

【例 2-46】 利用 argsort()函数对数组进行排序。

```
import numpy as np
x=np.array([4,2,3,1])
print('数组为:\n{}'.format(x))
y=x.argsort()
print('从小到大排序后的索引值为:\n{}'.format(y))
print('以排序后的顺序重构原数组:\n{}'.format(x[y]))
print ('使用循环重构原数组:')
for i in y:
    print(x[i], end=" ")
```

运行程序,输出如下:

```
数组为:
[4 2 3 1]
从小到大排序后的索引值为:
[3 1 2 0]
以排序后的顺序重构原数组:
```

```
[1 2 3 4]
使用循环重构原数组：
1 2 3 4
```

3. lexsort()函数

numpy.lexsort()函数用于对多个序列进行排序。把它想象成对电子表格进行排序，每一列代表一个序列，排序时优先照顾靠后的列。

这里举一个应用场景：小升初考试，重点班录取学生按照总成绩录取。在总成绩相同时，数学成绩高的优先录取，在总成绩和数学成绩都相同时，按照英语成绩录取……这里，总成绩排在电子表格的最后一列，数学成绩在倒数第二列，英语成绩在倒数第三列。

【例 2-47】 利用 lexsort()函数对数据进行排序。

```
import numpy as np
nm =  ('raju','anil','ravi','amar')
dv =  ('f.y.',  's.y.',  's.y.',  'f.y.')
ind = np.lexsort((dv,nm))
print ('调用 lexsort() 函数:')
print (ind)
print ('\n')
print ('使用这个索引来获取排序后的数据:')
print ([nm[i]  +  ", "  + dv[i]  for i in ind])
```

运行程序，输出如下：

```
调用 lexsort() 函数:
[3 1 0 2]
使用这个索引来获取排序后的数据:
['amar, f.y.', 'anil, s.y.', 'raju, f.y.', 'ravi, s.y.']
```

4. extract()函数

numpy.extract()函数根据某个条件从数组中抽取元素，返回满足条件的元素。

【例 2-48】 利用 extract()函数抽取数组中的元素。

```
import numpy as np
x = np.arange(9.).reshape(3,  3)
print ('数组是:')
print (x)
#定义条件,选择偶数元素
condition = np.mod(x,2)  ==  0
print ('按元素的条件值:')
print (condition)
print ('使用条件提取元素:')
print (np.extract(condition, x))
```

运行程序，输出如下：

```
数组是:
[[0. 1. 2.]
 [3. 4. 5.]
 [6. 7. 8.]]
按元素的条件值:
[[ True  False  True]
 [False  True False]
```

```
 [ True False  True]]
使用条件提取元素:
[0. 2. 4. 6. 8.]
```

2.7 NumPy 线性代数

线性代数是数学的一个分支，它的研究对象是向量、向量空间(或称线性空间)、线性变换和有限维的线性方程组。向量空间是现代数学的一个重要课题；因而，线性代数被广泛地应用于抽象代数和泛函分析中。

在 NumPy 中也有关于线性代数计算的模块，也就是 linalg 模块，可以实现强大的线性代数计算，包括特征值、特征向量、矩阵分解等。NumPy 定义了 matrix(矩阵)类型，使用该 matrix 类型创建的是矩阵对象，它们的加减乘除运算默认采用矩阵方式计算，因此用法和 MATLAB 十分类似。但是由于 NumPy 中同时存在 ndarray 和 matrix 对象，因此用户很容易将两者弄混。这有违 Python“显式优于隐式”的原则，因此并不推荐在程序中使用 matrix。此处仍然用 ndarray 来介绍。

2.7.1 矩阵和向量积

因为矩阵的定义、矩阵加法、矩阵的数乘、矩阵的转置与二维数组完全一致，所以这里不再说明，但矩阵的乘法与二维数组是有不同的表示。

1. dot()函数

在 NumPy 中，提供了 dot()函数实现矩阵和向量积。函数的格式为：

numpy.dot(a,b[,out])：计算两个矩阵 a、b 的乘积，如果是一维数组则是它们的内积。

注意：在线性代数里面讲的维数和数组的维数不同，如线性代数中提到的 n 维行向量在 NumPy 中是一维数组，而在线性代数中 n 维列向量在 NumPy 中是一个 shape(n,1)的二维数组。

【例 2-49】 利用 dot()函数求矩阵的乘积。

```
import numpy as np
#矩阵和向量积
print('矩阵和向量积')
x=np.array([1,3,5,4,7])
y=np.array([2,3,4,5,6])
z=np.dot(x,y)
print('x 和 y 的内积:',z)
x=np.array([[1,2,3],[3,4,5],[6,7,8]])
print('新矩阵 x:',x)
y=np.array([[1,2,3],[1,7,9],[0,4,5]])
print('新矩阵 y:',y)
z=np.dot(x,y)
print('x 和 y 的乘积:',z)
```

运行程序，输出如下：

```
矩阵和向量积
x 和 y 的内积: 93
新矩阵 x: [[1 2 3]
 [3 4 5]
 [6 7 8]]
```

```
新矩阵 y: [[1 2 3]
 [1 7 9]
 [0 4 5]]
x 和 y 的乘积: [[  3  28  36]
 [  7  54  70]
 [ 13  93 121]]
```

2. vdot()函数

在 NumPy 中，提供了 numpy.vdot()函数返回两个向量的点积。如果第一个参数是复数，那么它的共轭复数会用于计算。如果参数 id 是多维数组，它会被展开。

【例 2-50】 利用 vdot()函数计算两个向量的点积。

```
import numpy as np
a = np.array([[1,2],[3,4]])
b = np.array([[11,12],[13,14]])
#vdot()将数组展开计算内积
print (np.vdot(a,b))
```

运行程序，输出如下：

```
130
计算式为:
1 * 11 + 2 * 12 + 3 * 13 + 4 * 14 = 130
```

3. inner()函数

numpy.inner()函数返回一维数组的向量内积。对于更高的维度，它返回最后一个轴上的和的乘积。

【例 2-51】 利用 inner()函数返回多维数组的向量内积。

```
import numpy as np
a = np.array([[1,7], [3,6]])
print ('数组 a:')
print (a)
b = np.array([[11, 12], [13, 14]])
print ('数组 b:')
print (b)
print ('内积:')
print (np.inner(a,b))
```

运行程序，输出如下：

```
数组 a:
[[1 7]
 [3 6]]
数组 b:
[[11 12]
 [13 14]]
内积:
[[ 95 111]
 [105 123]]
内积计算式为:
1 * 11+2 * 12, 1 * 13+2 * 14
3 * 11+4 * 12, 3 * 13+4 * 14
```

4. matmul()函数

numpy.matmul()函数返回两个数组的矩阵乘积。虽然它返回二维数组的正常乘积，但如果任一参数的维数大于2，则将其视为存在于最后两个索引的矩阵的栈，并进行相应广播。

另一方面，如果任一参数是一维数组，则通过在其维度上附加1来将其提升为矩阵，并在乘法之后被去除。

【例 2-52】 利用 matmul()函数返回两数组的矩阵乘积。

```
#对于二维数组,它就是矩阵乘法
import numpy.matlib
import numpy as np
a = [[1,0],[0,1]]
b = [[5,1],[3,2]]
print(np.matmul(a,b))
```

运行程序，输出如下：

```
[[5 1]
 [3 2]]
```

2.7.2 行列式

行列式在线性代数中是非常有用的值，它从方阵的对角元素计算。对于 2×2 矩阵，它是左上和右下元素的乘积与其他两个元素的乘积的差。

换句话说，对于矩阵[[a,b],[c,d]]，行列式计算为 $ad-bc$。较大的方阵被认为是 2×2 矩阵的组合。

numpy.linalg.det()函数用于计算输入矩阵的行列式。

【例 2-53】 利用 det()函数计算矩阵的行列式。

```
import numpy as np
b = np.array([[6,1,1], [4, -2, 5], [2,8,7]])
print (b)
print (np.linalg.det(b))
print (6*(-2*7 - 5*8) - 1*(4*7 - 5*2) + 1*(4*8 - -2*2))
```

运行程序，输出如下：

```
[[ 6  1  1]
 [ 4 -2  5]
 [ 2  8  7]]
-306.0
-306
```

2.7.3 求解线性方程

在 NumPy 中，提供 numpy.linalg.solve()函数给出了矩阵形式的线性方程的解。

【例 2-54】 考虑以下线性方程：

$$\begin{cases} x+y+z=6 \\ 2y+5z=-4 \\ 2x+5y-z=27 \end{cases}$$

使用矩阵形式可表示为：

$$\begin{bmatrix}1 & 1 & 1\\0 & 2 & 5\\2 & 5 & -1\end{bmatrix}\begin{bmatrix}x\\y\\z\end{bmatrix}=\begin{bmatrix}6\\-4\\27\end{bmatrix}$$

如果矩阵称为 $\boldsymbol{A}$、$\boldsymbol{X}$ 和 $\boldsymbol{B}$，方程变为：

$$\boldsymbol{AX}=\boldsymbol{B}$$

或

$$\boldsymbol{X}=\boldsymbol{A}^{-1}\boldsymbol{B}$$

同时，可以使用 numpy.linalg.inv()函数来计算矩阵的逆。矩阵的逆的定义是这样的，如果它乘以原始矩阵，则得到单位矩阵。

实现的程序代码为：

```
import numpy as np
A = np.array([[1,1,1],[0,2,5],[2,5,-1]])
print ('矩阵 A:')
print (A)
ainv = np.linalg.inv(A)
print ('A 的逆:')
print (ainv)
print ('矩阵 B:')
B = np.array([[6],[-4],[27]])
print (B)
print ('计算:A^(-1)B:')
X = np.linalg.solve(A,B)
print (X)
```

运行程序，输出如下：

```
矩阵 A:
[[ 1  1  1]
 [ 0  2  5]
 [ 2  5 -1]]
A 的逆:
[[ 1.28571429 -0.28571429 -0.14285714]
 [-0.47619048  0.14285714  0.23809524]
 [ 0.19047619  0.14285714 -0.0952381 ]]
矩阵 B:
[[ 6]
 [-4]
 [27]]
计算:A^(-1)B:
[[ 5.]
 [ 3.]
 [-2.]]
```

2.7.4 矩阵特征值和特征向量

矩阵的特征向量是矩阵理论上的重要概念之一，它有着广泛的应用。数学上，线性变换的特征向量(本征向量)是一个非简并的向量，其方向在该变换下不变。该向量在此变换下缩放的比例称为其特征值(本征值)。函数的格式为：

numpy.linalg.eig(a)：计算方阵的特征值和特征向量。

numpy.linalg.eigvalues(a)：计算方阵的特征值。

【例 2-55】 利用 eig()函数求矩阵的特征值和特征向量。

```
import numpy as np
a = np.array([[1, 3, 8, 6, 9, 0],
              [5, 4, 2, 7, 5, 2],
              [2, 6, 7, 4, 1, 3],
              [0, 7, 2, 7, 4, 9],
              [7, 6, 4, 6, 0, 7],
              [1, 5, 8, 9, 5, 0]])
A = np.array([[2, -1, 2],
              [5, -3, 3],
              [-1, 0, -2]])
b = a[:3, :3]
flag = np.array([[1, 0, 6],
                 [4, 7, 2],
                 [0, 1, 0]])
c = np.dot(flag, b)
d = np.linalg.eigvals(A)
A2,B = np.linalg.eig(A)
print("特征值:\n",A2)
print("特征向量:\n",B)
print(d)
print(c)
```

运行程序，输出如下：

```
特征值:
 [-0.99998465+0.00000000e+00j -1.00000768+1.32949166e-05j
  -1.00000768-1.32949166e-05j]
特征向量:
 [[ 0.57735027+0.00000000e+00j  0.57735027+7.67588259e-06j
    0.57735027-7.67588259e-06j]
  [ 0.57735913+0.00000000e+00j  0.57734584+1.53518830e-05j
    0.57734584-1.53518830e-05j]
  [-0.57734141+0.00000000e+00j -0.5773547 +0.00000000e+00j
   -0.5773547 -0.00000000e+00j]]
  [-0.99998465+0.00000000e+00j -1.00000768+1.32949166e-05j
   -1.00000768-1.32949166e-05j]
[[13 39 50]
 [43 52 60]
 [ 5  4  2]]
```

2.8 矩阵分解

矩阵分解(Decomposition Factorization)是将矩阵拆解为数个矩阵的乘积，可分为三角分解、Cholesky 分解、QR 分解、Jordan 分解和 SVD(奇异值)分解等，常见的有三种，分别为 Cholesky 分解、QR 分解和 SVD(奇异值)分解。

2.8.1 Cholesky 分解

Cholesky 分解是把一个对称正定的矩阵表示成一个下三角矩阵 $\boldsymbol{L}$ 和其转置的乘积的分

解。它要求矩阵的所有特征值必须大于0，故分解的下三角的对角元也是大于0的。

当 $\boldsymbol{A}$ 为实对称正定矩阵(样本的协方差矩阵)时，$\Delta_k>0$(Δ_k 为顺序主子式，$k=1,2,\cdots,n$)，有唯一的 $\boldsymbol{LDU}$ 分解(其中 $\boldsymbol{L}$ 是单位下三角矩阵，$\boldsymbol{D}$ 是对角矩阵，$\boldsymbol{U}$ 是单位上三角矩阵)，即

$$\boldsymbol{A}=\boldsymbol{LDU}$$

其中，$\boldsymbol{D}=\mathrm{diag}(d_1,d_2,\cdots,d_n)$，且 $d_i>0(i=1,2,\cdots,n)$，令：

$$\widetilde{\boldsymbol{D}}=\mathrm{diag}(\sqrt{d_1},\sqrt{d_2},\cdots,\sqrt{d_n})$$

于是有：

$$\boldsymbol{A}=\boldsymbol{L}\widetilde{\boldsymbol{D}}^2\boldsymbol{U}$$

于 $\boldsymbol{A}^{\mathrm{T}}=\boldsymbol{A}$，得：

$$\boldsymbol{L}\widetilde{\boldsymbol{D}}^2\boldsymbol{U}=\boldsymbol{U}^{\mathrm{T}}\widetilde{\boldsymbol{D}}^2\boldsymbol{L}^{\mathrm{T}}$$

再由分解的唯一性得：

$$\boldsymbol{L}=\boldsymbol{U}^{\mathrm{T}},\boldsymbol{U}=\boldsymbol{L}^{\mathrm{T}}$$

因而有：

$$\boldsymbol{A}=\boldsymbol{L}\widetilde{\boldsymbol{D}}^2\boldsymbol{L}^{\mathrm{T}}=\boldsymbol{LDL}^{\mathrm{T}}$$

或者：

$$\boldsymbol{A}=\boldsymbol{L}\widetilde{\boldsymbol{D}}^2\boldsymbol{L}^{\mathrm{T}}=(\boldsymbol{L}\widetilde{\boldsymbol{D}})(\boldsymbol{L}\widetilde{\boldsymbol{D}})^{\mathrm{T}}=\boldsymbol{GG}^{\mathrm{T}}$$

在 NumPy 中，提供了 cholesky()函数实现矩阵的 Cholesky 分解，函数格式为：

L=numpy.linalg.cholesky(a)：函数返回正定矩阵 a 的 Cholesky 分解，其中 L 是下三角矩阵。

【例 2-56】 利用 cholesky()函数实现矩阵的 Cholesky 分解。

```
print('Cholesky分解')
A=np.array([[1,1,1,1],[1,3,3,3],[1,3,5,5],[1,3,5,7]])
print('用于分解的矩阵A:',A)
print('A矩阵的特征值:',np.linalg.eigvals(A))
L=np.linalg.cholesky(A)
print('Cholesky分解结果:',L)
print('重构:',np.dot(L,L.T))
```

运行程序，输出如下：

```
Cholesky分解
用于分解的矩阵A:
[[1 1 1 1]
 [1 3 3 3]
 [1 3 5 5]
 [1 3 5 7]]
A矩阵的特征值: [13.13707118  1.6199144   0.51978306  0.72323135]
Cholesky分解结果:
[[1.         0.         0.         0.        ]
 [1.         1.41421356 0.         0.        ]
 [1.         1.41421356 1.41421356 0.        ]
 [1.         1.41421356 1.41421356 1.41421356]]
重构:
[[1. 1. 1. 1.]
 [1. 3. 3. 3.]
```

```
 [1. 3. 5. 5.]
 [1. 3. 5. 7.]]
```

2.8.2 QR 分解

将矩阵 $\boldsymbol{A}$ 分解为 $\boldsymbol{A}=\boldsymbol{QR}$ 的形式，$\boldsymbol{Q}$ 为正交矩阵，$\boldsymbol{R}$ 为非奇异上三角矩阵，其中：

(1) 当 $\boldsymbol{R}$ 的对角元全为正数时，分解是唯一的。

(2) 分解过程实际上是矩阵约化的过程，用正交变换 $\boldsymbol{Q}^{\mathrm{T}}$ 使得 $\boldsymbol{Q}^{\mathrm{T}}\boldsymbol{A}=\boldsymbol{R}$。

(3) 如果分解结果中 $\boldsymbol{R}$ 的对角元不全为正数，取对角阵：

$$\boldsymbol{D}=\begin{bmatrix} \frac{\lambda_0}{\|\lambda_0\|} & & & \\ & \frac{\lambda_1}{\|\lambda_1\|} & & \\ & & \ddots & \\ & & & \frac{\lambda_{n-1}}{\|\lambda_{n-1}\|} \end{bmatrix}$$

此时 $\boldsymbol{A}=\boldsymbol{QR}=\widetilde{\boldsymbol{Q}}\boldsymbol{D}^{-1}\boldsymbol{D}\widetilde{\boldsymbol{R}}$，其中 $\boldsymbol{A}=\widetilde{\boldsymbol{Q}}\widetilde{\boldsymbol{R}}$ 为直接分解结果。

在 NumPy 中，提供了 qr()函数用于实现矩阵的 QR 分解。函数的格式为：

q，r=numpy.linalg.qr(a，mode='reduced')：用于计算矩阵 a 的 QR 分解。a 是一个(M，N)的待分解矩阵；mode=reduced 为返回(M，N)的列向量两两正交的矩阵 q，和(M，N)的三角阵 r(非全 QR 分解)；mode=complete 为返回(M，M)的正交矩阵 q，和(N，N)的三角阵 r(全 QR 分解)。

【例 2-57】 利用 qr()函数对矩阵实现 QR 分解。

```
print('QR 分解 1')
A=np.array([[3,-2,2],[1,2,1],[1,5,-1]])
print('QR 分解矩阵 A:',A)
q,r=np.linalg.qr(A)
print('q 矩阵大小:',q.shape)
print('q:',q)
print('r 矩阵大小:',r.shape)
print('r:',r)
print('q*r:',np.dot(q,r))
a=np.allclose(np.dot(q.T,q),np.eye(3))
print('q 是否正交:',a)
print('QR 分解 2')
A=np.array([[2,2],[1,-1],[1,3]])
print('QR 分解矩阵 A:',A)
q,r=np.linalg.qr(A,mode='complete')
print('q 矩阵大小:',q.shape)
print('q:',q)
print('r 矩阵大小:',r.shape)
print('r:',r)
print('q*r:',np.dot(q,r))
a=np.allclose(np.dot(q.T,q),np.eye(3))
print('q 是否正交:',a)
```

运行程序,输出如下:

```
QR 分解 1
QR 分解矩阵 A:
[[ 3 -2  2]
 [ 1  2  1]
 [ 1  5 -1]]
q 矩阵大小: (3, 3)
q:
[[-0.90453403   0.39617711   0.1576765 ]
 [-0.30151134  -0.33278877  -0.89350016]
 [-0.30151134  -0.85574256   0.42047066]]
r 矩阵大小: (3, 3)
r: [[-3.31662479  -0.30151134  -1.80906807]
   [ 0.          -5.73664457   1.31530801]
   [ 0.           0.          -0.99861783]]
q*r:
[[ 3. -2.  2.]
 [ 1.  2.  1.]
 [ 1.  5. -1.]]
q 是否正交: True
QR 分解 2
QR 分解矩阵 A:
[[ 2  2]
 [ 1 -1]
 [ 1  3]]
q 矩阵大小: (3, 3)
q: [[-8.16496581e-01   5.04179082e-17  -5.77350269e-01]
   [-4.08248290e-01  -7.07106781e-01   5.77350269e-01]
   [-4.08248290e-01   7.07106781e-01   5.77350269e-01]]
r 矩阵大小: (3, 2)
r: [[-2.44948974  -2.44948974]
   [ 0.           2.82842712]
   [ 0.           0.        ]]
q*r: [[ 2.  2.]
     [ 1. -1.]
     [ 1.  3.]]
q 是否正交: True
```

2.8.3 SVD(奇异值)分解

已知矩阵 $\boldsymbol{A}\in\mathbf{R}^{m\times n}$,其奇异值分解为:

$$\boldsymbol{A}=\boldsymbol{USV}^{\mathrm{T}}$$

其中,$\boldsymbol{U}\in\mathbf{R}^{m\times m}$,$\boldsymbol{V}\in\mathbf{R}^{n\times n}$是正交矩阵,$\boldsymbol{S}\in\mathbf{R}^{m\times n}$是对角线矩阵。$\boldsymbol{S}$ 的对角线元素 $s_1,s_2,\cdots,s_{\min(m,n)}$是矩阵的奇异值。

求矩阵的奇异值的算法非常简单,对于实数域下的矩阵 $\boldsymbol{A}$,只需要求 $\boldsymbol{A}^{\mathrm{T}}\boldsymbol{A}$ 的特征值和特征向量。其特征向量归一化后即右奇异向量 $\boldsymbol{v}_1,\boldsymbol{v}_2,\cdots,\boldsymbol{v}_n$,其特征值开根号即对应的奇异值 $s_1,s_2,\cdots,s_{\min(m,n)}$。然后由等式

$$\boldsymbol{Av}_1=s_1\boldsymbol{u}_1$$

$$\boldsymbol{Av}_2=s_2\boldsymbol{u}_2$$

$$\vdots$$

$$\boldsymbol{A}\boldsymbol{v}_{\min(m,n)} = s_{\min(m,n)}\boldsymbol{u}_{\min(m,n)}$$

依次计算出相应的 $\boldsymbol{u}_i$ 向量的值。

在 NumPy 中，提供 svd()函数对矩阵进行奇异值分解。函数格式为：

u,s,v = numpy.linalg.svd(a,full_matrices = True,compute_uv = True,hermitian = False)。a 是一个形如(M,N)的矩阵。full_matrices 取值为 False 或者 True，默认为 True，这时候 u 的大小为(M,M)，v 的大小为(N,N)；否则 u 的大小为(M,K)，v 的大小为(K,N)，K= min(M,N)。compute_uv 取值为 False 或者 True，默认为 True，表示计算 u,s,v；为 False 时只计算 s。

svd()函数有三个返回值 u,s,v，u 大小为(M,M)，s 大小为(M,N)，v 大小为(N,N)，a=usv。

其中 s 是对矩阵 a 的奇异值分解。s 除了对角元素不为 0 外，其余元素都为 0，并且对角元素从大到小排列。s 中有 n 个奇异值，一般排在后面的比较接近 0，所以仅保留比较大的 r 个奇异值。

注意：NumPy 中返回的 v 通常是奇异值分解 a=usv 中 v 的转置。

【例 2-58】 利用 svd()函数对矩阵进行奇异值分解。

```
import numpy as np
#矩阵奇异值分解
print('奇异值分解 1')
A=np.array([[2,2],[1,-3],[2,5]])
print('用于奇异值分解的矩阵 A:',A)
u,s,vh=np.linalg.svd(A,full_matrices=False)
print('左奇异矩阵大小:',u.shape)
print('相应对角阵:',np.diag(s))
print('右奇异矩阵大小:',vh.shape)
print('右奇异矩阵:',vh)
a=np.dot(u,np.diag(s))
a=np.dot(a,vh)
print('奇异值分解后再组合形成矩阵:',a)
print('奇异值分解 2')
A=np.array([[4,12,16],[8,9,-2]])
print('用于奇异值分解的矩阵 A:',A)
u,s,vh=np.linalg.svd(A,full_matrices=False)
print('左奇异矩阵大小:',u.shape)
print('相应对角阵:',np.diag(s))
print('右奇异矩阵大小:',vh.shape)
print('右奇异矩阵:',vh)
a=np.dot(u,np.diag(s))
a=np.dot(a,vh)
print('奇异值分解后再组合形成矩阵:',a)
```

运行程序，输出如下：

```
奇异值分解 1
用于奇异值分解的矩阵 A:
[[ 2  2]
 [ 1 -3]
 [ 2  5]]
```

```
左奇异矩阵大小：(3, 2)
相应对角阵：
[[6.45757499 0.        ]
 [0.         2.30211322]]
右奇异矩阵大小：(2, 2)
右奇异矩阵：
[[ 0.31883282  0.94781097]
 [ 0.94781097 -0.31883282]]
奇异值分解后再组合形成矩阵：
[[ 2.  2.]
 [ 1. -3.]
 [ 2.  5.]]
奇异值分解 2
用于奇异值分解的矩阵 A:
[[ 4 12 16]
 [ 8  9 -2]]
左奇异矩阵大小：(2, 2)
相应对角阵：
[[21.31233464  0.        ]
 [ 0.          10.52541648]]
右奇异矩阵大小：(2, 3)
右奇异矩阵：
[[-0.30215037  -0.67167129  -0.67643391]
 [ 0.5897583    0.42578176  -0.68621792]]
奇异值分解后再组合形成矩阵：
[[ 4. 12. 16.]
 [ 8.  9. -2.]]
```

2.9　范数和秩

2.9.1　矩阵的范数

一个在 $m\times n$ 矩阵上的矩阵范数(Matrix Norm)是一个从线性空间到实数域上的函数，记为$||\ ||$，它对于任意的 $m\times n$ 矩阵 $\boldsymbol{A}$ 和 $\boldsymbol{B}$ 及所有实数 a，满足以下 4 条性质：

(1) $\|\boldsymbol{A}\|\geqslant 0$；

(2) $\|\boldsymbol{A}\|=0$(零矩阵)；

(3) $\|a\boldsymbol{A}\|=|a|\,\|\boldsymbol{A}\|$(齐次性)；

(4) $\|\boldsymbol{A}+\boldsymbol{B}\|\leqslant\|\boldsymbol{A}\|+\|\boldsymbol{B}\|$(三角不等式)。

在 NumPy 中，提供 norm()函数实现求解矩阵的范数。函数的格式为：

numpy.linalg.norm(x,ord=None,axis=None,keepdims=False)：用于计算向量或者矩阵的范数。x 是一个向量或矩阵。axis 指定轴，0 表示沿列，1 表示沿行，不指定表示整个数组或矩阵。keepdims 为 boolean，可选。如果将其设置为 True，则将缩小的轴尺寸为 1 的尺寸留在结果中。使用此选项，结果将在输入数组中正确广播。ord 参数取不同的值，计算的范数也不同。

【例 2-59】　利用 norm 函数求向量的范数。

```
import numpy as np
#矩阵的范数
print('求向量的范数')
```

```
x=np.array([1,4,6,9])
print('和最大值,按列',np.linalg.norm(x,ord=1))#最大值,按列
print('和最大值,按列:',np.sum(np.abs(x)))
print('2 范数:',np.linalg.norm(x,ord=2))
print('2 范数:',np.sum(np.abs(x)**2)**0.5)
print('和最小值,按行',np.linalg.norm(x,ord=-np.inf))
print('和最小值,按行',np.min(np.abs(x)))
print('和最大值,按行:',np.linalg.norm(x,ord=np.inf))
print('和最大值,按行:',np.max(np.abs(x)))
```

运行程序,输出如下:

```
求向量的范数
和最大值,按列 20.0
和最大值,按列: 20
2 范数: 11.575836902790225
2 范数: 11.575836902790225
和最小值,按行 1.0
和最小值,按行 1
和最大值,按行: 9.0
和最大值,按行: 9
```

【例 2-60】 利用 norm()函数求矩阵的范数。

```
print('求矩阵的范数')
A=np.array([[1,4,3,7],[-2,3,4,9],[2,5,5,7],[1,4,7,13]])
print('矩阵 A:',A)
print('和最大值,按列',np.linalg.norm(A,ord=1))                    #最大值,按列
print('和最大值,按列:',np.sum(np.abs(A),axis=0))
print('2 范数:',np.linalg.norm(A,ord=2))
print('2 范数:',np.max(np.linalg.svd(A,compute_uv=False)))
print('按行计算和的最大值:',np.linalg.norm(A,ord=np.inf))
print('按行计算和的最大值:',np.max(np.sum(A,axis=1)))
print('fro:',np.linalg.norm(A,ord='fro'))
print('frp:',np.trace(np.dot(A.T,A)))
```

运行程序,输出如下:

```
求矩阵的范数
矩阵 A:
[[ 1  4  3  7]
 [-2  3  4  9]
 [ 2  5  5  7]
 [ 1  4  7 13]]
和最大值,按列 36.0
和最大值,按列: [ 6 16 19 36]
2 范数: 22.480966427504175
2 范数: 22.480966427504175
按行计算和的最大值: 25.0
按行计算和的最大值: 25
fro: 22.869193252058544
frp: 523
```

2.9.2 矩阵的秩

在线性代数中,一个矩阵 **A** 的列秩是 **A** 的线性独立的纵列的极大数目。类似地,行秩是

A 的线性无关的横行的极大数目。

一般来说，如果把矩阵看成一个个行向量或者列向量，秩就是这些行向量或者列向量的秩，也就是极大无关组中所含向量的个数。

在 NumPy 中，提供 matric_rank()函数用于求矩阵的秩。函数的格式为：

numpy.linalg.matric_rank(M,tol=None,hermitian=False)：函数返回矩阵的秩。

M 为要计算秩的矩阵。

tol 默认为空，低于此阈值，SVD 值被视为零。

hermitian 为布尔类型，默认为 False，如果为真，"M"假定为 Hermitian(实值为对称)，启用更有效的方法来查找奇异值。

【例 2-61】 求矩阵的秩。

```
I=np.eye(3)
print('单位阵:',I)
r=np.linalg.matrix_rank(I)
print('矩阵的秩:',r)
I[1,1]=0
print('新的 I:',I)
r=np.linalg.matrix_rank(I)
print('I 矩阵的秩:',r)
```

运行程序，输出如下：

```
单位阵:
[[1. 0. 0.]
 [0. 1. 0.]
 [0. 0. 1.]]
矩阵的秩: 3
新的 I:
[[1. 0. 0.]
 [0. 0. 0.]
 [0. 0. 1.]]
I 矩阵的秩: 2
```

第 3 章

开源科学集

SciPy 是一个用于数学、科学、工程领域的常用软件包，可以处理最优化、线性代数、积分、插值、拟合、特殊函数、快速傅里叶变换、信号处理、图像处理、常微分方程求解等。SciPy 包含的模块有最优化、线性代数、积分、插值、特殊函数、快速傅里叶变换、信号处理和图像处理、常微分方程求解和其他科学与工程中常用的计算。

NumPy 和 SciPy 的协同工作可以高效地解决很多问题，在天文学、生物学、气象学和气候科学，以及材料科学等多个学科领域中得到了广泛应用。

3.1 SciPy 常量模块

3.1.1 常量

SciPy 常量模块 constants 提供了许多内置的数学常数。其中，圆周率是一个数学常数，为一个圆的周长和其直径的比率，近似值约等于 3.14159，常用符号 π 来表示。

以下代码输出圆周率：

```
from scipy import constants
print(constants.pi)
3.141592653589793
```

我们可以使用 dir()函数来查看 constants 模块包含了哪些常量：

```
from scipy import constants
print(dir(constants))
['Avogadro', 'Boltzmann', 'Btu', 'Btu_IT', 'Btu_th', 'ConstantWarning', 'G',
'Julian_year', 'N_A', 'Planck', 'R', 'Rydberg', 'Stefan_Bol ...
```

3.1.2 单位类型

在 SciPy 中提供了各种类型的单位，下面对几种常用的单位进行介绍。

1. 国际单位制词头

国际单位制词头(SI prefix)表示单位的倍数和分数，目前有 20 个词头，大多数是千的整数次幂(centi 返回 0.01)。

例如，以下代码演示国际单位制词头的值：

```
from scipy import constants
print(constants.yotta)                          #1e+24
print(constants.zetta)                          #1e+21
print(constants.exa)                            #1e+18
print(constants.peta)                           #1000000000000000.0
print(constants.tera)                           #1000000000000.0
print(constants.giga)                           #1000000000.0
print(constants.mega)                           #1000000.0
print(constants.kilo)                           #1000.0
print(constants.hecto)                          #100.0
print(constants.deka)                           #10.0
print(constants.deci)                           #0.1
print(constants.centi)                          #0.01
print(constants.milli)                          #0.001
print(constants.micro)                          #1e-06
print(constants.nano)                           #1e-09
print(constants.pico)                           #1e-12
print(constants.femto)                          #1e-15
print(constants.atto)                           #1e-18
print(constants.zepto)                          #1e-21
```

2. 二进制前缀

二进制前缀用于返回字节单位(kibi 返回 1024)。

例如,以下代码演示各二进制前缀的返回值。

```
from scipy import constants
print(constants.kibi)                           #1024
print(constants.mebi)                           #1048576
print(constants.gibi)                           #1073741824
print(constants.tebi)                           #1099511627776
print(constants.pebi)                           #1125899906842624
print(constants.exbi)                           #1152921504606846976
print(constants.zebi)                           #1180591620717411303424
print(constants.yobi)                           #1208925819614629174706176
```

3. 质量单位

质量单位用于返回多少千克(gram 返回 0.001)。

例如,以下代码演示各质量单位的返回值。

```
from scipy import constants
print(constants.gram)                           #0.001
print(constants.metric_ton)                     #1000.0
print(constants.grain)                          #6.479891e-05
print(constants.lb)                             #0.45359236999999997
print(constants.pound)                          #0.45359236999999997
print(constants.oz)                             #0.028349523124999998
print(constants.ounce)                          #0.028349523124999998
print(constants.stone)                          #6.3502931799999995
print(constants.long_ton)                       #1016.0469088
print(constants.short_ton)                      #907.1847399999999
print(constants.troy_ounce)                     #0.031103476799999998
print(constants.troy_pound)                     #0.37324172159999996
print(constants.carat)                          #0.0002
```

```
print(constants.atomic_mass)                    #1.66053904e-27
print(constants.m_u)                            #1.66053904e-27
print(constants.u)                              #1.66053904e-27
```

4. 角度单位

角度单位用于返回弧度(degree 返回 0.017453292519943295)。

例如,以下代码返回各角度单位的值。

```
from scipy import constants
print(constants.degree)                         #0.017453292519943295
print(constants.arcmin)                         #0.0002908882086657216
print(constants.arcminute)                      #0.0002908882086657216
print(constants.arcsec)                         #4.84813681109536e-06
print(constants.arcsecond)                      #4.84813681109536e-06
```

5. 时间单位

时间单位用于返回秒数(hour 返回 3600.0)。

例如,以下代码返回各时间单位的值。

```
from scipy import constants
print(constants.minute)                         #60.0
print(constants.hour)                           #3600.0
print(constants.day)                            #86400.0
print(constants.week)                           #604800.0
print(constants.year)                           #31536000.0
print(constants.Julian_year)                    #31557600.0
```

6. 面积单位

面积单位用于返回多少平方米,平方米是面积的公制单位,其定义是:在一平面上,边长为一米的正方形之面积(hectare 返回 10000.0)。

例如,下面代码返回各面积单位的值。

```
from scipy import constants
print(constants.hectare)                        #10000.0
print(constants.acre)                           #4046.8564223999992
```

7. 体积单位

体积单位返回多少立方米,立方米为容量计量单位,1 立方米的容量相当于一个长、宽、高都等于 1 米的立方体的体积,与 1 吨水和 1 度水的容积相等,也与 1000000 立方厘米的体积相等(liter 返回 0.001)。

例如,下面代码返回各体积单位的值。

```
from scipy import constants
print(constants.liter)                          #0.001
print(constants.litre)                          #0.001
print(constants.gallon)                         #0.0037854117839999997
print(constants.gallon_US)                      #0.0037854117839999997
print(constants.gallon_imp)                     #0.00454609
print(constants.fluid_ounce)                    #2.9573529562499998e-05
print(constants.fluid_ounce_US)                 #2.9573529562499998e-05
print(constants.fluid_ounce_imp)                #2.84130625e-05
print(constants.barrel)                         #0.15898729492799998
```

```
print(constants.bbl)                          #0.15898729492799998
```

3.2 SciPy 优化器

SciPy 的 optimize 模块提供了常用的最优化算法函数实现，我们可以直接调用这些函数完成优化问题，比如查找函数的最小值或方程的根等。

1. 寻找方程的根

NumPy 能够找到多项式和线性方程的根，但它无法找到非线性方程的根，如下所示：

$x + \cos(x)$

因此可以使用 SciPy 的 optimize.root 函数，这个函数需要两个参数：fun 表示方程的函数；x0 是根的初始猜测。

该函数返回一个对象，其中包含有关解决方案的信息。实际解决方案在返回对象的属性 x 中。

【例 3-1】 查找 $x + \cos(x)$ 方程的根。

```
from scipy.optimize import root
from math import cos
def eqn(x):
  return x + cos(x)
myroot = root(eqn, 0)
print(myroot.x)
#查看更多信息
#print(myroot)
[-0.73908513]
```

2. 最小化函数

函数表示一条曲线，曲线有高点和低点。高点称为最大值，低点称为最小值。整条曲线中的最高点称为全局最大值，其余部分称为局部最大值。整条曲线的最低点称为全局最小值，其余的称为局部最小值。

在 SciPy 中，可以使用 scipy.optimize.minimize()函数来最小化函数。minimize()函数接受以下几个参数：fun 是要优化的函数；x0 表示初始猜测值；method 是要使用的方法名称，值可以是'CG' 'BFGS' 'Newton-CG' 'L-BFGS-B' 'TNC' 'COBYLA' 'SLSQP'；callback 表示每次优化迭代后调用的函数。options 是定义其他参数的字典。

```
{
     "disp": boolean - print detailed description
     "gtol": number - the tolerance of the error
}
```

【例 3-2】 使用 BFGS 求函数 x^2+x+2 最小化。

```
from scipy.optimize import minimize
def eqn(x):
  return x**2 + x + 2
mymin = minimize(eqn, 0, method='BFGS')
print(mymin)
```

运行程序，输出如下：

```
      fun: 1.75
```

```
hess_inv: array([[0.50000001]])
     jac: array([0.])
 message: 'Optimization terminated successfully.'
    nfev: 12
     nit: 2
    njev: 4
  status: 0
 success: True
       x: array([-0.50000001])
```

3.3 SciPy 稀疏矩阵

稀疏矩阵(Sparse Matrix)指的是在数值分析中绝大多数数值为零的矩阵。反之,如果大部分元素都非零,则这个矩阵是稠密的(Dense)。在科学与工程领域中求解线性模型时经常出现大型的稀疏矩阵。

在 Python 中,scipy.sparse()提供了对稀疏矩阵的存储、计算的支持。稀疏矩阵的存储涉及各种各样的存储方式和数据结构,下面对几种结构进行介绍。

3.3.1 coo_matrix 存储方式

coo_matrix 是最简单的稀疏矩阵存储方式,采用三元组(row, col, data)(或称 ijv format)的形式来存储矩阵中非零元素的信息。在实际使用中,一般 coo_matrix 用来创建矩阵,因为 coo_matrix 无法对矩阵的元素进行增删改操作;创建成功之后可以转换为其他格式的稀疏矩阵(如 csr_matrix、csc_matrix)进行转置、矩阵乘法等操作。

coo_matrix 可以通过 4 种方式实例化,除了可以通过 coo_matrix(D)(D 代表密集矩阵),coo_matrix(S)(S 代表其他类型稀疏矩阵)或者 coo_matrix((M, N), [dtype])构建一个 shape 为 M×N 的空矩阵,默认数据类型是 d,还可以通过(row, col, data)三元组初始化:

```
import numpy as np
from scipy.sparse import coo_matrix
_row  = np.array([0, 3, 1, 0])
_col  = np.array([0, 3, 1, 2])
_data = np.array([4, 5, 7, 9])
coo = coo_matrix((_data, (_row, _col)), shape=(4, 4), dtype=np.int)
coo.todense()                     #通过 todense 方法转换为密集矩阵(numpy.matrix)
coo.toarray()                     #通过 toarray 方法转换为密集矩阵(numpy.ndarray)
array([[4, 0, 9, 0],
       [0, 7, 0, 0],
       [0, 0, 0, 0],
       [0, 0, 0, 5]])
```

上面通过 triplet format 的形式构建了一个 coo_matrix 对象,我们可以看到坐标点(0,0)对应值为 4,坐标点(1,1)对应值为 7 等,这就是 coo_matrix。

下面给出 coo_matrix 矩阵文件读写代码,mmread()用于读取稀疏矩阵,mmwrite()用于写入稀疏矩阵,mminfo()用于查看稀疏矩阵文件元信息(这三个函数的操作不仅仅限于 coo_matrix)。

```
from scipy.io import mmread, mmwrite, mminfo
HERE = dirname(__file__)
```

```
coo_mtx_path = join(HERE, 'data/matrix.mtx')
coo_mtx = mmread(coo_mtx_path)
print(mminfo(coo_mtx_path))
#(13885, 1, 949, 'coordinate', 'integer', 'general')
#(rows, cols, entries, format, field, symmetry)
mmwrite(join(HERE, 'data/saved_mtx.mtx'), coo_mtx)
```

至此，可以总结出 coo_matrix 存储方式的优点主要表现为：

(1) 有利于稀疏格式之间的快速转换(tobsr()、tocsr()、to_csc()、to_dia()、to_dok()、to_lil())。

(2) 允许有重复项(格式转换的时候自动相加)。

(3) 能与 CSR / CSC 格式快速转换。

coo_matrix 存储方式的缺点主要表现为：不能直接进行算术运算。

3.3.2 csr_matrix 存储方式

csr_matrix(Compressed Sparse Row Matrix)为按行压缩的稀疏矩阵存储方式，由三个一维数组 indptr、indices、data 组成。这种格式要求矩阵元按行顺序存储，每一行中的元素可以乱序存储。对于每一行就只需要用一个指针表示该行元素的起始位置即可。indptr 存储每一行数据元素的起始位置，indices 是存储每行中数据的列号，与 data 中的元素一一对应。

csr_matrix 可用于各种算术运算：它支持加法、减法、乘法、除法和矩阵幂等操作。其有 5 种实例化方法，其中前 4 种初始化方法类似 coo_matrix，即通过密集矩阵构建、通过其他类型稀疏矩阵转换、构建一定 shape 的空矩阵、通过(row, col, data)构建矩阵。其第 5 种初始化方式直接体现 csr_matrix 的存储特征：csr_matrix((data, indices, indptr), [shape=(M, N)])，即指矩阵中第 i 行非零元素的列号为 indices[indptr[i]: indptr[i+1]]，相应的值为 data[indptr[i]: indptr[i+1]]。

【例 3-3】 csr_matrix 存储实例演示。

```
import numpy as np
indptr = np.array([0, 2, 3, 6])
indices = np.array([0, 2, 2, 0, 1, 2])
data = np.array([1, 2, 3, 4, 5, 6])
csr = csr_matrix((data, indices, indptr), shape=(3, 3)).toarray()
csr
array([[1, 0, 2],
       [0, 0, 3],
       [4, 5, 6]])
```

至此，可以总结出 csr_matrix 存储方式的优点主要表现为：

(1) 高效的算术运算；

(2) 高效的行切片；

(3) 快速的矩阵运算。

csr_matrix 存储方式的缺点主要表现为：

(1) 列切片操作比较慢；

(2) 稀疏结构的转换比较慢。

3.3.3 csc_matrix 存储方式

csc_matrix 和 csr_matrix 正好相反，即按列压缩的稀疏矩阵存储方式，同样由三个一维数组 indptr、indices、data 组成，其实例化方式、属性、方法、优缺点和 csr_matrix 基本一致，这里不再赘述，它们之间唯一的区别就是按行或按列压缩进行存储。而这一区别决定了 csr_matrix 擅长行操作；csc_matrix 擅长列操作，进行运算时需要进行合理存储结构的选择。

【例 3-4】 csc_matrix 存储方式实例演示。

```
import numpy as np
from scipy import sparse
from scipy.sparse import csc_matrix
sparse.csc_matrix((3, 4), dtype=np.int8).toarray()
array([[0, 0, 0, 0],
       [0, 0, 0, 0],
       [0, 0, 0, 0]], dtype=int8)
row = np.array([0, 2, 2, 0, 1, 2])
col = np.array([0, 0, 1, 2, 2, 2])
data = np.array([1, 2, 3, 4, 5, 6])
sparse.csc_matrix((data, (row, col)), shape=(3, 3)).toarray()
array([[1, 0, 4],
       [0, 0, 5],
       [2, 3, 6]], dtype=int32)
indptr = np.array([0, 2, 3, 6])
indices = np.array([0, 2, 2, 0, 1, 2])
data = np.array([1, 2, 3, 4, 5, 6])
sparse.csc_matrix((data, indices, indptr), shape=(3, 3)).toarray()
array([[1, 0, 4],
       [0, 0, 5],
       [2, 3, 6]])
```

在本例中，第 0 列，有非 0 的数据行是 indices[indptr[0]: indptr[1]] = indices[0: 2] = [0,2]，数据是 data[indptr[0]: indptr[1]] = data[0: 2] = [1,2]，所以在第 0 列第 0 行是 1，第 2 行是 2。第 1 行，有非 0 的数据行是 indices[indptr[1]: indptr[2]] = indices[2: 3] = [2]，数据是 data[indptr[1]: indptr[2] = data[2: 3] = [3]，所以在第 1 列第 2 行是 3。第 2 行，有非 0 的数据行是 indices[indptr[2]: indptr[3]] = indices[3: 6] = [0,1,2]，数据是 data[indptr[2]: indptr[3]] = data[3: 6] = [4,5,6]，所以在第 2 列第 0 行是 4，第 1 行是 5，第 2 行是 6。

3.3.4 lil_matrix 存储方式

lil_matrix(List of Lists Format)，又称为“基于行的链表稀疏矩阵”。它使用两个嵌套列表存储稀疏矩阵：data 保存每行中的非零元素的值，rows 保存每行非零元素所在的列号(列号是顺序排序的)。这种格式很适合逐个添加元素，并且能快速获取行相关的数据。其初始化方式同 coo_matrix 初始化的前三种方式：通过密集矩阵构建、通过其他矩阵转换以及构建一个一定 shape 的空矩阵。

lil_matrix 可用于算术运算：支持加法、减法、乘法、除法和矩阵幂。其属性前 5 个与 coo_matrix 相同，另外还有 rows 属性，是一个嵌套 List，表示矩阵每行中非零元素的列号。lil_matrix 本身的设计是用来方便快捷地构建稀疏矩阵实例的，而算术运算、矩阵运算则转换为 CSC、CSR 格式再进行，构建大型的稀疏矩阵还是推荐使用 COO 格式。

lil_matrix 存储方式优点主要表现为：

(1) 支持灵活的切片操作，行切片操作效率高，列切片效率低。

(2) 稀疏矩阵格式之间的转换很高效。

lil_matrix 存储方式缺点主要表现为:

(1) 加法操作效率低。

(2) 列切片效率低。

(3) 矩阵乘法效率低。

【例 3-5】 lil_matrix 存储方式实例演示。

```
import numpy as np
from scipy import sparse
from scipy.sparse import lil_matrix
lil = sparse.lil_matrix((6, 5), dtype=int)                              #创建矩阵
#set individual point                                                   #设置数值
lil[(0, -1)] = -1
lil[3, (0, 4)] = [-2] * 2                                               #设置两点
lil.setdiag(8, k=0)                                                     #设置主对角线
lil[:, 2] = np.arange(lil.shape[0]).reshape(-1, 1) + 1                  #设置整列
lil.toarray()                                                           #转为 array
array([[ 8,  0,  1,  0, -1],
       [ 0,  8,  2,  0,  0],
       [ 0,  0,  3,  0,  0],
       [-2,  0,  4,  8, -2],
       [ 0,  0,  5,  0,  8],
       [ 0,  0,  6,  0,  0]])
#查看数据
lil.data
array([list([8, 1, -1]), list([8, 2]), list([3]), list([-2, 4, 8, -2]),
      list([5, 8]), list([6])], dtype=object)
lil.rows
array([list([0, 2, 4]), list([1, 2]), list([2]), list([0, 2, 3, 4]),
      list([2, 4]), list([2])], dtype=object)
```

3.3.5 dok_matrix 存储方式

dok_matrix(Dictionary of Keys Based Sparse Matrix)是一种类似于 coo matrix 但又基于字典的稀疏矩阵存储方式,key 由非零元素的坐标值 tuple(row, column)组成,value 则代表数据值。dok_matrix 非常适合于增量构建稀疏矩阵,并且一旦构建,就可以快速地转换为 coo_matrix。其属性和 coo_matrix 前 4 项相同;其初始化方式同 coo_matrix 初始化的前 3 种:通过密集矩阵构建、通过其他矩阵转换以及构建一个一定 shape 的空矩阵。对于 dok_matrix,可用于算术运算:它支持加法、减法、乘法、除法和矩阵幂;允许对单个元素进行快速访问(O(1));不允许重复。

【例 3-6】 dok_matrix 存储方式实例演示。

```
from scipy.sparse import dok_matrix
a = dok_matrix((3, 10))
a[1, 2] = 2
a[2, 2] = 2
a[2, 3] = 1
a[2, 4] = 3
print(a)
print('---------------------')
```

```
print(a[2])
print('----------------------')
print(a[2].nonzero()[1])
print(a[2].nonzero())
print(a[2].values())
```

运行程序,输出如下:

```
  (1, 2)    2.0
  (2, 2)    2.0
  (2, 3)    1.0
  (2, 4)    3.0
----------------------
  (0, 2)    2.0
  (0, 3)    1.0
  (0, 4)    3.0
----------------------
[2 3 4]
(array([0, 0, 0], dtype=int32), array([2, 3, 4], dtype=int32))
dict_values([2.0, 1.0, 3.0])
```

3.3.6 dia_matrix 存储方式

dia_matrix(Sparse Matrix With DIAgonal Storage)是一种对角线的存储方式。将稀疏矩阵使用 offsets 和 data 两个矩阵来表示。offsets 表示 data 中每一行数据在原始稀疏矩阵中的对角线位置 k($k>0$,对角线往右上角移动;$k<0$,对角线往左下方移动;$k=0$,主对角线)。该格式的稀疏矩阵可用于算术运算:它们支持加法、减法、乘法、除法和矩阵幂。

dia_matrix 的 5 个属性与 coo matrix 相同,另外还有属性 offsets;dia_matrix 有 4 种初始化方式,其中前 3 种初始化方式与 coo_matrix 前 3 种初始化方式相同,即通过密集矩阵构建、通过其他矩阵转换以及构建一个一定 shape 的空矩阵。第 4 种初始化方式如下:

```
dia_matrix((data, offsets), shape=(M, N))
```

其中,data[k,:]存储着稀疏矩阵;offsets[k]对角线上的值。

【例 3-7】 dia_matrix 存储方式的实例演示。

```
from scipy.sparse import dia_matrix
import numpy as np
if __name__ == '__main__':
    data = np.array([[1,2,3,4],
                     [4,2,3,8],
                     [7,2,4,5]])
    offsets = np.array([0,-1,2])
    a = dia_matrix((data,offsets),shape=(4,4)).toarray()
    print(a)
```

运行程序,输出如下:

```
[[1 0 4 0]
 [4 2 0 5]
 [0 2 3 0]
 [0 0 3 4]]
```

3.3.7 bsr_matrix 存储方式

bsr_matrix(Block Sparse Row Matrix)这种压缩方式类似 CSR 格式，它是使用分块的思想对稀疏矩阵进行按行压缩的。所以，BSR 适用于具有 dense 子矩阵的稀疏矩阵。该种矩阵有 5 种初始化方式，如下所示：

- bsr_matrix(D, [blocksize=(R,C)])：D 是一个 M×N 的二维 dense 矩阵；blocksize 需要满足条件：M % R = 0 和 N % C = 0，如果不给定该参数，内部将会应用启发式的算法自动决定一个合适的 blocksize。
- bsr_matrix(S, [blocksize=(R,C)])：S 是指其他类型的稀疏矩阵。
- bsr_matrix((M, N), [blocksize=(R,C), dtype])：构建一个 shape 为 M×N 的空矩阵。
- bsr_matrix((data, ij), [blocksize=(R,C), shape=(M, N)])：data 和 ij 满足条件"a[ij[0,k],ij[1,k]]=data[k]"。
- bsr_matrix((data, indices, indptr), [shape=(M, N)])：data.shape 一般是 k×R×C，其中 R、C 分别代表 block 的行长和列长，代表有几个小 block 矩阵；第 i 行的块列索引存储在 indices[indptr[i]: indptr[i+1]]中，其值是 data[indptr[i]: indptr[i+1]]。

bsr_matrix 可用于算术运算：支持加法、减法、乘法、除法和矩阵幂。

【例 3-8】 bsr_matrix 存储方式演示实例。

```
from scipy.sparse import bsr_matrix
import numpy
indptr = np.array([0, 2, 3, 6])
indices = np.array([0, 2, 2, 0, 1, 2])
data = np.array([1, 2, 3, 4, 5, 6]).repeat(4).reshape(6, 2, 2)
bsr_matrix((data,indices,indptr), shape=(6, 6)).toarray()
```

运行程序，输出如下：

```
array([[1, 1, 0, 0, 2, 2],
       [1, 1, 0, 0, 2, 2],
       [0, 0, 0, 0, 3, 3],
       [0, 0, 0, 0, 3, 3],
       [4, 4, 5, 5, 6, 6],
       [4, 4, 5, 5, 6, 6]])
```

3.4 SciPy 图结构

图结构是算法学中最强大的框架之一。图是各种关系的节点和边的集合，节点是与对象对应的顶点，边是对象之间的连接。SciPy 提供了 scipy.sparse.csgraph 模块来处理图结构。

3.4.1 邻接矩阵

邻接矩阵(Adjacency Matrix)是表示顶点之间相邻关系的矩阵。邻接矩阵逻辑结构分为两部分：V 和 E 集合，其中，V 是顶点，E 是边，边有时会有权重，表示节点之间的连接强度，如图 3-1 所示。

用一个一维数组存放图中所有顶点数据，用一个二维数组存放顶点间关系(边或弧)的数据，这个二维数组称为邻接矩阵，如图 3-2 所示。

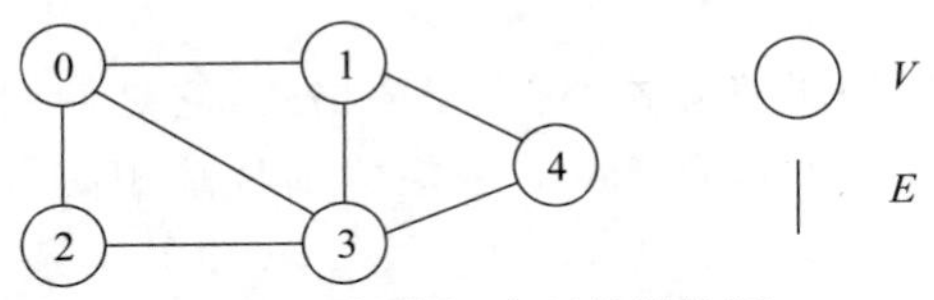

图 3-1 邻接矩阵逻辑结构图

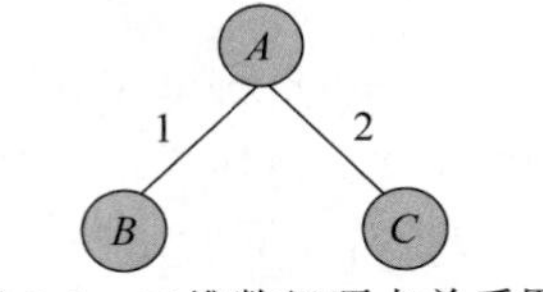

图 3-2 二维数组顶点关系图

图 3-2 中，顶点有 A、B、C，边权重有 1 和 2。A 与 B 是连接的，权重为 1。A 与 C 是连接的，权重为 2。C 与 B 是没有连接的。

这个邻接矩阵可以表示为以下二维数组：

```
   A B C
A:[0 1 2]
B:[1 0 0]
C:[2 0 0]
```

邻接矩阵又分为有向图邻接矩阵和无向图邻接矩阵。无向图是双向关系，边没有方向，如图 3-3 所示。

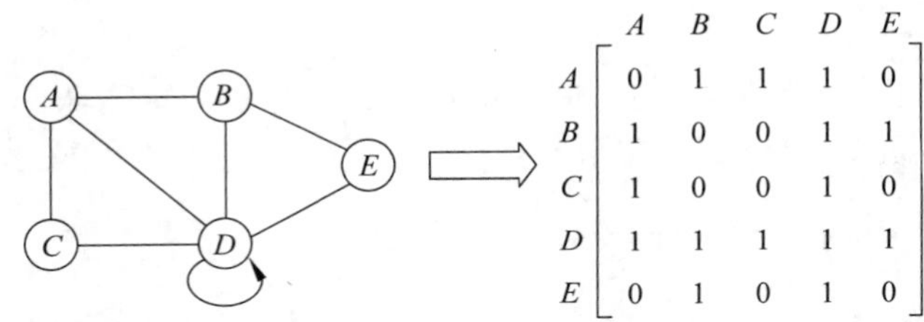

图 3-3 无向图

有向图的边带有方向，是单向关系，如图 3-4 所示。

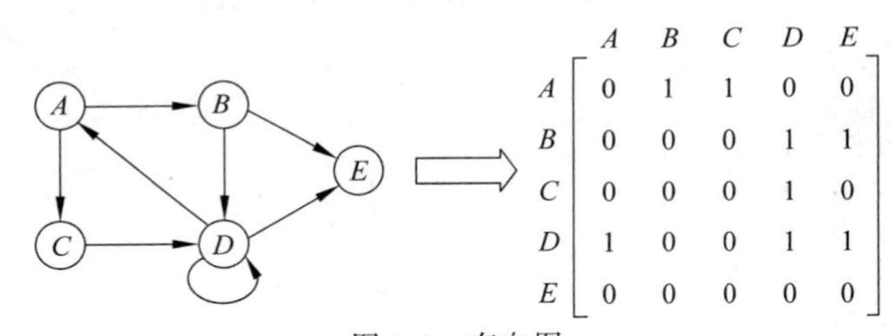

图 3-4 有向图

提示：图 3-3 及图 3-4 中的 D 节点是自环，自环是指一条边的两端为同一个节点。

3.4.2 连接组件

在 SciPy 中，提供了 connected_components()方法用于查看所有连接组件使用。

【例 3-9】 查看所有连接组件使用。

```
import numpy as np
from scipy.sparse.csgraph import connected_components
from scipy.sparse import csr_matrix
arr = np.array([
  [3, 5, 2],
  [1, 0, 0],
```

```
  [4, 1, 0]
])
newarr = csr_matrix(arr)
print(connected_components(newarr))
```

运行程序，输出如下：

```
(1, array([0, 0, 0]))
```

3.4.3 Dijkstra 最短路径

Dijkstra(迪杰斯特拉)最短路径算法，可用于求解图中某源点到其余各顶点的最短路径。

【例 3-10】 从某源点到其余各顶点的最短路径。

假设 G={V,{E}}是含有 n 个顶点的有向图，以该图中顶点 v 为源点，使用 Dijkstra 算法求顶点 v 到图中其余各顶点的最短路径的基本方法如下：

(1) 使用集合 S 记录已求得最短路径的终点，初始时 S={v}。

(2) 选择一条长度最小的最短路径，该路径的终点 w 属于 V-S，将 w 并入 S，并将该最短路径的长度记为 Dw。

(3) 对于 V-S 中任一顶点 s，将源点到顶点 s 的最短路径长度记为 Ds，并将顶点 w 到顶点 s 的弧的权值记为 Dws，如果 Dw+Dws<Ds，则将源点到顶点 s 的最短路径长度修改为 Dw+Ds=ws。

(4) 重复执行步骤(2)和(3)，并且 S=V。

为了实现算法，使用邻接矩阵 Arcs 存储有向网，当 i=j 时，Arcs[i][j]=0；当 i! =j 时，如果下标为 i 的顶点到下标为 j 的顶点有弧且弧的权值为 w，则 Arcs[i][j]=w，否则 Arcs[i][j]=float('inf')即无穷大。

(5) 使用 Dist 存储源点到每一个终点的最短路径长度。

(6) 使用列表 Path 存储每一条最短路径中倒数第二个顶点的下标。

(7) 使用 flag 记录每一个顶点是否已经求得最短路径，在方法中即是判断顶点是属于 V 集合，还是属于 V-S 集合。

实现的代码为：

```
#构造有向图 Graph
class Graph:
  def __init__(self,graph,labels):          #labels 为标点名称
    self.Arcs=graph
    self.VertexNum=graph.shape[0]
    self.labels=labels
def Dijkstra(self,Vertex,EndNode):           #Vertex 为源点,EndNode 为终点
  Dist=[[] for i in range(self.VertexNum)] #存储源点到每一个终点的最短路径的长度
  Path=[[] for i in range(self.VertexNum)] #存储每一条最短路径中倒数第二个顶点的下标
  flag=[[] for i in range(self.VertexNum)] #记录每一个顶点是否都求得最短路径
  index=0
  #初始化
  while index<self.VertexNum:
    Dist[index]=self.Arcs[Vertex][index]
    flag[index]=0
    if self.Arcs[Vertex][index]<float('inf'):  #正无穷
      Path[index]=Vertex
```

```
      else:
        Path[index]=-1                      #表示从顶点 Vertex 到 index 无路径
      index+=1
    flag[Vertex]=1
    Path[Vertex]=0
    Dist[Vertex]=0
    index=1
    while index<self.VertexNum:
      MinDist=float('inf')
      j=0
      while j<self.VertexNum:
        if flag[j]==0 and Dist[j]<MinDist:
          tVertex=j#tVertex 为目前从 V-S 集合中找出的距离源点 Vertex 最短路径的顶点
          MinDist=Dist[j]
        j+=1
      flag[tVertex]=1
      EndVertex=0
      MinDist=float('inf')        #表示无穷大,若两点间的距离小于 MinDist,说明两点间有路径
      #更新 Dist 列表
      while EndVertex<self.VertexNum:
        if flag[EndVertex]==0:
          if self.Arcs[tVertex][EndVertex]<MinDist and Dist[
            tVertex]+self.Arcs[tVertex][EndVertex]<Dist[EndVertex]:
            Dist[EndVertex]=Dist[tVertex]+self.Arcs[tVertex][EndVertex]
            Path[EndVertex]=tVertex
        EndVertex+=1
      index+=1
    vertex_endnode_path=[]                  #存储从源点到终点的最短路径
    return Dist[EndNode],start_end_Path(Path,Vertex,EndNode,vertex_endnode_path)
#定义 Path 递归求路径
def start_end_Path(Path,start,endnode,path):
  if start==endnode:
    path.append(start)
  else:
    path.append(endnode)
    start_end_Path(Path,start,Path[endnode],path)
  return path

if __name__=='__main__':
  #float('inf')表示无穷
  graph=np.array([[0,6,5,float('inf'),float('inf'),float('inf')],
          [float('inf'),0,2,8,float('inf'),float('inf')],
          [float('inf'),float('inf'),0,float('inf'),3,float('inf')],
          [float('inf'),float('inf'),7,0,float('inf'),9],
          [float('inf'),float('inf'),float('inf'),float('inf'),0,9],
          [float('inf'),float('inf'),float('inf'),float('inf'),0]])
  G=Graph(graph,labels=['a','b','c','d','e','f'])
  start=input('请输入源点')
  endnode=input('请输入终点')
  dist,path=Dijkstra(G,G.labels.index(start),G.labels.index(endnode))
  Path=[]
  for i in range(len(path)):
    Path.append(G.labels[path[len(path)-1-i]])
```

```
    print('从顶点{}到顶点{}的最短路径为:\n{}\n最短路径长度为:{}'.format(start,
endnode,Path,dist))
```

运行程序，输出如下：

```
请输入源点 b
请输入终点 f
从顶点 b 到顶点 f 的最短路径为:
['b', 'c', 'e', 'f']
最短路径长度为:14
```

3.4.4 Floyd Warshall 算法

Floyd Warshall（弗洛伊德）算法又称为插点法，是一种利用动态规划的思想寻找给定的加权图中多源点之间最短路径的算法，与Dijkstra算法类似。该算法名称以创始人之一、1978年图灵奖获得者、斯坦福大学计算机科学系教授罗伯特·弗洛伊德命名。

Floyd Warshall算法是解决任意两点间的最短路径的一种算法，可以正确处理有向图或负权的最短路径问题，同时也被用于计算有向图的传递闭包。Floyd Warshall算法的时间复杂度为$O(N^3)$，空间复杂度为$O(N^2)$。

1. 算法原理

Floyd Warshall算法是一个经典的动态规划算法。通俗来说，首先我们的目标是寻找从点i到点j的最短路径。从动态规划的角度看问题，我们需要为这个目标重新做一个解释。

从任意节点i到任意节点j的最短路径有两种可能，一种是直接从i到j，另一种是从i经过若干个节点k到j。所以，假设Dis(i,j)为节点u到节点v的最短路径的距离，对于每一个节点k，检查Dis(i,k) + Dis(k,j) < Dis(i,j)是否成立，如果成立，证明从i到k再到j的路径比i直接到j的路径短，便设置Dis(i,j) = Dis(i,k) + Dis(k,j)，这样一来，当遍历完所有节点k，Dis(i,j)中记录的便是i到j的最短路径的距离。

2. 算法描述

Floyd Warshall算法可通过以下两点来描述。

(1) 从任意一条单边路径开始。所有两点之间的距离是边的权，如果两点之间没有边相连，则权为无穷大。

(2) 对于每一对顶点u和v，看看是否存在一个顶点w使得从u到w再到v比已知的路径更短。如果是更新它。

【例3-11】 利用Floyd Warshall算法找到所有最短路径长度。

```
import networkx as nx
import matplotlib.pyplot as plt
from matplotlib import font_manager
#使用 Floyd Warshall 算法找到所有最短路径长度
G = nx.DiGraph()
G.add_weighted_edges_from([('0', '3', 3), ('0', '1', -5),('0', '2', 2), ('1', '2', 4),
('2', '3', 1)])
#边和节点信息
edge_labels = nx.get_edge_attributes(G,'weight')
labels={'0':'0','1':'1','2':'2','3':'3'}
#生成节点位置
pos=nx.spring_layout(G)
#把节点画出来
```

```
nx.draw_networkx_nodes(G,pos,node_color='g',node_size=500,alpha=0.8)
#把边画出来
nx.draw_networkx_edges(G,pos,width=1.0,alpha=0.5,edge_color='b')
#把节点的标签画出来
nx.draw_networkx_labels(G,pos,labels,font_size=16)
#把边权重画出来
nx.draw_networkx_edge_labels(G, pos, edge_labels)
#显示 graph
plt.title('有权图',fontproperties=myfont)
plt.axis('on')
plt.xticks([])
plt.yticks([])
plt.show()
#计算最短路径长度
lenght=nx.floyd_warshall(G, weight='weight')
#计算最短路径上的前驱与路径长度
predecessor,distance1=nx.floyd_warshall_predecessor_and_distance(G, weight=
'weight')
#计算两两节点之间的最短距离,并以 NumPy 矩阵形式返回
distance2=nx.floyd_warshall_numpy(G, weight='weight')
print(list(lenght))
print(predecessor)
print(list(distance1))
print(distance2)
```

运行程序,输出如下,效果如图 3-5 所示。

```
['2', '3', '0', '1']
{'2': {'3': '2'}, '0': {'2': '1', '3': '2', '1': '0'}, '1': {'2': '1', '3': '2'}}
['2', '3', '0', '1']
[[ 0.   1. inf inf]
 [inf  0. inf inf]
 [-1.  0.   0. -5.]
 [ 4.   5. inf   0.]]
```

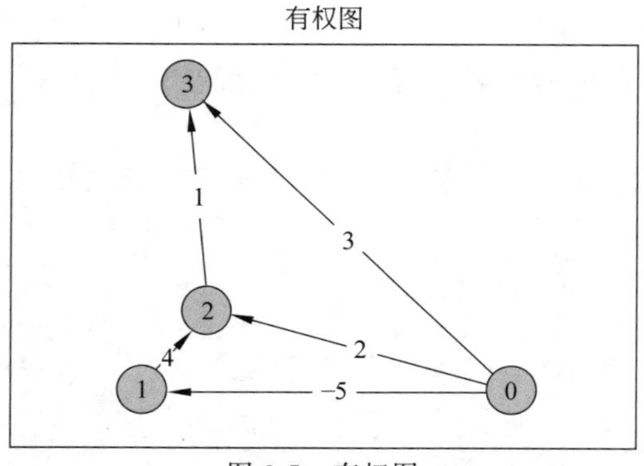

图 3-5 有权图

3.4.5 Bellman-Ford 算法

Bellman-Ford(贝尔曼-福特)算法是一种处理存在负权边的单元最短路径问题的算法。解决了 Dijkstra 无法计算的存在负权边的问题。虽然其算法效率不高,但是也有其特别的用

处。其实现方式是通过 m 次迭代求出从源点到终点不超过 m 条边构成的最短路的路径。一般情况下要求途中不存在负环。但是在边数有限制的情况下允许存在负环。因此 Bellman-Ford 算法是可以用来判断负环的。

1. 算法原理

Bellman-Ford 算法能在更普遍的情况下(存在负权边)解决单源点最短路径问题。对于给定的带权(有向或无向)图 G=(V,E),其源点为 s,加权函数 w 是边集 E 的映射。对图 G 运行 Bellman-Ford 算法的结果是一个布尔值,表明图中是否存在着一个从源点 s 可达的负权回路。如果不存在这样的回路,算法将给出从源点 s 到图 G 的任意顶点 v 的最短路径 d[v]。

Bellman-Ford 算法主要适用于:

- 单源最短路径(从源点 s 到其他所有顶点 v);
- 有向图与无向图(无向图可以看作(u,v),(v,u)同属于边集 E 的有向图);
- 边权可正可负(如有负权回路输出错误提示);
- 差分约束系统。

2. 算法流程

整体来说,Bellman-Ford 算法的流程主要有以下几步:

(1) 初始化:将除源点外的所有顶点的最短距离估计值 $d[v] \leftarrow +\infty$,$d[s] \leftarrow 0$。

(2) 迭代求解:反复对边集 E 中的每条边进行松弛操作,使得顶点集 V 中的每个顶点 v 的最短距离估计值逐步逼近其最短距离。(运行 $|v|-1$ 次)

(3) 检验负权回路:判断边集 E 中的每一条边的两个端点是否收敛。如果存在未收敛的顶点,则算法返回 False,表明问题无解;否则算法返回 True,并且从源点可达的顶点 v 的最短距离保存在 d[v]中。

【例 3-12】 利用 Bellman-Ford 算法实现最短(长)路径。

```
from collections import deque
import math
inf = math.inf
print(inf>0)
class BellmanFordSP(object):
    def __init__(self,Graph,s):
        '''
        :param Graph: 有向图的邻接矩阵
        :param s:  起点 Start
        '''
        self.Graph = Graph
        self.edgeTo = []      #用来存储路径结束的横切边(即最短路径的最后一条边的两个顶点)
        self.distTo = []                          #用来存储到每个顶点的最短路径
        self.s = s                                #起点 Start
    #打印顶点 s 到某一点的最短路径
    def PrintPath(self,end):
        path = [end]
        while self.edgeTo[end] != None:
            path.insert(0,self.edgeTo[end]) #倒排序
            end = self.edgeTo[end]
        return path
    #路径中含有正(负)权重环判定,即判断当前顶点是否存在于一个环中。
    def cycle_assert(self, vote):
        '''
```

```
        利用顶点出度、入度,当前顶点满足环的"必要条件"是至少 1 出度、1 入度。
        再查看起点能否回到起点的路径判断。两项满足则为环。
        '''
        path = [vote]
        while self.edgeTo[vote] != None:
            path.insert(0,self.edgeTo[vote])
            vote = self.edgeTo[vote]
            if path[0] == path[-1]:
                break
        print(path)
        if path[0] == path[-1]:
            return True
        else:
            return False
    #主程序
    def bellmanford(self):
        d = deque()                                 #导入优先队列(队列性质:先入先出)
        for i in range(len(self.Graph[0])):         #初始化横切边与最短路径——"树"
            self.distTo.append(inf)
            self.edgeTo.append(None)
        self.distTo[self.s] = 0                     #将顶点 s 加入 distTo 中
        count  = 0                                  #计数标识
        d.append(self.Graph[self.s].index(min(self.Graph[self.s])))
        #将直接距离顶点 s 最近的点加入队列
        for i in self.Graph[self.s]:    #将除直接距离顶点 s 最近的点外的其他顶点加入队列
            if i != inf and count not in d:
                d.append(count)
            count += 1
        for j in d:                     #处理刚加入队列的顶点
            self.edgeTo[j] = self.s
            self.distTo[j] = self.Graph[self.s][j]
        while d:
            count = 0
            vote = d.popleft()          #将弹出该点作为顶点 s,重复操作,直到队列为空
            for i in self.Graph[vote]:  #进行边的松弛技术
                if i != inf and i > 0 and self.distTo[vote] + i < self.distTo[count]:
                    self.edgeTo[count] = vote
                    self.distTo[count] = self.distTo[vote] + i
                    self.distTo[count] = round(self.distTo[count], 2)
                    if count not in d:
                        d.append(count)
                #处理满足条件且含有正(负)权重环的路径情况
                elif i != inf and i < 0 and self.distTo[vote] + i < self.distTo[count]:
                    temp  = self.edgeTo[count]              #建立临时空间存储原横切边
                    self.edgeTo[count]  = vote
                    flage = self.cycle_assert(count)        #判读若该点构成环且该点既是起
                                                            #点又是终点,则存在环
                    if flage:                               #有环,消除该环
                        self.edgeTo[count] = temp
                        self.Graph[vote][count] = inf
                    else:                                   #无环,与第一个 if 相同处理
                        self.distTo[count] = self.distTo[vote] + i
                        self.distTo[count] = round(self.distTo[count], 2)
```

```
                    if count not in d:
                        d.append(count)

                elif i != inf and  self.distTo[vote] + i >= self.distTo[count]:
                    self.Graph[vote][count] = inf        #删除该无用边
                count += 1
        for i in range(len(self.Graph[0])):
            path = self.PrintPath(i)
            print("%d to %d(%.2f):" % (path[0],i,self.distTo[i]),end="")
            if len(path) == 1 and path[0] == self.s:
                print("")
            else:
                for i in path[:-1]:
                        print('%d->' % (i),end = "")
                print(path[-1])
if __name__ == "__main__":
    #含有负权重值的图
    Graph = [[inf,inf,0.26,inf,0.38,inf,inf,inf],
             [inf,inf,inf,0.29,inf,inf,inf,inf],
             [inf,inf,inf,inf,inf,inf,inf,0.34],
             [inf,inf,inf,inf,inf,inf,0.52,inf],
             [inf,inf,inf,inf,inf,0.35,inf,0.37],
             [inf,0.32,inf,inf,0.35,inf,inf,0.28],
             #[0.58,inf,0.40,inf,0.93,inf,inf,inf],
             [-1.40,inf,-1.20,inf,-1.25,inf,inf,inf],
             [inf,inf,inf,0.39,inf,0.28,inf,inf],
            ]
    #路径之中含有负权重环图
    Graph1 = [[inf,inf,0.26,inf,0.38,inf,inf,inf],
              [inf,inf,inf,0.29,inf,inf,inf,inf],
              [inf,inf,inf,inf,inf,inf,inf,0.34],
              [inf,inf,inf,inf,inf,inf,0.52,inf],
              [inf,inf,inf,inf,inf,0.35,inf,0.37],
              [inf,0.32,inf,inf,-0.66,inf,inf,0.28],
              [0.58,inf,0.40,inf,0.93,inf,inf,inf],
              [inf,inf,inf,0.39,inf,0.28,inf,inf],
            ]
    Graph2 = [[inf,0,5,inf,inf,inf],
              [inf,inf,inf,30,35,inf],
              [inf,inf,inf,15,20,inf],
              [inf,inf,inf,inf,inf,20],
              [inf,inf,inf,inf,inf,10],
              [inf,inf,inf,inf,inf,inf],
             ]
    Graph3 = [[inf,0,5,inf],
              [inf,inf,inf,35],
              [inf,-7,inf,inf],
              [inf,inf,inf,inf]]
    F = BellmanFordSP(Graph,0)
    F.bellmanford()
```

运行程序,输出如下:

```
True
```

```
[0, 2, 7, 3, 6, 4]
0 to 0(0.00):
0 to 1(0.93):0->2->7->3->6->4->5->1
0 to 2(0.26):0->2
0 to 3(0.99):0->2->7->3
0 to 4(0.26):0->2->7->3->6->4
0 to 5(0.61):0->2->7->3->6->4->5
0 to 6(1.51):0->2->7->3->6
0 to 7(0.60):0->2->7
```

3.5 SciPy 空间数据

空间数据又称几何数据，它用来表示物体的位置、形态、大小分布等各方面的信息，比如坐标上的点。

SciPy 通过 scipy.spatial 模块处理空间数据，比如判断一个点是否在边界内、计算给定点周围距离最近点以及给定距离内的所有点。

3.5.1 三角测量

三角测量在三角学与几何学上，是一个借由测量目标点与固定基准线以及基准线的已知端点的角度，测量目标距离的方法。多边形的三角测量是将多边形分成多个三角形，可以用这些三角形来计算多边形的面积。

拓扑学的一个已知事实告诉我们：任何曲面都存在三角剖分。

假设曲面上有一个三角剖分，我们把所有三角形的顶点总数记为 p（公共顶点只看成一个），边数记为 a，三角形的个数记为 n，则 $e=p-a+n$ 是曲面的拓扑不变量。也就是说，不管是什么剖分，e 总是得到相同的数值。e 被称为欧拉示性数。

对一系列的点进行三角剖分点方法是 Delaunay()三角剖分。函数的格式为：

class scipy.spatial.Delaunay(points, furthest_site=False, incremental=False, qhull_options=None)。其中，points 为浮点数数组，为要进行三角剖分的点坐标。furthest_site 为布尔型，表示是否计算 furthest-site Delaunay 三角剖分，默认值为 False。incremental 为允许增量添加新点，布尔型，可选。qhull_options 为 str 类型，可选，用于传递给 Qhull 的其他选项。

【例 3-13】 通过给定的点来创建三角形。

```
import numpy as np
from scipy.spatial import Delaunay
import matplotlib.pyplot as plt
%matplotlib inline
points = np.array([
  [2, 4],  [3, 4],  [3, 0],  [2, 2],  [4, 1]])
simplices = Delaunay(points).simplices                    #三角形中顶点的索引
plt.triplot(points[:, 0], points[:, 1], simplices)
plt.scatter(points[:, 0], points[:, 1], color='r')
plt.show()
```

运行程序，效果如图 3-6 所示。

注意：三角形顶点的 id 存储在三角剖分对象的 simplices 属性中。

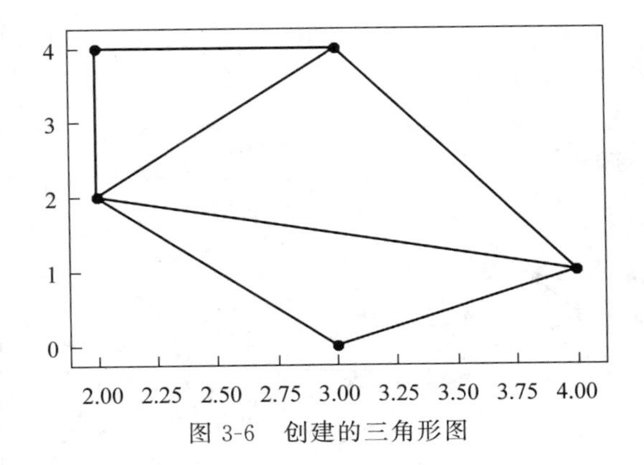

图 3-6　创建的三角形图

3.5.2　凸包

在数学上，实向量空间 **V** 中的一组点 X 的凸包或凸包络是包含 X 的最小凸集。通俗来说就是包围一组散点的最小凸边形。

scipy 提供了 scipy.spatial 函数计算凸包，scipy 中 convexHull 输入的参数可以是 m2 的点坐标。其返回值的属性.verticess 是所有凸轮廓点在散点(m2)中的索引值。

注意： 属性.verticess 绘制出来的轮廓点是按照逆时针排序的。

Scipy 计算得到的凸包如图 3-7 所示。

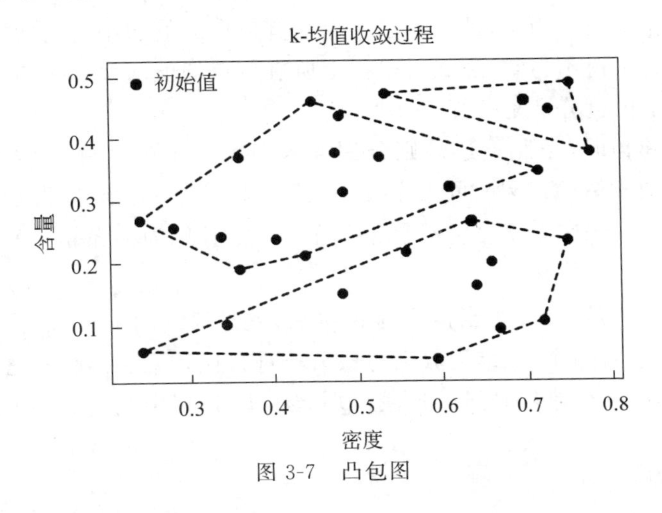

图 3-7　凸包图

【例 3-14】　通过给定的点来创建凸包。

```
import numpy as np
from scipy.spatial import ConvexHull
import matplotlib.pyplot as plt
points = np.array([[2, 4], [3, 4], [3, 0], [2, 2], [4, 1], [1, 2],
                   [5, 0], [3, 1], [1, 2],  [0, 2]
])
hull = ConvexHull(points)
hull_points = hull.simplices
plt.scatter(points[:,0], points[:,1])
for simplex in hull_points:
  plt.plot(points[simplex,0], points[simplex,1], 'r-')
```

```
plt.show()
```

运行程序，效果如图 3-8 所示。

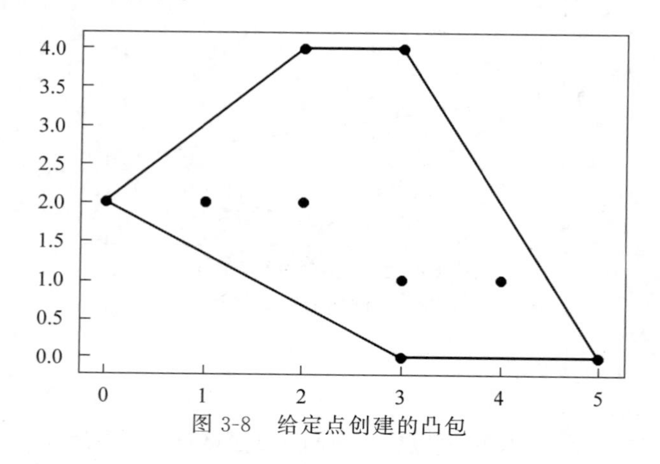

图 3-8　给定点创建的凸包

3.5.3　*K*-D 树

1. *K*-D 树原理

K-D 树实际上是一棵高维二叉搜索树，与普通二叉搜索树不同的是，树中存储的是一些 *K* 维数据。二叉搜索树(BST)是一棵具有如下性质的树：

(1) 如果它的左子树不为空，那么左子树上所有节点的值均小于它的根节点的值。

(2) 如果它的右子树不为空，那么右子树上所有节点的值均大于它的根节点的值。

(3) 它的左右子树也分别是一棵二叉搜索树。

二叉搜索树在建树时，按照上述规则分别插入即可。而在搜索时，从根节点开始往下查找。可以看出二叉搜索树的建树时间复杂度、查找的平均时间复杂度为 $O(n\log(n))$，最坏时间复杂度为 $O(n^2)$，由于二叉搜索树不是平衡的，可能退化为一条链，这种情况就是最坏情况了。

普通的二叉搜索树是一维的，当推广到 K 维后，就是我们的 *K*-D 树了。在 *K*-D 树中跟二叉搜索树差不多，也是将一个 *K* 维的数据与根节点进行比较，然后划分，这里的比较不是整体的比较，而是选择其中一个维度来进行比较。那么在 *K*-D 树中我们需要解决以下两个重要的问题：

(1) 每一次划分时，应该选择哪个维度？

(2) 在某个维度上划分时，如何保证左右子树节点个数尽量相等？

首先来看问题(1)最简单的做法就是一个维度一个维度轮流着来，但是细想，这种方法不能很好地解决问题。假设有这样一种情况：我们需要切一个豆腐条，长度要远远大于宽度，要想把它切成尽量相同的小块，显然是先按照长度来切，这样更合理，如果宽度比较窄，那么这种效果更明显。所以在 *K*-D 树中，每次选取属性跨度最大的那个来进行划分，而衡量这个跨度的标准是什么？无论是从数学上还是人的直观感受方面来说，如果某个属性的跨度越大，也就是说越分散，那么这组数据的方差就越大，所以在 *K*-D 树进行划分时，可以每次选择方差最大的属性来划分数据到左右子树。

再来看问题(2)，当我们选择好划分的属性时，还要根据某个值来进行左右子树划分，而这个值就是一个划分轴。在 *K*-D 树的划分中，这个轴的选取很关键，要保证划分后的左右子树尽量平衡,那么很显然选取这个属性的值对应数组的中位数作为 pivot,就能保证这一点了。

这样就解决了 *K*-D 树中最重要的两个问题。接下来看 *K*-D 树是如何进行查找的。

2. *K*-D 树算法

假设现在已经构造好了一棵 *K*-D 树,最邻近查找的算法描述如下:

(1) 将查询数据 Q 从根节点开始,按照 Q 与各个节点的比较结果向下遍历,直到到达叶子节点为止。到达叶子节点时,计算 Q 与叶子节点上保存的所有数据之间的距离,记录最小距离对应的数据点,假设当前最邻近点为 p_cur,最小距离记为 d_cur。

(2) 进行回溯操作,该操作的目的是找离 Q 更近的数据点,即在未访问过的分支里,是否还有离 Q 更近的点,它们的距离小于 d_cur。

【例 3-15】 创建 *K*-D 树。

```
from collections import namedtuple
from operator import itemgetter
from pprint import pformat
#节点类,(namedtuple) Node 中包含样本点和左右叶子节点
class Node(namedtuple('Node', 'location left_child right_child')):
    def __repr__(self):
        return pformat(tuple(self))
#构造 K-D 树
def kdtree(point_list, depth=0):
    try:
        #假设所有点都具有相同的维度
        k = len(point_list[0])
    #如果不是 point_list 则返回 None
    except IndexError as e:
        return None
    #根据深度选择轴,以便轴循环所有有效值
    axis = depth % k
    #排序点列表并选择中位数作为主元素
    point_list.sort(key=itemgetter(axis))
    #向下取整
    median = len(point_list) //2
    #创建节点并构建子树
    return Node(
        location=point_list[median],
        left_child=kdtree(point_list[:median], depth + 1),
        right_child=kdtree(point_list[median + 1:], depth + 1))
def main():
    point_list = [(2, 3), (5, 4), (9, 6), (4, 7), (8, 1), (7, 2)]
    tree = kdtree(point_list)
    print(tree)
if __name__ == '__main__':
    main()
```

运行程序,输出如下:

```
((7, 2),
 ((5, 4), ((2, 3), None, None), ((4, 7), None, None)),
 ((9, 6), ((8, 1), None, None), None))
```

3.5.4 距离矩阵

在数学中,距离矩阵是一个各项元素为点之间距离的矩阵(二维数组)。因此给定 N 个欧几里得空间中的点,其距离矩阵就是一个非负实数作为元素的 $N \times N$ 的对称矩阵,距离矩阵和邻接矩阵概念相似,其区别在于后者仅包含元素(点)之间是否有连边,并没有包含元素(点)之间的连通的距离的信息。因此,距离矩阵可以看成是邻接矩阵的加权形式。

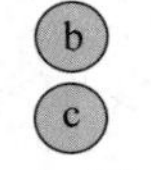

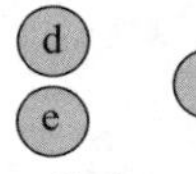
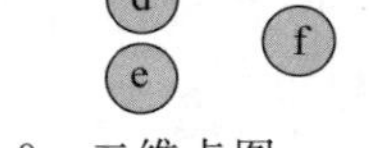

图 3-9 二维点图

举例来说,我们分析如图 3-9 所示二维点 a 至 f。在这里,把点所在像素之间的欧几里得度量作为距离度量。

其距离矩阵如图 3-10 所示。

距离矩阵的这些数据可以进一步被看成是图形表示的热度图(图 3-11),其中黑色代表距离为零,白色代表最大距离。

	a	b	c	d	e	f
a	0	184	222	177	216	231
b	184	0	45	123	128	200
c	222	45	0	129	121	203
d	177	123	129	0	46	83
e	216	128	121	46	0	83
f	231	200	203	83	83	0

图 3-10 距离矩阵

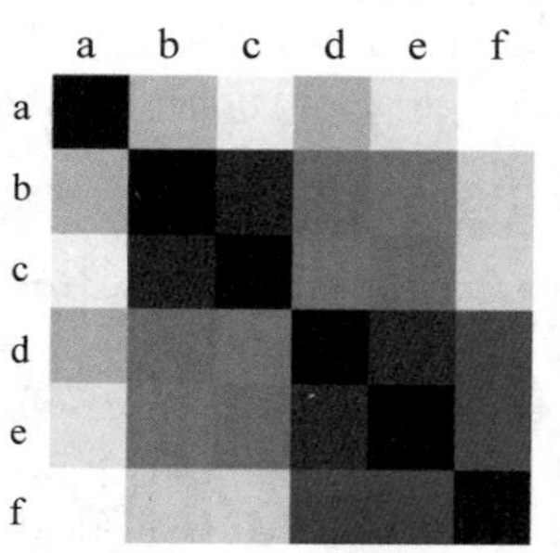

图 3-11 热度图

在生物信息学中,距离矩阵用来表示与坐标系无关的蛋白质结构,还有序列空间中两个序列之间的距离。这些表示被用在结构比对,序列比对,还有核磁共振,X 射线和结晶学中确定蛋白质结构。

1. 欧几里得距离

在数学中,欧几里得距离或欧几里得度量是欧几里得空间中两点间的"普通"(即直线)距离。使用这个距离,欧氏空间成为度量空间。相关联的范数称为欧几里得范数。

欧几里得度量(Euclidean Metric,也称欧氏距离)是一个通常采用的距离定义,指在 m 维空间中两个点之间的真实距离,或者向量的自然长度(即该点到原点的距离)。

(1) 二维空间中的欧几里得距离:

$$d=\sqrt{(x_2-x_1)^2+(y_2-y_1)^2}$$

(2) 三维空间中的欧几里得距离:

$$d=\sqrt{(x_2-x_1)^2+(y_2-y_1)^2+(z_2-z_1)^2}$$

(3) n 维空间中的欧几里得距离:

$$d(x,y)=\sqrt{\sum_{i=1}^{n}(y_i-x_i)^2}$$

【例 3-16】 numpy 和 scipy 计算向量欧氏距离性能对比。

```
from scipy import spatial
from functools import wraps
import datetime
import numpy as np
```

```
def print_execution_time(func, iter=100):
    @wraps(func)
    def warpper(*args, **kwargs):
        total_time = 0
        for i in range(iter):
            start_time = datetime.datetime.now()
            res = func(*args, **kwargs)
            end_time = datetime.datetime.now()
            duration_time = (end_time - start_time).microseconds //1000
            total_time += duration_time
        avg_time = total_time / iter
        print("函数名称-> %s, 经过时间-> %s ms" % (func.__name__, avg_time))
        return res
    return warpper
@print_execution_time
def distance_euclidean_numpy(vec1, vec2):
    return np.sqrt(np.sum(np.power(vec1 - vec2, 2), axis=1))
@print_execution_time
def distance_euclidean_scipy(vec1, vec2, distance="euclidean"):
    return spatial.distance.cdist(vec1, vec2, distance)
x = np.random.rand(1000000).reshape((-1, 2)) * 100
x = x.astype(np.int16)
y = np.array([[1, 2]])
print("starting")
distance_numpy = distance_euclidean_numpy(x, y)
distance_scipy = distance_euclidean_scipy(x, y, "euclidean")
print(distance_numpy[500:510])
print(distance_scipy[500:510])
```

运行程序,输出如下:

```
starting
函数名称 -> distance_euclidean_numpy, 经过时间 -> 18.4 ms
函数名称 -> distance_euclidean_scipy, 经过时间 -> 7.01 ms
[ 89.05054744  90.52071586  53.33854141  96.00520819  93.08598176
  45.80392996  63.00793601  60.20797289  57.48912941 103.46496992]
[[ 89.05054744]
 [ 90.52071586]
 [ 53.33854141]
 [ 96.00520819]
 [ 93.08598176]
 [ 45.80392996]
 [ 63.00793601]
 [ 60.20797289]
 [ 57.48912941]
 [103.46496992]]
```

2. 曼哈顿距离

出租车几何或曼哈顿距离(Manhattan Distance)是由19世纪的赫尔曼·闵可夫斯基所创的词汇,是一种使用在几何度量空间中的几何学用语,用以标明两个点在标准坐标系上的绝对轴距总和。

曼哈顿距离只能上、下、左、右四个方向进行移动,并且两点之间的曼哈顿距离是两点之间的最短距离。

图 3-12 为曼哈顿与欧几里得距离：红、蓝与黄线分别表示所有曼哈顿距离都拥有一样长度(12)，而绿线表示欧几里得距离有 $6\times\sqrt{2}\approx 8.48$ 的长度。

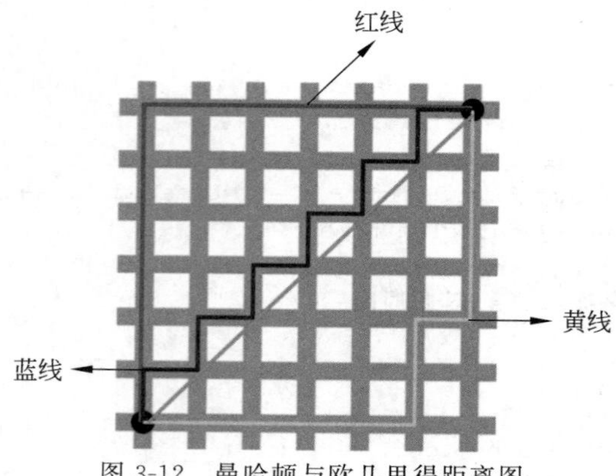

图 3-12 曼哈顿与欧几里得距离图

(1) 如果二维平面中两点 $A(x_1,y_1)$与 $B(x_2,y_2)$之间的曼哈顿距离为：

$$d_{12}=|x_1-x_2|+|y_1-y_2|$$

(2) 两个 n 维向量 $A(x_{11},x_{12},\cdots,x_{1n})$与 $B(x_{21},x_{22},\cdots,x_{2n})$间的曼哈顿距离为：

$$d_{12}=\sum_{k=1}^{n}|x_{1k}-x_{2k}|$$

【例 3-17】 根据公式求解两向量的曼哈顿距离。

```
import numpy as np
if __name__ == '__main__':
    x = np.random.random(10)
    y = np.random.random(10)
    print(x)
    print(y)
    #根据公式求解曼哈顿距离
    d1 = np.sum(np.abs(x - y))
    print(d1)
```

运行程序，输出如下：

```
[0.00271402 0.05942176 0.18848218 0.36402392 0.66008906 0.74667817
 0.0534757  0.90424808 0.91822802 0.54774195]
[0.4437489  0.4001331  0.88743974 0.49971592 0.54092482 0.92154715
 0.3452127  0.34641165 0.61873058 0.66986327]
3.1816211686067706
```

3. 余弦距离

余弦距离(Cosine Distance)也可以叫余弦相似度。几何中夹角余弦可用来衡量两个向量方向的差异，机器学习中借用这一概念来衡量样本向量之间的差异。相比距离度量，余弦相似度更加注重两个向量在方向上的差异，而非距离或长度上。n 维空间中的余弦距离为：

$$\cos(x,y)=\frac{x\cdot y}{|x|\cdot|y|}=\frac{\sum_{i=1}^{n}x_iy_i}{\sqrt{\sum_{i=1}^{n}x_i^2}\sqrt{\sum_{i=1}^{n}y_i^2}}$$

余弦取值范围为[−1,1]，求得两个向量的夹角，并得出夹角对应的余弦值，此余弦值就可以用来表示这两个向量的相似性。夹角越小，趋近于0°，余弦值越接近于1，它们的方向更加吻合，则越相似；当两个向量的方向完全相反夹角余弦取最小值−1；当余弦值为0时，两向量正交，夹角为90°。因此可以看出，余弦相似度与向量的幅值无关，只与向量的方向相关。

【例 3-18】 求两个向量的余弦距离。

```
import numpy as np
vec1=[1,4,7,5]
vec2=[8,3,9,6]
#方法一：根据公式求解
dist1=np.dot(vec1,vec2)/(np.linalg.norm(vec1) * np.linalg.norm(vec2))
print("方法一余弦距离为:\t"+str(dist1))
#方法二：根据 scipy 库求解
from scipy.spatial.distance import pdist
vec=np.vstack([vec1,vec2])
dist2=1-pdist(vec,'cosine')
print("方法二余弦距离为:\t"+str(dist2))
```

运行程序，输出如下：

```
方法一余弦距离为:     0.8593715002031895
方法二余弦距离为:     [0.8593715]
```

4. 汉明距离

在信息论中，两个等长字符串之间的汉明距离(Hamming Distance)是两个字符串对应位置的不同字符的个数。换句话说，它就是将一个字符串变换成另外一个字符串所需要替换的字符个数。

汉明重量是字符串相对于同样长度的零字符串的汉明距离，也就是说，它是字符串中非零的元素个数：对于二进制字符串来说，就是1的个数，所以11101的汉明重量是4。

1011101与1001001之间的汉明距离是2。

2143896与2233796之间的汉明距离是3。

"toned"与"roses"之间的汉明距离是3。

【例 3-19】 计算两个点之间的汉明距离。

```
from scipy.spatial.distance import hamming
p1 = (True, False, True)
p2 = (False, True, True)
res = hamming(p1, p2)
print("两个点的汉明距离为:\t")
print(res)
```

运行程序，输出如下：

```
两个点的汉明距离为:
0.6666666666666666
```

3.6 SciPy 插值

SciPy的interpolate模块提供了许多对数据进行插值运算的函数，范围涵盖简单的一维插值到复杂的多维插值求解。当样本数据变化归因于一个独立的变量时，就使用一维插值；反之样本数据归因于多个独立变量时，使用多维插值。

计算插值有两种基本的方法：①对一个完整的数据集去拟合一个函数；②对数据集的不同部分拟合出不同的函数，而函数之间的曲线平滑对接。

在 SciPy 中，提供了 scipy.interpolate 模块来处理插值。

3.6.1 一维插值

插值不同于拟合。插值函数经过样本点，拟合函数一般基于最小二乘法尽量靠近所有样本点穿过。常见的插值方法有拉格朗日插值多项式法、分段插值法、样条插值法。

- 拉格朗日插值多项式：当节点数 n 较大时，拉格朗日插值多项式的次数较高，可能出现不一致的收敛情况，而且计算复杂。随着样点的增加，高次插值会带来误差的振动现象，称为龙格现象。
- 分段插值：虽然收敛，但光滑性较差。
- 样条插值：样条插值是使用一种名为样条的特殊分段多项式进行插值的形式。由于样条插值可以使用低阶多项式样条实现较小的插值误差，这样就避免了使用高阶多项式所出现的龙格现象，所以样条插值得到了流行。

在 SciPy 中，使用 interp1d()函数实现一维插值。给定一维自变量 x 和因变量 y，创建一个连续函数 f()，通过函数 f(new_x)求取函数中对应的数值点。函数的格式为：

y1 = interp1d(x, y, kind='linear')：参数 x 为离散数据点的 x 坐标值，为一维数组；y 为离散数据点的 y 坐标值，为一维数组；kind 为插值类型，取'nearest'&'zero'时为 0 阶样条插值，取'linear'&'slinear'时为 1 阶样条插值，取'quadratic'时为 2 阶样条插值，取'cubic'时为 3 阶样条插值，取'previous'&'next'时只返回某一点的上一个、下一个值。

【例 3-20】 利用 interp1d 函数实现一维插值。

```
import numpy as np
import matplotlib.pyplot as plt
#图像显示中文说明
plt.rcParams['font.sans-serif'] = [u'SimHei']
#导入插值模块
from scipy.interpolate import interp1d
#生成数据
x = np.linspace(0, 1, 30)
y = np.sin(5 * x) + np.cos(10 * x)
#**一维插值函数***#
#零次插值
y0 = interp1d(x, y, kind='zero')
#一次插值
y1 = interp1d(x, y, kind='linear')
#二次插值
y2 = interp1d(x, y, kind='quadratic')
#三次插值
y3 = interp1d(x, y, kind='cubic')
#新变量
new_x = np.linspace(0, 1, 100)
#绘图
plt.figure()
plt.plot(x, y, 'o', label='数据')
plt.plot(new_x, y0(new_x),'-', label='0 阶样条插值')
```

```
plt.plot(new_x, y1(new_x),'--', label='1阶样条插值')
plt.plot(new_x, y2(new_x),':', label='2阶样条插值')
plt.plot(new_x, y3(new_x),'-.', label='3阶样条插值')
```

运行程序,效果如图 3-13 所示。

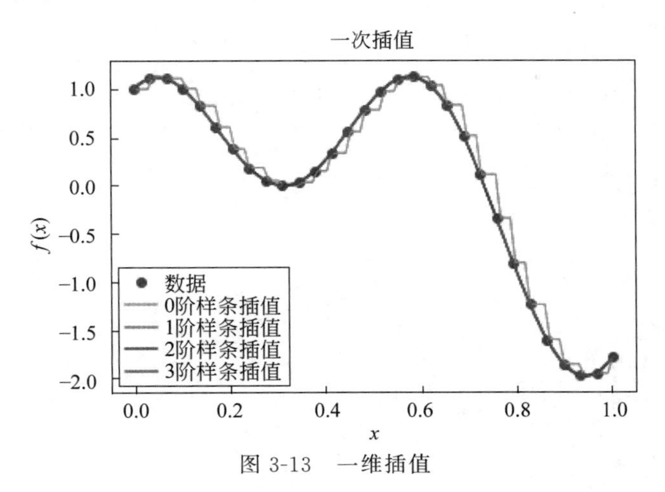

图 3-13 一维插值

3.6.2 二维插值

SciPy 中提供了 interp2d()函数实现二维插值,函数的格式为:

z1 = interp2d(x, y, z, kind='linear'):参数 x,y 是一维数组,其中 x 为 m 维,y 为 n 维,参数 z 是 n×m 的二维数组,参数 kind 为插值类型。返回一个连续插值函数 z1(),通过输入新的插值点实现调用。

【例 3-21】 对给定的数据实现二维插值。

```
import numpy as np
import matplotlib.pyplot as plt
#图像显示中文说明
plt.rcParams['font.sans-serif'] = [u'SimHei']
#matplotlib inline
#导入插值模块
from scipy.interpolate import interp2d
#生成数据
x = np.linspace(0, 1, 20)
y = np.linspace(0, 1, 30)
xx, yy = np.meshgrid(x, y)
rand = np.random.rand(600).reshape([30, 20])
z = np.sin(xx**2) + np.cos(yy**2) + rand
new_x = np.linspace(0, 1, 100)
new_y = np.linspace(0, 1, 100)
#**样条插值函数***#
#一次插值
z1 = interp2d(x, y, z, kind='linear')
new_z1 = z1(new_x, new_y)
#三次插值
z3 = interp2d(x, y, z, kind='cubic')
new_z3 = z3(new_x, new_y)
#绘图
```

```
plt.figure()
plt.plot(x, z[0, :], 'o', label='data')
plt.plot(new_x, new_z1[0, :], label='linear')
plt.plot(new_x, new_z3[0, :], label='cubic')
plt.title("interp2d")
plt.xlabel("x")
plt.ylabel("f")
plt.legend()
plt.show()
#用矩阵显示 z
plt.matshow(z)
plt.title("数据")
plt.xlabel("x")
plt.ylabel("y")
plt.show()
#用矩阵显示 z
plt.matshow(new_z1)
plt.title("线性插值")
plt.xlabel("x")
plt.ylabel("y")
plt.show()
#用矩阵显示 z
plt.matshow(new_z3)
plt.title("样条插值")
plt.xlabel("x")
plt.ylabel("y")
plt.show()
```

运行程序，插值效果如图 3-14 所示。要想更直观显示二维插值与一维插值的区别，此处采用矩阵显示的方法显示插值结果，如图 3-15 所示。

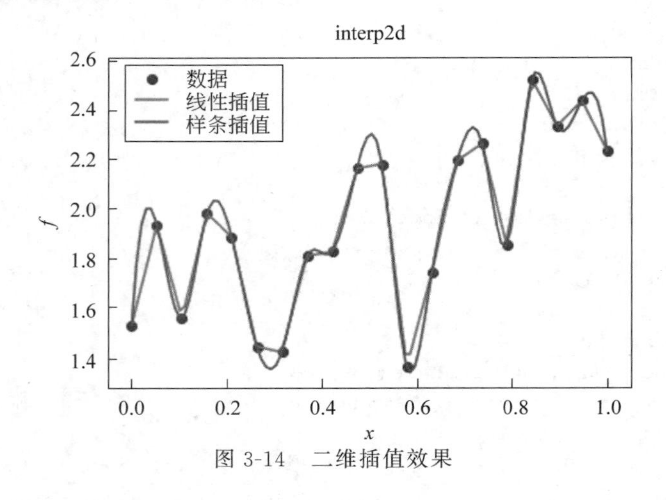

图 3-14　二维插值效果

3.6.3　样条插值

样条曲线(Spline)是早期工程绘图中使用的一种工具，是富有弹性的细木条和金属条，利用它可以将一系列离散点连接成光滑曲线，称为样条曲线，后来数学家将其抽象，定义了样条函数，其中常用的是三次样条曲线，由分段三次多项式组成，在连接点具有连续曲率。

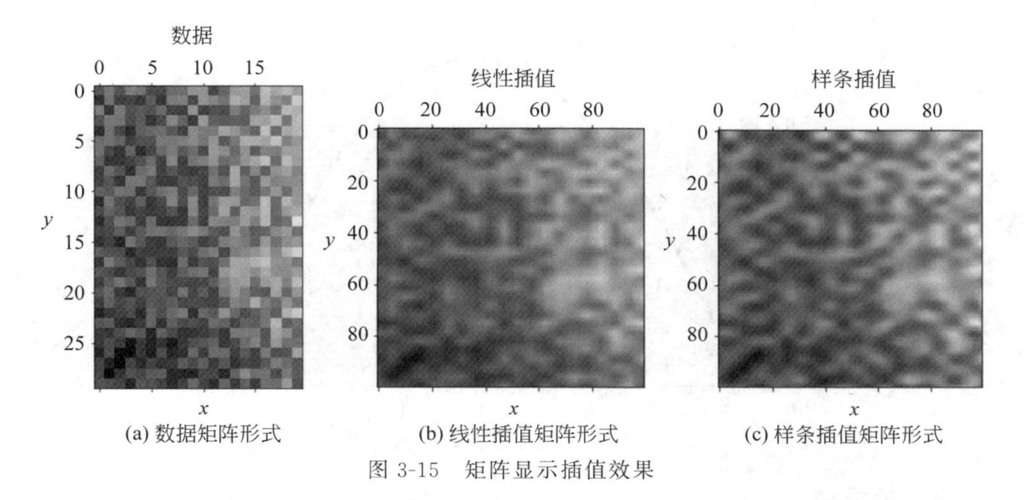

(a) 数据矩阵形式 (b) 线性插值矩阵形式 (c) 样条插值矩阵形式

图 3-15 矩阵显示插值效果

1. 单变量插值

在一维插值中，点是针对单个曲线拟合的，而在样条插值中，点是针对使用多项式分段定义的函数拟合的。单变量插值使用 UnivariateSpline()函数实现，该函数接收 xs 和 ys 并生成一个可调用函数，该函数可以用新的 xs 调用。

分段函数，就是对于自变量 x 不同的取值范围，有着不同的解析式的函数。

【例 3-22】 利用 UnivariateSpline()函数实现单变量插值。

```
import matplotlib.pyplot as plt
plt.rcParams['axes.unicode_minus']=False                #用来正常显示负号
from scipy.interpolate import UnivariateSpline
x = np.linspace(-3, 3, 50)
y = np.exp(-x**2) + 0.1 * np.random.randn(50)
plt.plot(x, y, 'ro', ms = 5)
plt.show()
```

使用平滑参数的默认值，效果如图 3-16 所示。

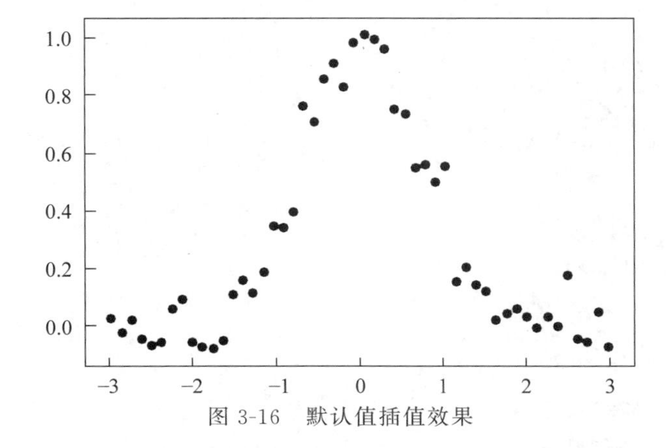

图 3-16 默认值插值效果

如果用手动更改平滑值，得到效果如图 3-17 所示。

```
spl = UnivariateSpline(x, y)
xs = np.linspace(-3, 3, 1000)
plt.plot(xs, spl(xs), 'g', lw = 3)
plt.show()
```

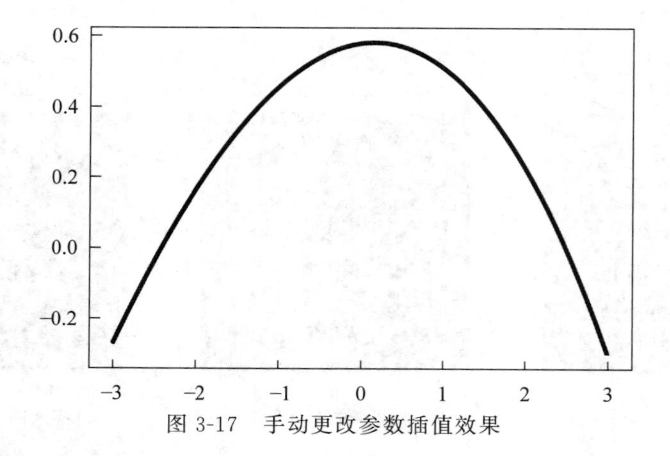

图 3-17 手动更改参数插值效果

2. 多变量插值

在 SciPy 中，提供了 griddata()函数实现网格数据的二维插值（多变量插值）。函数的格式为：

griddata(points, values, xi, method='linear', fill_value=numpy.nan, rescale=False)：points 是二维数组，第一维是已知点的数目，第二维是每一个点的 x，y 坐标。values 是一维数组，和 points 的第一维长度一样，是每个坐标对应的 z 值。xi 是需要插值的空间，一般用 numpy.mgrid 函数生成后传入。method 为插值方法的类型，'linear'基于三角形的线性插补法，返回最近插值点的数据点的值；'nearest'最近邻居插补法，将输入点设置为 n 维单形，并在每个单形上进行插补；'cubic'一维时，返回由三次样条确定的值；二维时，返回由分段三次补差、连续可微分和近似率最小化多项式表面确定的值。fill_value 用于填充输入点凸包外部的请求点值。

【例 3-23】 利用 griddata()函数实现多变量插值。

```
import numpy as np
from scipy.interpolate import griddata
a=[1,4,7];
b=[1,4,7];
ans=[2,5,8,3,6,9,1,2,3]
A,B=np.meshgrid(a,b)
x_star=np.hstack((A.flatten()[:,None],B.flatten()[:,None]))
m=[1.8,2.8]
n=[1.8,2.8]
M,N=np.meshgrid(m,n)
U=griddata(x_star,ans,(M,N),method='cubic')
print(U)
```

运行程序，输出如下：

```
[[3.25636593 4.26793317]
 [3.6774371  4.67499113]]
```

3.7 SciPy 显著性检验

显著性检验（Significance Test）就是事先对总体（随机变量）的参数或总体分布形式做出一个假设，然后利用样本信息来判断这个假设（备择假设）是否合理，即判断总体的真实情况与原假设是否有显著性差异。或者说,显著性检验要判断样本与我们对总体所做的假设之间的差异是纯属机会变异,还是由我们所做的假设与总体真实情况之间不一致所引起的。显著性检验是针对我们对总体所做的假设做检验,其原理就是“小概率事件实际不可能性原理”来接受或否定假设。

显著性检验即用于实验处理组与对照组或两种不同处理的效应之间是否有差异,以及这种差异是否显著的方法。

SciPy 提供了 scipy.stats 模块来执行 SciPy 显著性检验的功能。

3.7.1 统计假设

统计假设是关于一个或多个随机变量的未知分布的假设。随机变量的分布形式已知,而仅涉及分布中的一个或几个未知参数的统计假设,称为参数假设。检验统计假设的过程称为假设检验,判别参数假设的检验称为参数检验。

1. 零假设

零假设(Null Hypothesis),统计学术语,又称原假设,指进行统计检验时预先建立的假设。零假设成立时,有关统计量应服从已知的某种概率分布。

当统计量的计算值落入否定域时,可知发生了小概率事件,应否定原假设。

常把一个要检验的假设记作 H0,称为原假设(或零假设),与 H0 对立的假设记作 H1,称为备择假设(Alternative Hypothesis)。

- 在原假设为真时,决定放弃原假设,称为第一类错误,其出现的概率通常记作 α。
- 在原假设不真时,决定不放弃原假设,称为第二类错误,其出现的概率通常记作 β。
- $\alpha+\beta$ 不一定等于 1。

通常只限定犯第一类错误的最大概率 α,不考虑犯第二类错误的概率 β。这样的假设检验又称为显著性检验,概率 α 称为显著性水平。

最常用的 α 值为 0.01、0.05、0.10 等。一般情况下,根据研究的问题,如果放弃真假设损失大,为减少这类错误,α 取值小些,反之,α 取值大些。

2. 备择假设

备择假设是统计学的基本概念之一,其包含关于总体分布的一切使原假设不成立的命题。备择假设亦称对立假设、备选假设。

备择假设可以替代零假设。

例如我们对于学生的评估,将采取:

- “学生比平均水平差”——作为零假设。
- “学生优于平均水平”——作为替代假设。

【例 3-24】 利用 SciPy 实现数据的二项分布。

```
>>> import numpy as np
>>> import matplotlib.pyplot as plt
>>> list_a = np.random.binomial(n=10,p=0.2,size=1000)
>>> #取样 1000 次,每次进行 10 组试验,单组试验成功概率为 0.2,list_a 为每组试验中成功的组数
... plt.hist(list_a,bins=8,color='g',alpha=0.4,edgecolor='b')
(array([ 92., 274., 310., 206.,  88.,  26.,   3.,   1.]), array([0.   , 0.875, 1.75 ,
2.625, 3.5  , 4.375, 5.25 , 6.125, 7.   ]), <a list of 8 Patch objects>)
>>> (array([ 157.,  240.,  236.,  208.,  86.,  57.,  13.,   3.]), array([ 0.   ,
1.125,  2.25 ,  3.375,  4.5  ,  5.625,  6.75 ,  7.875,  9.   ]), <a list of 8 Patch objects>)
>>> plt.show()
```

运行程序,效果如图 3-18 所示。

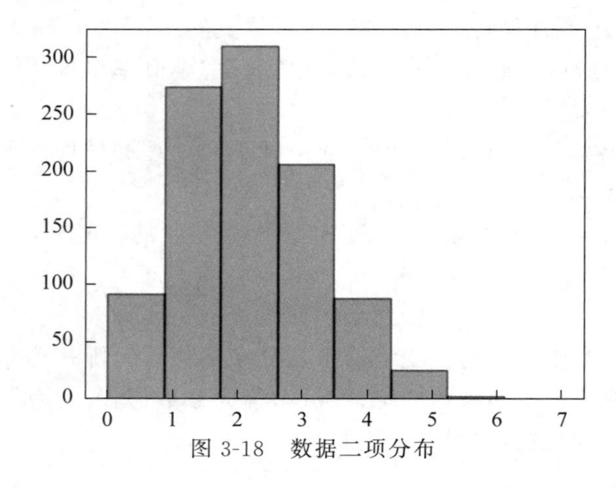

图 3-18　数据二项分布

3.7.2　*t* 检验

t 检验也称为学生 *t* 检验(Student *t*-test),主要用于样本(样本不大于 30)含量较小,总体标准差 σ 未知的正态分布。*t* 检验用 *t* 分布理论来推断差异发生的概率,从而判定两个平均数的差异是否显示。

当我们的假设为测试值的一侧时,它被称为“单尾测试”。

【例 3-25】　单边检测实例。

```
from scipy.stats import ttest_1samp                     #调入单样本 t 检验包
import numpy as np                                      #导入计算模块
arr = [210, 150, 225, 300, 270, 500, 600, 300, 425, 350]; #男生视力数据
arr_mean = np.mean(arr)                                 #计算平均值
print("arr_mean=", arr_mean)                            #输出平均值
t,p=ttest_1samp(arr, popmean = 405)                     #计算单个样本的 t 检验
#前一个为 t 统计量,后一个为伴随概率
print("t-values=",t)                                    #输出 t 统计量
print("p-values=",p)                                    #输出伴随概率
if p < 0.05:                                            #伴随概率 p 与显著水平 α 比较
    print("差异显著")
else:
    print("差异不显著")
```

运行程序,输出如下:

```
arr_mean= 333.0
t-values= -1.6358004411528875
p-values= 0.13631009093147428
差异不显著
```

在很多时候我们并非仅做一次留出法估计,而是通过多次重复留出法或是交叉验证法等进行多次训练/测试,这样会得到多个测试错误率,此时可使用“*t* 检验”(*t*-test)。假定我们得到了 k 个测试错误率 $\hat{\varepsilon}_1,\hat{\varepsilon}_2,\cdots,\hat{\varepsilon}_k$,则平均测试错误率 μ 和方差 σ^2 为:

$$\mu=\frac{1}{k}\sum_{i=1}^{k}\hat{\varepsilon}_i$$

$$\sigma^2=\frac{1}{k-1}\sum_{i=1}^{k}(\hat{\varepsilon}_i-\mu)$$

考虑到这 k 个测试错误率可看作泛化错误率 ε_0 的独立采样，则变量，

$$\tau_t=\frac{\sqrt{k}\,(\mu-\varepsilon_0)}{\sigma}$$

服从自由度为 k-1 的 t 分布，如图 3-19 所示。

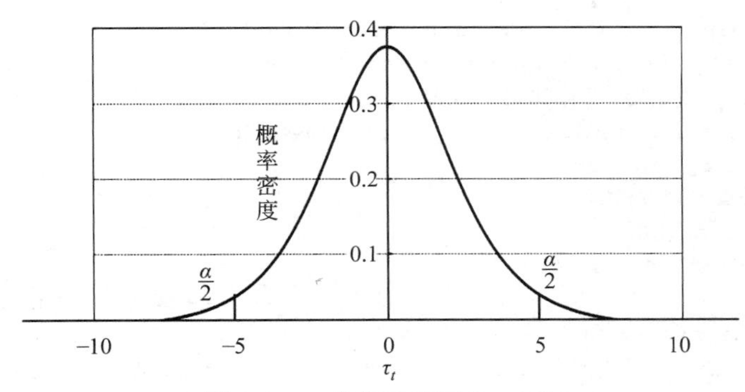

图 3-19 t 分布示意图($k=10$)

对假设“$\mu=\varepsilon_0$”和显著度 α，可计算出当测试错误率均值为 ε_0 时，在 $1-\alpha$ 概率内能观测到的最大错误率，即临界值，表 3-1 给出了一些常用的临界值。

表 3-1 双边 t 检验的常用临界值

α	***k***				
	2	**5**	**10**	**20**	**30**
0.05	12.706	2.776	2.262	2.093	2.045
0.10	0.314	2.132	1.833	1.729	1.699

【例 3-26】 一个简单的 2 折交叉验证。

```
from sklearn.model_selection import KFold
import numpy as np
X=np.array([[1,2],[3,4],[1,3],[3,5]])
Y=np.array([1,2,3,4])
KF=KFold(n_splits=2)                              #建立 4 折交叉验证方法
for train_index,test_index in KF.split(X):
    print("TRAIN:",train_index,"TEST:",test_index)
    X_train,X_test=X[train_index],X[test_index]
    Y_train,Y_test=Y[train_index],Y[test_index]
    print(X_train,X_test)
    print(Y_train,Y_test)
#提升
import numpy as np
from sklearn.model_selection import KFold
Sam=np.array(np.random.randn(1000))               #1000 个随机数
New_sam=KFold(n_splits=5)
for train_index,test_index in New_sam.split(Sam): #对 Sam 数据建立 5 折交叉验证的划分
        Sam_train,Sam_test=Sam[train_index],Sam[test_index]
    #结果表明每次划分的数量
```

```
    print('训练集数量:',Sam_train.shape,'测试集数量:',Sam_test.shape)
#Stratified k-fold 按照百分比划分数据
from sklearn.model_selection import StratifiedKFold
import numpy as np
m=np.array([[1,2],[3,5],[2,4],[5,7],[3,4],[2,7]])
n=np.array([0,0,0,1,1,1])
skf=StratifiedKFold(n_splits=3)
for train_index,test_index in skf.split(m,n):
    print("train",train_index,"test",test_index)
    x_train,x_test=m[train_index],m[test_index]
#Stratified k-fold 按照百分比划分数据
from sklearn.model_selection import StratifiedKFold
import numpy as np
y1=np.array(range(10))
y2=np.array(range(20,30))
y3=np.array(np.random.randn(10))
m=np.append(y1,y2)                                  #生成 1000 个随机数
m1=np.append(m,y3)
n=[i//10 for i in range(30)]                        #生成 25 个重复数据
skf=StratifiedKFold(n_splits=5)
for train_index,test_index in skf.split(m1,n):
    print("train",train_index,"test",test_index)
    x_train,x_test=m1[train_index],m1[test_index]
```

运行程序,输出如下:

```
TRAIN: [2 3] TEST: [0 1]
[[1 3]
 [3 5]] [[1 2]
 [3 4]]
[3 4] [1 2]
TRAIN: [0 1] TEST: [2 3]
[[1 2]
 [3 4]] [[1 3]
 [3 5]]
[1 2] [3 4]
训练集数量: (800,) 测试集数量: (200,)
训练集数量: (800,) 测试集数量: (200,)
训练集数量: (800,) 测试集数量: (200,)
训练集数量: (800,) 测试集数量: (200,)
训练集数量: (800,) 测试集数量: (200,)
train [1 2 4 5] test [0 3]
train [0 2 3 5] test [1 4]
train [0 1 3 4] test [2 5]
train [ 2  3  4  5  6  7  8  9 12 13 14 15 16 17 18 19 22 23 24 25 26 27 28 29]
test [ 0  1 10 11 20 21]
train [ 0  1  4  5  6  7  8  9 10 11 14 15 16 17 18 19 20 21 24 25 26 27 28 29]
test [ 2  3 12 13 22 23]
train [ 0  1  2  3  6  7  8  9 10 11 12 13 16 17 18 19 20 21 22 23 26 27 28 29]
test [ 4  5 14 15 24 25]
train [ 0  1  2  3  4  5  8  9 10 11 12 13 14 15 18 19 20 21 22 23 24 25 28 29]
test [ 6  7 16 17 26 27]
train [ 0  1  2  3  4  5  6  7 10 11 12 13 14 15 16 17 20 21 22 23 24 25 26 27]
test [ 8  9 18 19 28 29]
```

3.7.3 KS检验

KS(Kolmogorov-Smirnov)检验是一种非参数的统计检验方法，是针对连续分布（主要用于有计量单位的连续和定量数据）的检验。KS检验常被应用于：一是比较单样本是否符合某个已知分布（将样本数据的累计频数分布与特定理论分布相比较，如果两者差距较小，则推断该样本取自某特定分布簇）；二是比较双样本的KS检测比较两个数据集的累积分布（连续分布）的相似性。

在SciPy中，提供了kstest()函数用于实现KS检验。函数的格式为：

kstest(v, 'norm')：该函数接收两个参数，分别为测试的值和CDF。CDF为累积分布函数(Cumulative Distribution Function)，又叫分布函数。CDF可以是字符串，也可以是返回概率的可调用函数。它可以用作单尾或双尾测试。默认情况下它是双尾测试。我们可以将参数替代作为两侧、小于或大于其中之一的字符串传递。

【例3-27】 查找给定值是否符合正态分布。

```
import numpy as np
from scipy.stats import kstest
v = np.random.normal(size=100)
res = kstest(v, 'norm')
print(res)
```

运行程序，输出如下：

```
KstestResult(statistic=0.09655638240271847, pvalue=0.29063693622745124)
```

3.8 边缘检测

边缘检测是一种用于查找图像内物体边界的图像处理技术。它通过检测亮度不连续性来工作。边缘检测用于诸如图像处理，计算机视觉和机器视觉等领域的图像分割和数据提取。

最常用的边缘检测算法包括：

- 索贝尔(Sobel)；
- 坎尼(Canny)；
- 普鲁伊特(Prewitt)；
- 罗伯茨 Roberts；
- 模糊逻辑方法。

看看下面这个例子。

【例3-28】 实现图像的边缘检测。

```
from scipy import ndimage
import numpy as np
im = np.zeros((256, 256))
im[64:-64, 64:-64] = 1
im[90:-90,90:-90] = 2
im = ndimage.gaussian_filter(im, 8)
import matplotlib.pyplot as plt
plt.imshow(im)
plt.show()
```

运行程序，效果如图3-20所示。

图 3-21 图像看起来像一个方块的颜色。现在，检测这些彩色块的边缘。这里，ndimage 提供了一个叫 Sobel()的函数来执行这个操作。而 NumPy 提供了 hypot()函数来将两个合成矩阵合并为一个。

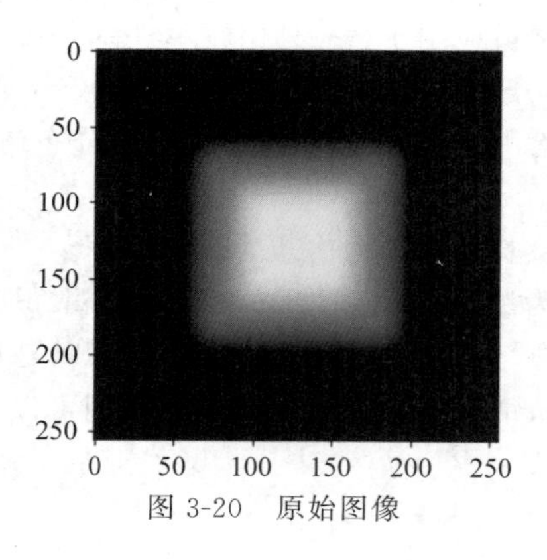

图 3-20 原始图像

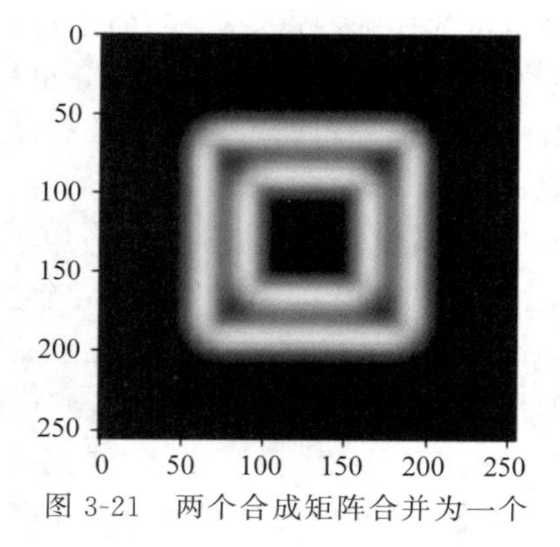

图 3-21 两个合成矩阵合并为一个

【例 3-29】 利用 hyplot()函数合并矩阵。

```
from scipy import ndimage
import matplotlib.pyplot as plt
import numpy as np
im = np.zeros((256, 256))
im[64:-64, 64:-64] = 1
im[90:-90,90:-90] = 2
im = ndimage.gaussian_filter(im, 8)
sx = ndimage.sobel(im, axis = 0, mode = 'constant')
sy = ndimage.sobel(im, axis = 1, mode = 'constant')
sob = np.hypot(sx, sy)
plt.imshow(sob)
plt.show()
```

运行程序，效果如图 3-22 所示。

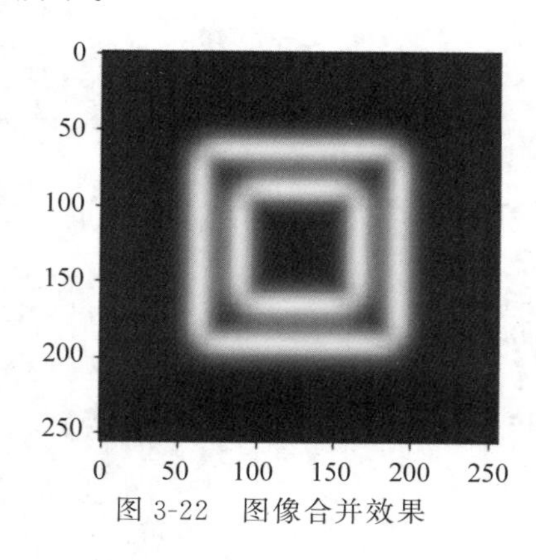

图 3-22 图像合并效果

第 4 章

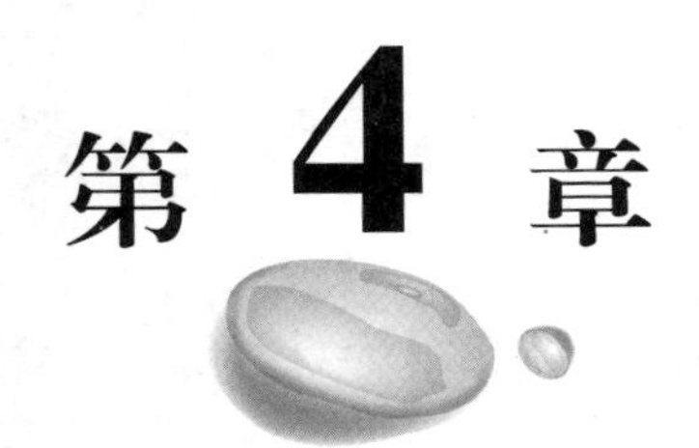

数据分析利器

Pandas 是 Python 中一个用于数据分析的库，它可以生成类似 Excel 表格式的数据表，而且可以对数据进行修改操作。Pandas 还有个强大的功能，它可以从很多不同种类的数据库中提取数据，如 SQL 数据库、Excel 表格甚至 CSV 文件。Pandas 还支持在不同的列中用不同类型的数据，如整型数、浮点数，或是字符串。

1. Pandas 的应用

Pandas 的主要数据结构是 Series（一维数据）与 DataFrame（二维数据），这两种数据结构足以处理金融、统计、社会科学、工程等领域中的大多数典型用例。

2. 数据结构

Series 是一种类似于一维数组的对象，它由一组数据（各种 NumPy 数据类型）以及一组与之相关的数据标签（即索引）组成。

DataFrame 是一个表格型的数据结构，它含有一组有序的列，每列可以是不同的值类型（数值、字符串、布尔型值）。DataFrame 既有行索引也有列索引，它可以被看作是由 Series 组成的字典（共同用一个索引）。

3. 创建对象

通过传递值列表来创建一个系列，让 Pandas 创建一个默认的整数索引：

```
import pandas as pd
import numpy as np
s = pd.Series([1,3,5,np.nan,6,8])
```

运行程序，输出如下：

```
print(s)
0    1.0
1    3.0
2    5.0
3    NaN
4    6.0
5    8.0
dtype: float64
```

通过传递 NumPy 数组，使用 datetime 索引和标记列来创建 DataFrame：

```
import pandas as pd
import numpy as np
dates = pd.date_range('20220701', periods=7)
print(dates)
print("--" * 16)
df = pd.DataFrame(np.random.randn(7,4), index=dates, columns=list('ABCD'))
print(df)
```

运行程序，输出如下：

```
DatetimeIndex(['2022-07-01', '2022-07-02', '2022-07-03', '2022-07-04',
               '2022-07-05', '2022-07-06', '2022-07-07'],
              dtype='datetime64[ns]', freq='D')
--------------------------------
                   A         B         C         D
2022-07-01 -0.087330 -1.022137 -0.229018 -0.709595
2022-07-02 -0.785020  0.844519 -2.001632  1.343761
2022-07-03  0.451058  0.174878 -1.159254  1.408754
2022-07-04 -1.320430 -0.400408  0.198957 -0.009899
2022-07-05 -1.743194 -0.875054 -0.179402 -0.558418
2022-07-06  0.766302 -0.440951 -0.370337  1.274695
2022-07-07 -0.798121  1.310778 -0.647823  0.123727
```

通过传递可以转换为类似系列的对象的字典来创建 DataFrame：

```
import pandas as pd
import numpy as np
df2 = pd.DataFrame({ 'A' : 1.,
                     'B' : pd.Timestamp('20220701'),
                     'C' : pd.Series(1,index=list(range(4)),dtype='float32'),
                     'D' : np.array([3] * 4,dtype='int32'),
                     'E' : pd.Categorical(["test","train","test","train"]),
                     'F' : 'foo' })
print(df2)
```

运行程序，输出如下：

```
     A          B    C  D      E    F
0  1.0 2022-07-01  1.0  3   test  foo
1  1.0 2022-07-01  1.0  3  train  foo
2  1.0 2022-07-01  1.0  3   test  foo
3  1.0 2022-07-01  1.0  3  train  foo
```

4. 查看数据

查看框架的顶部和底部的数据行的代码为：

```
import pandas as pd
import numpy as np
dates = pd.date_range('20220701', periods=7)
df = pd.DataFrame(np.random.randn(7,4), index=dates, columns=list('ABCD'))
print(df.head())
print("--------------" * 10)
print(df.tail(3))
```

运行程序，输出如下：

```
                  A          B          C          D
2022-07-01  -0.847362  -0.192181   0.608815   0.669542
2022-07-02   1.144437   0.474676  -0.990578   0.045154
2022-07-03  -0.512190   0.544931  -0.858529   0.621999
2022-07-04  -1.010262  -0.521775  -0.243997  -0.961418
2022-07-05   2.656226   0.544548  -1.049212   0.096516
----------------------------------------------------------------
                  A          B          C          D
2022-07-05   2.656226   0.544548  -1.049212   0.096516
2022-07-06   0.882278  -0.416018   1.313783   1.233722
2022-07-07  -0.014454  -1.081361   0.219833  -0.056768
```

如果要显示索引、列和底层 Numpy 数据，实现代码为：

```
import pandas as pd
import numpy as np
dates = pd.date_range('20170101', periods=7)
df = pd.DataFrame(np.random.randn(7,4), index=dates, columns=list('ABCD'))
print("index is :" )
print(df.index)
print("columns is :" )
print(df.columns)
print("values is :" )
print(df.values)
```

运行程序，输出如下：

```
index is :
DatetimeIndex(['2017-01-01', '2017-01-02', '2017-01-03', '2017-01-04',
               '2017-01-05', '2017-01-06', '2017-01-07'],
               dtype='datetime64[ns]', freq='D')
columns is :
Index(['A', 'B', 'C', 'D'], dtype='object')
values is :
[[-0.64478453  0.98404661  0.80515515 -1.02992251]
 [-1.69994666  0.33954738  1.69874056  0.64219673]
 [-0.56226524 -0.77438272 -2.16285349  0.47454978]
 [-1.25472359 -0.33211002 -0.42307175 -0.18689805]
 [ 1.27861124  0.74539209  0.18770176 -0.14497315]
 [ 2.03013351 -0.91591409 -0.22649738  0.42387447]
 [-1.57338155  0.93826599 -0.19175138  0.44958894]]
```

4.1 Pandas 数据结构

Pandas 处理以下三个数据结构：

- 系列(Series)；
- 数据帧(DataFrame)；
- 面板(Panel)。

这些数据结构构建在 Numpy 数组之上，这意味着它们的处理速度很快。

4.1.1 系列

系列是能够保存任何类型的数据(整数、字符串、浮点数、Python 对象等)的一维标记数组。轴标签统称为索引。

Pandas 系列可以使用以下构造函数创建：

pandas.Series(data, index, dtype, copy)：参数 data 为数据采取的各种形式，如 ndarray、list、constants。index 索引值必须是唯一的和散列的，与数据的长度相同。默认 np.arange(n)没有索引被传递。参数 dtype 用于数据类型，如果没有，将推断数据类型；copy 用于复制数据，默认值为 False。

1. 系列的创建

在 Pandas 中，创建一个系列有几种方法，下面进行介绍。

1）创建一个空的系列。

创建一个空的基本系列的实现代码为：

```
import pandas as pd
s = pd.Series()
print(s)
```

运行程序，输出如下：

```
Series([], dtype: float64)
```

2）从 ndarray 创建一个系列

如果数据是 ndarray，则传递的索引必须具有相同的长度。如果没有传递索引值，那么默认的索引将是范围(n)，其中 n 是数组长度，即[0,1,2,3,…,range(len(array))－1] －1]。

【例 4-1】 利用 ndarray 创建一个系列

```
import pandas as pd
import numpy as np
data = np.array(['a','b','c','d'])
s = pd.Series(data)
print(s)
```

运行程序，输出如下：

```
0    a
1    b
2    c
3    d
dtype: object
```

这里没有传递任何索引，因此默认情况下，它分配了从 0 到 len(data)－1 的索引，即0～3。

3）从字典创建一个系列

字典(dict)可以作为输入传递，如果没有指定索引，则按排序顺序取得字典键以构造索引。如果传递了索引，索引中与标签对应的数据中的值将被拉出。

【例 4-2】 从给定的字典中创建一个系列。

```
import pandas as pd
import numpy as np
data = {'a' : 0., 'b' : 1., 'c' : 2.}
s = pd.Series(data,index=['b','c','d','a'])
print(s)
```

运行程序，输出如下：

```
b    1.0
c    2.0
d    NaN
a    0.0
dtype: float64
```

提示：索引顺序保持不变，缺少的元素使用 NaN（不是数字）填充。

4）从标量创建一个系列

如果数据是标量值，则必须提供索引，并将重复该值以匹配索引的长度。

【例 4-3】 从标量创建一个系列。

```
import pandas as pd
import numpy as np
s = pd.Series(5, index=[0, 2, 5, 7])
print(s)
```

运行程序，输出如下：

```
0    5
2    5
5    5
7    5
dtype: int64
```

2. 从具有位置的系列中访问数据

系列中的数据可以使用类似于访问 ndarray 中的数据来访问。例如：

```
import pandas as pd
s = pd.Series([1,2,3,4,5],index = ['a','b','c','d','e'])
#检索第一个元素
print(s[0])
```

运行程序，输出如下：

```
1
```

以下代码可以实现检索系列中的前三个元素。如果 a：被插入到其前面，则从该索引向前的所有项目被提取。例如，检索两个索引之间的项目（不包括停止索引）：

```
import pandas as pd
s = pd.Series([1,2,3,4,5],index = ['a','b','c','d','e'])
#检索前三个元素
print(s[:3])
```

运行程序，输出如下：

```
a    1
b    2
c    3
dtype: int64
```

如果要检索最后三个元素，代码为：

```
import pandas as pd
s = pd.Series([1,2,3,4,5],index = ['a','b','c','d','e'])
```

```
#检索最后三个元素
print(s[-3:])
```

运行程序,输出如下:

```
c    3
d    4
e    5
dtype: int64
```

3. 使用标签检索数据(索引)

一个系列就像一个固定大小的字典,可以通过索引标签获取和设置值。

【例 4-4】 使用索引标签值检索单个/多个元素。

```
import pandas as pd
s = pd.Series([1,2,3,4,5],index = ['a','b','c','d','e'])
#检索单个元素
print(s['a'])
1
#检索多个元素
print(s[['a','c','d']])
a    1
c    3
d    4
dtype: int64
```

4.1.2 数据结构

DataFrame 是一个表格型的数据结构(数据帧),如图 4-1 所示,它含有一组有序的列,每列可以是不同的值类型(数值、字符串、布尔型值)。DataFrame 既有行索引也有列索引,它可以被看作是由 Series 组成的字典(共同用一个索引)。

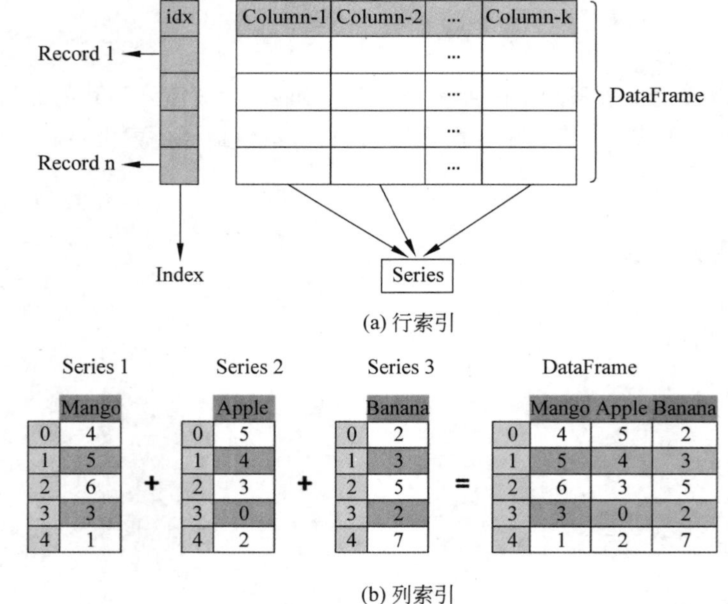

(a) 行索引

(b) 列索引

图 4-1 表格型的数据结构

DataFrame 的构造方法如下：

pandas.DataFrame（data，index，columns，dtype，copy）：参数 data 为一组数据（ndarray、series，map，lists，dict 等类型）。index 为索引值，或者可以称为行标签。columns 为列标签，默认为 RangeIndex（0，1，2，…，n）。dtype 为数据类型。copy 为拷贝数据，默认为 False。

1. 创建 DataFramePandas

数据帧（DataFrame）可以使用各种输入创建，如列表、字典、系列 Numpy ndarrays 及数据帧（DataFrame）。

1）创建一个空的 DataFrame

以下代码实现创建基本数据帧是空数据帧：

```
import pandas as pd
df = pd.DataFrame()
print(df)
```

运行程序，输出如下：

```
Empty DataFrame
Columns: []
Index: []
```

2）从列表创建 DataFrame

可以使用列表创建数据帧（DataFrame），例如：

```
import pandas as pd
data = [1,4,7,6,9]
df = pd.DataFrame(data)
print(df)
   0
0  1
1  4
2  7
3  6
4  9
data2 = [['Alex',10],['Bob',12],['Clarke',13]]
df2 = pd.DataFrame(data2,columns=['Name','Age'])
print(df2)
   Name    Age
0  Alex     10
1  Bob      12
2  Clarke   13
data3 = [['Alex',10],['Bob',12],['Clarke',13]]
df3 = pd.DataFrame(data3,columns=['Name','Age'],dtype=float)
print (df3)
   Name     Age
0  Alex    10.0
1  Bob     12.0
2  Clarke  13.0
```

注意：由以上结果可以观察到，dtype 参数将 Age 列的类型更改为浮点型。

3）从 ndarrays/Lists 的字典来创建 DataFrame

所有的 ndarrays 必须具有相同的长度。如果传递了索引(index)，则索引的长度应等于数组的长度。如果没有传递索引，则默认情况下，索引将为 range(n)，其中 n 为数组长度。

以下代码为使用列表创建。

```
import pandas as pd
data = [['Google',10],['Runoob',12],['Wiki',13]]
df = pd.DataFrame(data,columns=['Site','Age'],dtype=float)
print(df)
```

运行程序，输出如下：

```
     Site     Age
0   Google   10.0
1   Runoob   12.0
2   Wiki     13.0
```

以下代码使用 ndarrays 创建，ndarray 的长度必须相同，如果传递了 index，则索引的长度应等于数组的长度。如果没有传递索引，则默认情况下，索引为 range(n)，其中 n 是数组长度。

```
import pandas as pd
data = {'Site':['Google', 'Runoob', 'Wiki'], 'Age':[10, 12, 13]}
df = pd.DataFrame(data)
print (df)
```

运行程序，输出如下：

```
       Site  Age
0   Google   10
1   Runoob   12
2     Wiki   13
```

从以上输出结果可以知道，DataFrame 的数据类型是一个表格，包含 rows(行)和 columns(列)，如图 4-2 所示。

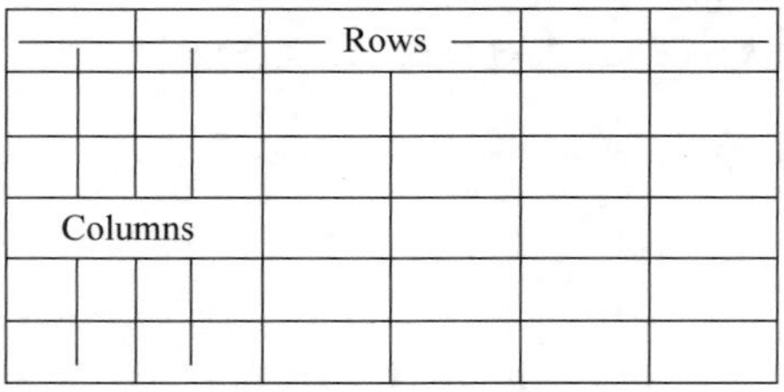

Rows

Columns

图 4-2　表格形式

4）使用字典创建

还可以使用字典(key/value)创建 DataFrame，其中字典的 key 为列名：

```
import pandas as pd
data = [{'a': 1, 'b': 2},{'a': 5, 'b': 10, 'c': 20}]
df = pd.DataFrame(data)
print (df)
```

运行程序,输出如下:

```
   a   b     c
0  1   2   NaN
1  5  10  20.0
```

由以上结果可看出,没有对应的部分数据为 NaN。

Pandas 可以使用 loc 属性返回指定行的数据,如果没有设置索引,第一行索引为 0,第二行索引为 1,以此类推:

```
import pandas as pd
data = {
  "calories": [430, 390, 390],
  "duration": [50, 40, 45]
}
#数据载入到 DataFrame 对象
df = pd.DataFrame(data)
#返回第一行和第二行
print(df.loc[[0, 1]])
```

运行程序,输出如下:

```
   calories  duration
0       430        50
1       390        40
```

注意:返回结果其实就是一个 Pandas Series 数据。

也可以返回多行数据,使用[[...]]格式,...为各行的索引,以逗号隔开:

```
import pandas as pd
data = {
  "calories": [430, 390, 390],
  "duration": [50, 40, 45]
}
#数据载入到 DataFrame 对象
df = pd.DataFrame(data)
#返回第一行和第二行
print(df.loc[[0, 1]])
```

运行程序,输出如下:

```
   calories  duration
0       430        50
1       390        40
```

注意:返回结果其实就是一个 Pandas DataFrame 数据。

2. 数据帧操作

对于已创建的数据帧,我们可以进行列选择,添加和删除相关操作。

1) 列选择

下面代码将实现从数据帧(DataFrame)中选择一列。

```
import pandas as pd
d = {'one' : pd.Series([1, 4, 7], index=['a', 'b', 'c']),
     'two' : pd.Series([1, 4, 7, 4], index=['a', 'b', 'c', 'd'])}
```

```
df = pd.DataFrame(d)
print(df ['one'])
```

运行程序,输出如下:

```
a    1.0
b    4.0
c    7.0
d    NaN
Name: one, dtype: float64
```

2）列添加

下面代码将实现向现有数据框添加一个新列。

```
import pandas as pd
d = {'one' : pd.Series([1, 4, 7], index=['a', 'b', 'c']),
     'two' : pd.Series([1, 4, 7, 9], index=['a', 'b', 'c', 'd'])}
df = pd.DataFrame(d)
#通过传递新系列向具有列标签的现有 DataFrame 对象添加新列
print ("通过传递为序列添加新列:")
df['three']=pd.Series([10,20,30],index=['a','b','c'])
print(df)
print ("使用 DataFrame 中的现有列添加新列:")
df['four']=df['one']+df['three']
print(df)
```

运行程序,输出如下:

```
通过传递为序列添加新列:
   one  two  three
a  1.0   1    10.0
b  4.0   4    20.0
c  7.0   7    30.0
d  NaN   9     NaN
使用 DataFrame 中的现有列添加新列:
   one  two  three  four
a  1.0   1    10.0  11.0
b  4.0   4    20.0  24.0
c  7.0   7    30.0  37.0
d  NaN   9     NaN   NaN
```

3）列删除

列可以删除或弹出,如下代码来实现列删除操作。

```
#使用前面的数据帧,我们将使用 del()函数删除一列
import pandas as pd
d = {'one' : pd.Series([1, 4, 7], index=['a', 'b', 'c']),
     'two' : pd.Series([1, 4, 7, 9], index=['a', 'b', 'c', 'd']),
     'three' : pd.Series([10,20,30], index=['a','b','c'])}
df = pd.DataFrame(d)
print ("数据帧是:")
print(df)
#使用 del()函数
print ("使用 del()函数删除第一列:")
del df['one']
```

```
print(df)
#使用 pop()函数
print ("使用 pop()函数删除另一列:")
df.pop('two')
print(df)
```

运行程序,输出如下:

```
数据帧是:
   one  two  three
a  1.0   1   10.0
b  4.0   4   20.0
c  7.0   7   30.0
d  NaN   9    NaN
使用 del()函数删除第一列:
   two  three
a   1    10.0
b   4    20.0
c   7    30.0
d   9     NaN
使用 pop()函数删除另一列:
   three
a   10.0
b   20.0
c   30.0
d    NaN
```

4) 行选择、添加和删除

现在将通过下面实例来了解行选择、添加和删除。我们从选择的概念开始。

(1) 标签选择

可以通过将行标签传递给 loc()函数来选择行,代码为:

```
import pandas as pd
d = {'one' : pd.Series([1, 4, 7], index=['a', 'b', 'c']),
     'two' : pd.Series([1, 4, 7, 9], index=['a', 'b', 'c', 'd'])}
df = pd.DataFrame(d)
print(df.loc['b'])
```

运行程序,输出如下:

```
one    4.0
two    4.0
Name: b, dtype: float64
```

以上结果是一系列标签作为 DataFrame 的列名称。而且,系列的名称是检索的标签。

(2) 按整数位置选择

可以通过将整数位置传递给 iloc()函数来选择行,例如:

```
import pandas as pd
d = {'one' : pd.Series([1, 4, 7], index=['a', 'b', 'c']),
     'two' : pd.Series([1, 4, 7, 9], index=['a', 'b', 'c', 'd'])}
df = pd.DataFrame(d)
print(df.iloc[2])
```

运行程序，输出如下：

```
one    7.0
two    7.0
Name: c, dtype: float64
```

5）行切片

行切片操作主要包括选择行、附加行以及删除行。

（1）选择行

可以使用"："运算符选择多行。例如：

```
import pandas as pd
d = {'one' : pd.Series([1, 4, 7], index=['a', 'b', 'c']),
     'two' : pd.Series([1, 4, 7, 9], index=['a', 'b', 'c', 'd'])}
df = pd.DataFrame(d)
print(df[2:4])
```

运行程序，输出如下：

```
   one  two
c  7.0    7
d  NaN    9
```

（2）删除行

使用索引标签从 DataFrame 中删除行。如果标签重复，则会删除多行。

```
import pandas as pd
df = pd.DataFrame([[1, 2], [3, 4]], columns = ['a','b'])
df2 = pd.DataFrame([[5, 6], [7, 8]], columns = ['a','b'])
df = df.append(df2)
#删除标签为 0 的行
df = df.drop(0)
print(df)
```

运行程序，输出如下：

```
   a  b
1  3  4
1  7  8
```

在上面的代码中，一共有两行被删除，因为这两行包含相同的标签 0。

4.1.3 面板

面板(Panel)是 3D 容器的数据，3 个轴的名称描述如下：

- items - axis 0，每个项目对应于内部包含的数据帧(DataFrame)。
- major_axis - axis 1，它是每个数据帧的索引(行)。
- minor_axis - axis 2，它是每个数据帧的列。

面板可以使用以下构造函数创建：

pandas.Panel(data, items, major_axis, minor_axis, dtype, copy)：data 数据采用各种形式，例如 ndarray，series，map，list，dict 常量以及 DataFrame。items：axis=0。major_axis：axis=1。minor_axis：axis=2。dtype 表示每列的数据类型。copy 为表示是否复制数据，默

认值为 False。

1. 创建 Panel

面板可以使用多种方式创建，例如：

- 从 ndarrays 创建。
- 从 DataFrame 的字典创建。

【例 4-5】 使用 Panel 的构造函数创建一个空面板。

```
import pandas as pd
p = pd.Panel()
print (p)
```

运行程序，输出如下：

```
<class 'pandas.core.panel.Panel'>
Dimensions: 0 (items) x 0 (major_axis) x 0 (minor_axis)
Items axis: None
Major_axis axis: None
Minor_axis axis: None
```

【例 4-6】 使用 ndarray 创建面板。

```
import pandas as pd
import numpy as np
data = np.random.rand(2, 6, 8)
p = pd.Panel(data)
print (p)
```

运行程序，输出如下：

```
<class 'pandas.core.panel.Panel'>
Dimensions: 2 (items) x 6 (major_axis) x 8 (minor_axis)
Items axis: 0 to 1
Major_axis axis: 0 to 5
Minor_axis axis: 0 to 7
```

【例 4-7】 从 DataFrame 字典创建面板。

```
import pandas as pd
import numpy as np
data = {'Item1' : pd.DataFrame(np.random.randn(4, 3)),
        'Item2' : pd.DataFrame(np.random.randn(4, 2))}
p = pd.Panel(data)
print (p)
```

运行程序，输出如下：

```
<class 'pandas.core.panel.Panel'>
Dimensions: 2 (items) x 4 (major_axis) x 3 (minor_axis)
Items axis: Item1 to Item2
Major_axis axis: 0 to 3
Minor_axis axis: 0 to 2
```

2. 从 Panel 中查询数据

在 Python 中，可以用 Items、Major_axis、Minor_axis 从 Panel 中查询数据。

【例 4-8】 在 Panel 中用 Items 查询数据。

```
#创建一个空 panel
import pandas as pd
import numpy as np
data = {'Item1' : pd.DataFrame(np.random.randn(4, 3)),
        'Item2' : pd.DataFrame(np.random.randn(4, 2))}
p = pd.Panel(data)
print(p['Item1'])
```

运行程序，输出如下：

```
          0         1         2
0  -0.465420  0.095514 -0.193986
1   0.019724 -0.214586 -0.295068
2   0.478833  1.196944 -1.897276
3   0.001445 -0.242203  0.015988
```

从两个 item 中查询 item1，输出的结果是一个具有 4 行 3 列的 DataFrame，分别是 Major_axis 和 Minor_axis。

【例 4-9】 利用 major_axis 及 minor_axis 查询数据。

```
#可以使用 panel.major_axis(index)方法访问数据
import pandas as pd
import numpy as np
data = {'Item1' : pd.DataFrame(np.random.randn(4, 3)),
        'Item2' : pd.DataFrame(np.random.randn(4, 2))}
p = pd.Panel(data)
print("使用 panel.major_axis 查询数据:")
print(p.major_xs(1))

#可以使用 panel.minor_axis(index)方法访问数据
print("使用 panel.minor_axis 查询数据:")
print(p.minor_xs(1))
```

运行程序，输出如下：

```
使用 panel.major_axis 查询数据:
      Item1      Item2
0  -1.342838   0.648913
1   0.571448  -2.392714
2   1.550796        NaN
使用 panel.minor_axis 查询数据:
      Item1      Item2
0  -0.973440  -0.729345
1   0.571448  -2.392714
2  -1.472049   1.305073
3   0.944601  -0.897651
```

4.2 统计性描述

在 Pandas 中，提供了很多方法用来集体计算 DataFrame 的描述性统计信息和其他相关操作。其中大多数是 sum()、mean()等聚合函数，其他一些方法，如 sumsum()，产生一个相同大小的对象。一般来说，这些方法采用轴参数，就像 ndarray.{sum，std，...}，但轴可以通过名称或整数来指定，例如：

数据帧(DataFrame)：index(axis=0，默认)，columns(axis=1)

【例 4-10】 下面创建一个数据帧，并使用此对象进行演示统计性描述操作。

```
import pandas as pd
import numpy as np
#创建系列词典
d = {'Name':pd.Series(['Tom','James','Ricky','Vin','Steve','Minsu','Jack',
    'Lee','David','Gasper','Betina','Andres']),
    'Age':pd.Series([25,24,26,23,32,29,23,36,40,31,53,47]),
    'Rating':pd.Series([4.13,3.34,3.99,2.52,3.22,4.6,3.82,3.68,2.98,4.80,4.12,3.65])}
#创建一个
df = pd.DataFrame(d)
print(df)
```

运行程序，输出如下：

```
      Name  Age  Rating
0      Tom   25    4.13
1    James   24    3.34
2    Ricky   26    3.99
3      Vin   23    2.52
4    Steve   32    3.22
5    Minsu   29    4.60
6     Jack   23    3.82
7      Lee   36    3.68
8    David   40    2.98
9   Gasper   31    4.80
10  Betina   53    4.12
11  Andres   47    3.65
```

1) sum()方法

sun()方法返回所请求轴的值的总和。默认情况下，轴为索引(axis=0)。

```
print("返回所请求轴的值的总和:")
print(df.sum())
```

运行程序，输出如下：

```
返回所请求轴的值的总和:
Name      TomJamesRickyVinSteveMinsuJackLeeDavidGasperBe...
Age                                                     389
Rating                                                44.85
dtype: object
```

由以上结果可看出，每个单独的列单独添加(附加字符串)。

当 axis=1 时，得出的结果如下：

```
print("axis=1 输出结果:")
print(df.sum(1))
```

axis=1 输出结果：

```
0   29.13
1   27.34
2   29.99
3   25.52
4   35.22
5   33.60
6   26.82
7   39.68
8   42.98
9   35.80
10  57.12
11  50.65
dtype:float64
```

2）mean()方法

mean()方法用于返回平均值，用法如下所示：

```
print("mean()方法返回值")
print(df.mean())
```

运行程序，输出如下：

```
mean()方法返回值
Age       32.416667
Rating    3.737500
dtype: float64
```

3）std()方法

std()方法用于返回数字列的 Bressel 标准偏差，用法如下所示：

```
print("std()方法返回值")
print(df.std())
```

运行程序，输出如下：

```
std()方法返回值
Age       9.839238
Rating    0.656203
dtype: float64
```

4）describe()方法

describe()函数是用来计算有关 DataFrame 列的统计信息的摘要，用法如下：

```
print("describe()方法返回值")
print(df.describe())
```

运行程序，输出如下：

```
describe()方法返回值
```

```
            Age     Rating
count  12.000000  12.000000
mean   32.416667   3.737500
std     9.839238   0.656203
min    23.000000   2.520000
25%    24.750000   3.310000
50%    30.000000   3.750000
75%    37.000000   4.122500
max    53.000000   4.800000
```

describe()函数给出了平均值,标准差和 IQR 值。而且,函数排除字符列,并给出关于数字列的摘要。include 是用于传递关于什么列需要考虑用于总结的必要信息的参数,获取值列表;默认情况下是"数字值"。

- object:汇总字符串列。
- number:汇总数字列。
- all:将所有列汇总在一起(不将其作为列表值传递)。

在以下代码使用语句并检查输出:

```
print("参数 include 的用法:")
print(df.describe(include=['object']))
```

运行程序,输出如下:

```
参数 include 的用法:
          Name
count       12
unique      12
top     Andres
freq         1
```

下面使用以下语句并查看输出:

```
print("设置 include='all'输出效果:")
print(df. describe(include='all'))
```

运行程序,输出如下:

```
设置 include='all'输出效果:
          Name        Age     Rating
count       12  12.000000  12.000000
unique      12        NaN        NaN
top     Andres        NaN        NaN
freq         1        NaN        NaN
mean       NaN  32.416667   3.737500
std        NaN   9.839238   0.656203
min        NaN  23.000000   2.520000
25%        NaN  24.750000   3.310000
50%        NaN  30.000000   3.750000
75%        NaN  37.000000   4.122500
max        NaN  53.000000   4.800000
```

4.3 Pandas 重建索引

重建索引会更改 DataFrame 的行标签和列标签。重建索引意味着符合数据以匹配特定轴上的一组给定的标签。

可以通过索引来实现多个操作：

- 重新排序现有数据以匹配一组新的标签。
- 在没有标签数据的标签位置插入缺失值(NA)标记。

【例 4-11】 利用 reindex()函数重建索引 DataFrame。

```
import pandas as pd
import numpy as np
N=18
df = pd.DataFrame({
   'A': pd.date_range(start='2022-07-11',periods=N,freq='D'),
   'x': np.linspace(0,stop=N-1,num=N),
   'y': np.random.rand(N),
   'C': np.random.choice(['Low','Medium','High'],N).tolist(),
   'D': np.random.normal(100, 10, size=(N)).tolist()
})
#重建索引 DataFrame
df_reindexed = df.reindex(index=[0,2,5], columns=['A', 'C', 'B'])
print (df_reindexed)
```

运行程序，输出如下：

```
A       C            B
0  2022-07-11    High NaN
2  2022-07-13  Medium NaN
5  2022-07-16  Medium NaN
```

1. 重建索引与其他对象对齐

有时根据实际需要，可能希望采取一个对象和重新索引，其轴被标记为与另一个对象相同。下面通过实例演示来加深重建索引的理解。

【例 4-12】 重建索引实例演示。

```
import pandas as pd
import numpy as np
df1 = pd.DataFrame(np.random.randn(10,3),columns=['col1','col2','col3'])
df2 = pd.DataFrame(np.random.randn(7,3),columns=['col1','col2','col3'])
df1 = df1.reindex_like(df2)
print(df1)
```

运行程序，输出如下：

```
       col1      col2      col3
0  0.743565 -0.359285 -1.906462
1 -1.042196 -0.298938 -0.521064
2 -0.712784 -0.042619 -0.796952
3 -0.943352  1.408079  1.379003
4  1.554277 -1.250070  0.114081
5  0.755364  0.666537 -0.526603
6 -1.068649  0.333757  0.116768
```

注意：此处，df1 数据帧(DataFrame)被更改并重新编号，如 df2。列名称应该匹配，否则将为整个列标签添加 NAN。

2. 填充时重新加注

在 Pandas 中，提供了 reindex()函数采用可选参数方法实现填充，其取值如下。

- pad/ffill：向前填充值。
- bfill/backfill：向后填充值。
- nearest：从最近的索引值填充。

【例 4-13】 利用 reindex 函数实现数据填充。

```
import pandas as pd
import numpy as np
df1 = pd.DataFrame(np.random.randn(6,3),columns=['col1','col2','col3'])
df2 = pd.DataFrame(np.random.randn(2,3),columns=['col1','col2','col3'])
#填充 NAN
print(df2.reindex_like(df1))
#用前面的值填充 NAN
print ("带有前向填充的数据框:")
print(df2.reindex_like(df1,method='ffill'))
```

运行程序，输出如下：

```
       col1       col2       col3
0  -0.081962  -1.036109  -1.101776
1   1.109200   1.718616  -0.433230
2        NaN        NaN        NaN
3        NaN        NaN        NaN
4        NaN        NaN        NaN
5        NaN        NaN        NaN
带有前向填充的数据框:
       col1       col2       col3
0  -0.081962  -1.036109  -1.101776
1   1.109200   1.718616  -0.433230
2   1.109200   1.718616  -0.433230
3   1.109200   1.718616  -0.433230
4   1.109200   1.718616  -0.433230
5   1.109200   1.718616  -0.433230
```

注意：对比结果可看出，最后四行被填充了。

重建索引时的填充限制是指限制参数在重建索引时提供对填充的额外控制，限制指定连续匹配的最大计数。

【例 4-14】 重建索引时的填充限制实例演示。

```
import pandas as pd
import numpy as np
df1 = pd.DataFrame(np.random.randn(6,3),columns=['col1','col2','col3'])
df2 = pd.DataFrame(np.random.randn(2,3),columns=['col1','col2','col3'])
#填充 NAN
print(df2.reindex_like(df1))
#用前面的值填充 NAN
print ("向前填充限制为 1 的数据帧:")
```

```
print(df2.reindex_like(df1,method='ffill',limit=1))
```

运行程序,输出如下:

```
       col1      col2      col3
0  1.345543 -1.377557 -0.428455
1  0.412717 -0.869342  2.904875
2       NaN       NaN       NaN
3       NaN       NaN       NaN
4       NaN       NaN       NaN
5       NaN       NaN       NaN
向前填充限制为1的数据帧:
       col1      col2      col3
0  1.345543 -1.377557 -0.428455
1  0.412717 -0.869342  2.904875
2  0.412717 -0.869342  2.904875
3       NaN       NaN       NaN
4       NaN       NaN       NaN
5       NaN       NaN       NaN
```

注意:在以上结果中,只有第7行由前6行填充。其他行按原样保留。

3. 重命名

在Pandas中,提供的rename()方法允许基于一些映射(字典或者系列)或任意函数来重新标记一个轴。

【例4-15】 利用rename()方法对数据进行重命名。

```
import pandas as pd
import numpy as np
df1 = pd.DataFrame(np.random.randn(6,3),columns=['col1','col2','col3'])
print(df1)
print ("重命名行和列后:")
print(df1.rename(columns={'col1' : 'c1', 'col2' : 'c2'},
index = {0 : 'apple', 1 : 'banana', 2 : 'durian'}))
```

运行程序,输出如下:

```
       col1      col2      col3
0  0.993856 -0.466133 -1.109685
1  0.727509 -0.948422 -0.752166
2 -1.384548  0.896546  0.132896
3 -0.879772  0.581866 -0.681795
4  0.848566  1.210273  1.468608
5 -0.448035 -1.675377 -0.376847
重命名行和列后:
              c1        c2      col3
apple   0.993856 -0.466133 -1.109685
banana  0.727509 -0.948422 -0.752166
durian -1.384548  0.896546  0.132896
3      -0.879772  0.581866 -0.681795
4       0.848566  1.210273  1.468608
5      -0.448035 -1.675377 -0.376847
```

rename()方法提供了一个 inplace 命名参数，默认为 False 并复制底层数据。指定传递 inplace = True 则表示将数据重命名。

4.4 Pandas 迭代与排序

本节主要对 Pandas 的迭代和排序展开介绍。

4.4.1 Pandas 迭代

Pandas 对象之间的基本迭代的行为取决于类型。当迭代一个系列时，它被视为数组式，基本迭代产生这些值。其他数据结构，如 DataFrame 和 Panel，遵循类似惯例迭代对象的键。简而言之，基本迭代(对于 i 在对象中)产生：

- Series：值。
- DataFrame：列标签。
- Pannel：项目标签。

【例 4-16】 为迭代 DataFrame 提供列名。

```
import pandas as pd
import numpy as np
N=18
df = pd.DataFrame({
    'A': pd.date_range(start='2016-01-01',periods=N,freq='D'),
    'x': np.linspace(0,stop=N-1,num=N),
    'y': np.random.rand(N),
    'C': np.random.choice(['Low','Medium','High'],N).tolist(),
    'D': np.random.normal(100, 10, size=(N)).tolist()
    })
for col in df:
    print((col))
```

运行程序，输出如下：

```
A
x
y
C
D
```

要遍历数据帧(DataFrame)中的行，可以使用以下函数：

iteritems()：将 DataFrame 迭代为(列名，Series)对。

iterrows()：将 DataFrame 迭代为(insex，Series)对。

itertuples()：将 DataFrame 迭代为元祖。

1. iteritems()函数

iteritems()函数将每个列作为键，将值与值作为键和列值迭代为 Series 对象。

【例 4-17】 iteritems 函数迭代数据帧为 Series 对象。

```
import pandas as pd
import numpy as np
df = pd.DataFrame(np.random.randn(4,3),columns=['col1','col2','col3'])
for key,value in df.iteritems():
    print((key,value))
```

运行程序，输出如下：

```
('col1', 0    1.230106
1             0.822393
2            -1.833451
3             0.208586
Name: col1, dtype: float64)
('col2', 0   -1.606675
1             0.442595
2            -0.568608
3             1.818643
Name: col2, dtype: float64)
('col3', 0   -1.126104
1            -1.527629
2            -0.280317
3             0.503063
Name: col3, dtype: float64)
```

2. iterrows()函数

在 Pandas 中，iterrows()函数用于返回迭代器，产生每个索引值以及包含每行数据的序列。

【例 4-18】 利用 iterrows()函数对数据进行迭代。

```
import pandas as pd
import numpy as np
df = pd.DataFrame(np.random.randn(4,3),columns = ['col1','col2','col3'])
for row_index,row in df.iterrows():
    print((row_index,row))
```

运行程序，输出如下：

```
(0, col1    0.024182
col2      -1.509821
col3       0.487522
Name: 0, dtype: float64)
(1, col1   -1.014807
col2      -1.018894
col3       0.476109
Name: 1, dtype: float64)
(2, col1    0.884949
col2      -0.925165
col3       2.496391
Name: 2, dtype: float64)
(3, col1    0.300865
col2       0.680029
col3      -0.121848
Name: 3, dtype: float64)
```

提示：由于 iterrows()遍历行，因此不会跨该行保留数据类型。0，1，2 是行索引，col1，col2，col3 是列索引。

3. itertuples()函数

itertuples()函数将为 DataFrame 中的每一行返回一个产生一个命名元组的迭代器。元组的第一个元素将是行的相应索引值，而剩余的值是行值。

【例 4-19】 利用 itertuples()函数返回元组的迭代器。

```
import pandas as pd
import numpy as np
df = pd.DataFrame(np.random.randn(4,3),columns = ['col1','col2','col3'])
for row in df.itertuples():
    print((row))
```

运行程序，输出如下：

```
Pandas(Index=0, col1=1.599188704475935, col2=-0.04677958769132241,
col3=-0.3845448480240788)
Pandas(Index=1, col1=3.0110248394913492, col2=-0.13182674675205736,
col3=1.0640254839172534)
Pandas(Index=2, col1=-1.0494432796146307, col2=0.32955473091436016,
col3=-0.1486182120940532)
Pandas(Index=3, col1=0.045047954225779785, col2=-0.7988695471662723,
col3=-0.6082459547213092)
```

提示：请不要尝试在迭代时修改任何对象。迭代是用于读取，迭代器返回原始对象(视图)的副本，因此更改将不会反映在原始对象上。

4.4.2 Pandas 排序

Pandas 中，排序有两种方式，分别为按标签排序和按实际值排序。

1. 按标签排序

在 Pandas 中，提供了 sort_index()函数用于按标签进行排序。该函数类似于 Excel 中的排序操作，我们可以根据 index(第 0 列的内容)的顺序对 DF 数据帧中的数据条目进行排序操作。可以使用 ascending 参数来指定是升序排列还是降序排列，ascending 参数为 True，则是升序，如果为 False，则是降序，默认为升序。

【例 4-20】 利用 sort_index()函数对 DataFrame 进行按标签排序。

```
import pandas as pd
import numpy as np
unsorted_df = pd.DataFrame(np.random.randn(10,2),index=[1,4,6,2,3,5,9,8,0,7],
columns = ['col2','col1'])
sorted_df=unsorted_df.sort_index()
print("按照升序对行标签进行排序:")
print((sorted_df))
#通过将布尔值传递给升序参数,可以控制排序顺序
sorted_df = unsorted_df.sort_index(ascending=False)
print("控制排序顺序:")
print((sorted_df))
#通过传递 axis 参数值为 0 或 1,可以对列标签进行排序。默认情况下,axis = 0,逐行排列
sorted_df=unsorted_df.sort_index(axis=1)
print("按列排列:")
print((sorted_df))
```

运行程序，输出如下：

按照升序对行标签进行排序：

```
        col2      col1
0   0.005272  1.356294
1  -1.306930  0.794197
2  -0.222829 -0.807098
3   0.931546  0.933223
4   0.783025  0.695322
5  -0.532823  1.288073
6   0.735168  0.214876
7   1.039282 -0.799436
8  -0.794360  0.520308
9  -0.856378 -1.160793
控制排序顺序:
        col2      col1
9  -0.856378 -1.160793
8  -0.794360  0.520308
7   1.039282 -0.799436
6   0.735168  0.214876
5  -0.532823  1.288073
4   0.783025  0.695322
3   0.931546  0.933223
2  -0.222829 -0.807098
1  -1.306930  0.794197
0   0.005272  1.356294
按列排列:
        col1      col2
1   0.794197 -1.306930
4   0.695322  0.783025
6   0.214876  0.735168
2  -0.807098 -0.222829
3   0.933223  0.931546
5   1.288073 -0.532823
9  -1.160793 -0.856378
8   0.520308 -0.794360
0   1.356294  0.005272
7  -0.799436  1.039282
```

2. 按实际值排序

Pandas 中的 sort_values()函数原理类似于 SQL 中的 order by,可以将数据集依照某个字段中的数据进行排序,该函数既可根据指定列的数据也可根据指定行的数据排序。函数的格式为:

DataFrame.sort_values(by='##',axis=0,ascending=True, inplace=False, na_position='last'):by 指定列名(axis=0 或'index')或索引值(axis=1 或'columns')。如果 axis=0 或'index',则按照指定列中数据大小排序;如果 axis=1 或'columns',则按照指定索引中数据大小排序,默认 axis=0。ascending 表示是否按指定列的数组升序排列,默认为 True,即升序排列。inplace 表示是否用排序后的数据集替换原来的数据,默认为 False,即不替换。na_position 设定缺失值的显示位置。

【例 4-21】 利用 sort_values()函数对数据进行按实际值排序。

```
#利用字典 dict 创建数据框
import numpy as np
import pandas as pd
df=pd.DataFrame({'col1':['A','A','B',np.nan,'D','C'],
                 'col2':[3,1,10,8,7,7],
                 'col3':[0,1,8,4,2,9]
})
print(df)
  col1  col2  col3
0    A     3     0
1    A     1     1
2    B    10     8
3  NaN     8     4
4    D     7     2
5    C     7     9
#依据第一列排序,并将该列空值放在首位
print(df.sort_values(by=['col1'],na_position='first'))
  col1  col2  col3
3  NaN     8     4
0    A     3     0
1    A     1     1
2    B    10     8
5    C     7     9
4    D     7     2
#依据第二、三列,数值降序排序
print(df.sort_values(by=['col2','col3'],ascending=False))
  col1  col2  col3
2    B    10     8
3  NaN     8     4
5    C     7     9
4    D     7     2
0    A     3     0
1    A     1     1
#根据第一列中的数值排序,按降序排列,并替换原数据
df.sort_values(by=['col1'],ascending=False,inplace=True,na_position='first')
print(df)
  col1  col2  col3
3  NaN     8     4
4    D     7     2
5    C     7     9
2    B    10     8
0    A     3     0
1    A     1     1
x = pd.DataFrame({'x1':[1,3,3,5],'x2':[4,3,2,1],'x3':[2,3,5,1]})
print(x)
#按照索引值为 0 的行,即第一行的值来降序排序
print(x.sort_values(by =0,ascending=False,axis=1))
   x1  x2  x3
0   1   4   2
1   3   3   3
2   3   2   5
3   5   1   1
```

```
   x2  x3  x1
0   4   2   1
1   3   3   3
2   2   5   3
3   1   1   5
```

4.5 Pandas 统计函数

统计方法有助于理解和分析数据的行为。现在我们将学习一些统计函数,可以将这些函数应用于 Pandas 对象。

1. pct_change()方法

序列(Series)、数据帧(DataFrame)和 Panel(面板)都使用 pct_change()方法来计算增长率(需要先使用 fill_method 来填充空值)。函数的格式为:

df.pct_change(periods=1, fill_method='pad', limit=None, freq=None, **kwargs):参数 periods 表示计算的步长,fill_method 表示填充空值的方法,默认是按照列进行计算的,如果想按照行需要添加 axis=1。

【例 4-22】 利用 pct_change()方法计算数据的增长率。

```
import numpy as np
import pandas as pd
#计算公式:当前计算值-前 periods 对应数据/前 periods 对应数
a = pd.DataFrame({'a':[1,3,5,7,9],'b':[11,12,13,14,15]})
a_b = a.pct_change(periods=2,fill_method='pad')
a_b #计算过程,a 列,3-1/1,4-2/2,5-3/3,中间间隔为 2 个步长
```

运行程序,输出如下:

```
   a          b
0  NaN        NaN
1  NaN        NaN
2  4.000000   0.181818
3  1.333333   0.166667
4  0.800000   0.153846
```

2. 协方差

协方差适用于系列数据。Series 对象有一个方法 cov()用来计算序列对象之间的协方差。NA 将被自动排除。

【例 4-23】 利用 cov()函数计算 Series 及 DataFrame 的协方差。

```
import numpy as np
import pandas as pd
allDf = pd.DataFrame({
    'x':[0,1,2,4,7,10],
    'y':[0,3,2,4,5,7],
    's':[0,1,2,3,4,5],
    'c':[5,4,3,2,1,0]
},index = ['p1','p2','p3','p4','p5','p6'])
corr_matrix = allDf.corr()
print("Series 对象协方差")
print(corr_matrix)
```

```
Series 对象协方差
           x          y          s          c
x   1.000000   0.941729   0.972598  -0.972598
y   0.941729   1.000000   0.946256  -0.946256
s   0.972598   0.946256   1.000000  -1.000000
c  -0.972598  -0.946256  -1.000000   1.000000

frame = pd.DataFrame(np.random.randn(10, 5), columns=['a', 'b', 'c', 'd', 'e'])
print("DataFrome 对象协方差")
print(frame['a'].cov(frame['b']))
print(frame.cov())
DataFrome 对象协方差
-0.6298488369094956
           a          b          c         d          e
a   1.718090  -0.629849   0.040885  0.200734   0.014453
b  -0.629849   0.650483   0.098932  0.077092   0.223648
c   0.040885   0.098932   0.587060  0.185940  -0.263060
d   0.200734   0.077092   0.185940  1.089434   0.097671
e   0.014453   0.223648  -0.263060  0.097671   0.797446
```

注意：观察 DataFrame 对象返回的协方差是 a 和 b 列之间的 cov 返回值。

3. 相关系数

相关性显示了任何两个数值(序列)之间的线性关系。有多种方法可以计算，如 pearson(默认)、spearman 和 kendall 之类的相关性。

【例 4-24】 利用 corr 计算数据的相关系数。

```
import pandas as pd
import numpy as np
frame = pd.DataFrame(np.random.randn(10, 5), columns=['a', 'b', 'c', 'd', 'e'])
print((frame['a'].corr(frame['b'])))
print((frame.corr()))
```

运行程序，输出如下：

```
0.20398420843368448
           a          b          c          d          e
a   1.000000   0.203984   0.675000  -0.125983  -0.298570
b   0.203984   1.000000  -0.177032  -0.043471  -0.531597
c   0.675000  -0.177032   1.000000  -0.258795  -0.139962
d  -0.125983  -0.043471  -0.258795   1.000000   0.089946
e  -0.298570  -0.531597  -0.139962   0.089946   1.000000
```

4. 数据排名

数据排名是指为元素数组中的每个元素生成排名。在关系的情况下，分配平均等级。Rank 可选地使用一个默认为 True 的升序参数；当出错时，数据被反向排序，较大的值被指定为较小的排名。

Rank 支持不同的 tie-breaking 方法，用方法参数指定。

- average：群体平均等级。
- min：组中最低的等级。
- max：组中最高的等级。
- first：按照它们出现在数组中的顺序进行分配。

【例 4-25】 利用 rank 对数据进行排名。

```
import pandas as pd
import numpy as np
s = pd.Series(np.random.np.random.randn(5), index=list('abcde'))
s['d'] = s['b']
print((s.rank()))
```

运行程序，输出如下：

```
a    3.0
b    1.5
c    5.0
d    1.5
e    4.0
dtype: float64
```

4.6 Pandas 分组与聚合

Pandas 提供了一个灵活高效的 groupby()函数，它能以一种自然的方式对数据集进行切片、切块、摘要等操作。根据一个或多个键(可以是函数、数组或 DataFrame 列名)拆分 pandas 对象。计算分组摘要统计，如计数、平均值、标准差，或用户自定义函数。对 DataFrame 的列应用各种各样的函数。应用组内转换或其他运算，如规格化、线性回归、排名或选取子集等。计算透视表或交叉表、执行分位数分析以及其他分组分析。

1. 分组操作

在 Pandas 中，利用 groupby()函数可进行分组，groupby 对象没有进行实际运算，只是包含分组的中间数据。

【例 4-26】 利用 groupby()函数对数据进行分组。

```
import pandas as pd
import numpy as np
dict_obj = {'key1' : ['a', 'b', 'a', 'b',
                      'a', 'b', 'a', 'a'],
            'key2' : ['one', 'one', 'two', 'three',
                      'two', 'two', 'one', 'three'],
            'data1': np.random.randn(8),
            'data2': np.random.randn(8)}
df_obj = pd.DataFrame(dict_obj)
print(df_obj)
#dataframe 根据 key1 进行分组
print(type(df_obj.groupby('key1')))
#dataframe 的 data1 列根据 key1 进行分组
print(type(df_obj['data1'].groupby(df_obj['key1'])))
```

运行程序，输出如下：

```
  key1  key2     data1      data2
0   a    one  0.021990  -1.718190
1   b    one  2.394971   0.202758
2   a    two  0.389138   0.393872
```

```
3  b  three   0.865230  -0.226381
4  a    two  -0.046788   1.599632
5  b    two  -0.480741   0.691565
6  a    one  -0.321899   1.914376
7  a  three  -0.135662  -1.408881
<class 'pandas.core.groupby.groupby.DataFrameGroupBy'>
<class 'pandas.core.groupby.groupby.SeriesGroupBy'>
```

此外,还可以通过字典分组。

【例 4-27】 利用 groupby 通过字典进行分组。

```
import pandas as pd
import numpy as np
#通过字典分组
df_obj2 = pd.DataFrame(np.random.randint(1, 10, (5, 5)),
                       columns=['a', 'b', 'c', 'd', 'e'],
                       index=['A', 'B', 'C', 'D', 'E'])
mapping_dict = {'a':'Python', 'b':'Python', 'c':'Java', 'd':'C', 'e':'Java'}
print('---------------')
print(df_obj2)
print('---------------')
print(df_obj2.groupby(mapping_dict, axis=1).size())
print('---------------')
print(df_obj2.groupby(mapping_dict, axis=1).count())     #非 NaN 的个数
print('---------------')
print(df_obj2.groupby(mapping_dict, axis=1).sum())
```

运行程序,输出如下:

```
---------------
   a  b  c  d  e
A  7  7  4  1  1
B  5  7  5  7  5
C  1  5  1  7  3
D  8  4  3  9  9
E  1  3  1  4  1
---------------
C         1
Java      2
Python    2
dtype: int64
---------------
   C  Java  Python
A  1     2       2
B  1     2       2
C  1     2       2
D  1     2       2
E  1     2       2
---------------
   C  Java  Python
A  1     5      14
B  7    10      12
C  7     4       6
D  9    12      12
E  4     2       4
```

2. 聚合操作

对于分组的某一列(行)或者多个列(行,axis=0/1),应用 agg(func)可以对分组后的数据应用 func()函数。例如,用 grouped['data1'].agg('mean')即是对分组后的'data1'列求均值。当然也可以同时作用于多个列(行)和使用多个函数上。

【例 4-28】 对数据进行聚合操作。

```
from pandas import Series, DataFrame
df = DataFrame({'key1': ['a', 'a', 'b', 'b', 'a'],
                'key2': ['one', 'two', 'one', 'two', 'one'],
                'data1': np.random.randn(5),
                'data2': np.random.randn(5)})
grouped = df.groupby('key1')
print(grouped.agg('mean'))
```

运行程序,输出如下:

```
        data1      data2
key1
 a    0.250546  -0.123191
 b    0.578259  -0.849358
```

apply()和 agg()功能上差不多,apply()常用来处理不同分组的缺失数据的填充和 top N 的计算,会产生层级索引。而 agg 可以同时传入多个函数,作用于不同的列。例如:

```
df = DataFrame({'key1': ['a', 'a', 'b', 'b', 'a'],
                'key2': ['one', 'two', 'one', 'two', 'one'],
                'data1': np.random.randn(5),
                'data2': np.random.randn(5)})
grouped = df.groupby('key1')
print(grouped.agg(['sum','mean']))
print(grouped.apply(np.sum))
                  #apply()在这里同样适用,只是不能传入多个参数,这两个函数基本是可以通用的
```

运行程序,输出如下:

```
         data1                  data2
           sum       mean         sum       mean
key1
 a   -1.954389  -0.651463   2.765482   0.921827
 b   -0.757099  -0.378549  -1.281456  -0.640728
          key1       key2      data1      data2
key1
 a         aaa  onetwoone  -1.954389   2.765482
 b          bb     onetwo  -0.757099  -1.281456
```

4.7 数据缺失

数据缺失在现实生活中总是一个问题。机器学习和数据挖掘等领域由于数据缺失导致的数据质量差,在模型预测的准确性上面临着严重的问题。在这些领域,缺失值处理是使模型更加准确和有效的重点。

4.7.1 数据缺失的原因

例如，有一个产品需要在线调查。很多时候，人们不会分享与他们有关的所有信息；很少有人分享他们的经验，也很少有人分享使用产品的时间、经验。因此，以某种方式或其他方式，有一部分数据总是会丢失，这是非常常见的现象。

那么，在 Pandas 中如何处理缺失值(如 NA 或 NaN)？下面通过实例来演示说明。

【例 4-29】 使用 Pandas 处理缺失值。

```
import pandas as pd
import numpy as np
df = pd.DataFrame(np.random.randn(5, 3), index=['a', 'c', 'e', 'f',
'h'],columns=['one', 'two', 'three'])
df = df.reindex(['a', 'b', 'c', 'd', 'e', 'f', 'g', 'h'])
print((df))
```

运行程序，输出如下：

```
        one       two     three
a  1.393490 -0.528235 -1.389940
b       NaN       NaN       NaN
c -0.262213 -2.334316 -2.515516
d       NaN       NaN       NaN
e -1.389205  2.015307  0.085499
f  1.191815  0.126984  0.007641
g       NaN       NaN       NaN
h  0.153128 -1.383064 -1.006866
```

在以上代码中，使用重构索引，创建了一个缺少值的 DataFrame。所以在输出中，NaN 表示不是数字的值。

4.7.2 检查缺失值

为了更容易地检测缺失值，Pandas 提供了 isnull()和 notnull()函数，它们也是 Series 和 DataFrame 对象的方法。

【例 4-30】 在 Pandas 中检查缺失值。

```
import pandas as pd
import numpy as np
df = pd.DataFrame(np.random.randn(5, 4), index=['a', 'c', 'e', 'f',
'h'],columns=['one', 'two', 'three','four'])
df = df.reindex(['a', 'b', 'c', 'd', 'e', 'f', 'g', 'h'])
print((df['one'].isnull()))
```

运行程序，输出如下：

```
a  False
b  True
c  False
d  True
e  False
```

```
f   False
g   True
h   False
Name: one, dtype: bool
```

4.7.3 缺失值的计算

在 Pandas 中,计算缺失值也分不同的情况,例如,在求和数据时,NA 将被视为 0;如果数据全部是 NA,那么结果将是 NA。

【例 4-31】 在 Pandas 中计算缺失值。

```
import pandas as pd
import numpy as np
df = pd.DataFrame(np.random.randn(5, 4), index=['a', 'c', 'e', 'f',
'h'],columns=['one', 'two', 'three','four'])
df = df.reindex(['a', 'b', 'c', 'd', 'e', 'f', 'g', 'h'])
print((df['one'].sum()))
```

运行程序,输出如下:

```
1.0631266883075963
```

4.7.4 清理/填充缺失数据

Pandas 中,提供了各种方法来清除缺失的值。例如 fillna()函数可以通过几种方法用非空数据"填充"NA 值。

1. 用标量值替换 NaN

【例 4-32】 实现利用 0 替换 NaN。

```
import pandas as pd
import numpy as np
df = pd.DataFrame(np.random.randn(3, 3), index=['a', 'c', 'e'],columns=['one',
'two', 'three'])
df = df.reindex(['a', 'b', 'c'])
print((df))
print(("NaN replaced with '0':"))
print ((df.fillna(0)))
```

运行程序,输出如下:

```
        one        two     three
a  0.134786  -0.665440  1.031066
b       NaN        NaN       NaN
c -0.234630   0.365228  0.900559
NaN replaced with '0':
        one        two     three
a  0.134786  -0.665440  1.031066
b  0.000000   0.000000  0.000000
c -0.234630   0.365228  0.900559
```

在代码中填充零值;当然,也可以填写任何其他的值。

2. 填写 NA 前进和后退

在 Pandas 中，使用重构索引来填补缺失的值，用 pad/fill 实现向前填充；用 bfill/backfill 实现向后填充。

【例 4-33】 在 Pandas 中实现数据的向前和向后填充。

```
import pandas as pd
import numpy as np
df = pd.DataFrame(np.random.randn(5, 4), index=['a', 'c', 'e', 'f',
'h'],columns=['one', 'two', 'three','four'])
df = df.reindex(['a', 'b', 'c', 'd', 'e', 'f', 'g', 'h'])
print("向前填充:")
print (df.fillna(method='pad'))
print("向后填充:")
print((df.fillna(method='backfill')))
```

运行程序，输出如下：

```
向前填充:
        one       two     three      four
a  0.834798  1.005697  0.431137 -0.058153
b  0.834798  1.005697  0.431137 -0.058153
c -0.814714 -0.066868  1.498604  1.376005
d -0.814714 -0.066868  1.498604  1.376005
e  0.642797  1.366646  0.254760  0.813363
f  0.664446 -1.167325 -1.023418  0.619679
g  0.664446 -1.167325 -1.023418  0.619679
h -1.292199  0.890516 -0.528650  1.578790
向后填充:
        one       two     three      four
a  0.834798  1.005697  0.431137 -0.058153
b -0.814714 -0.066868  1.498604  1.376005
c -0.814714 -0.066868  1.498604  1.376005
d  0.642797  1.366646  0.254760  0.813363
e  0.642797  1.366646  0.254760  0.813363
f  0.664446 -1.167325 -1.023418  0.619679
g -1.292199  0.890516 -0.528650  1.578790
h -1.292199  0.890516 -0.528650  1.578790
```

4.7.5 丢失缺失的值

如果只想排除缺失的值，则可以使用 dropna 函数和 axis 参数。默认情况下，axis = 0，即在行上应用，这意味着如果行内的任何值是 NA，那么整个行被排除。

【例 4-34】 丢失缺失的值实例演示。

```
import pandas as pd
import numpy as np
df = pd.DataFrame(np.random.randn(5, 3), index=['a', 'c', 'e', 'f',
'h'],columns=['one', 'two', 'three'])
df = df.reindex(['a', 'b', 'c', 'd', 'e', 'f', 'g', 'h'])
print("dropna 函数丢失缺失值:")
print((df.dropna()))
print("dropna(axis=1)丢失缺失值:")
```

```
print((df.dropna(axis=1)))
```

运行程序，输出如下：

```
dropna 函数丢失缺失值:
        one       two     three
a -1.575938  1.380752  0.162324
c -1.055081  0.154825 -0.734578
e  3.769322 -0.010408  0.960927
f -0.049180  0.642961 -0.615139
h -0.444261 -1.075184  0.700558
dropna(axis=1)丢失缺失值:
Empty DataFrame
Columns: []
Index: [a, b, c, d, e, f, g, h]
```

4.7.6 替换丢失/通用值

很多时候，必须用一些具体的值取代一个通用的值。可以通过应用替换方法来实现这一点。用标量值替换 NA 是 fillna()函数的有效行为。

【例 4-35】 在 Pandas 中实现替换丢失值。

```
import pandas as pd
import numpy as np
df = pd.DataFrame({'one':[10,20,30,40,50,2000],'two':[1000,0,30,40,50,60]})
print (df.replace({1000:10,2000:60}))
```

运行程序，输出如下：

```
   one  two
0   10   10
1   20    0
2   30   30
3   40   40
4   50   50
5   60   60
```

4.8 Pandas 连接

Pandas 是具有功能全面的高性能内存中的连接操作的，与 SQL 等关系数据库非常相似。

Pandas 提供了一个单独的 merge()函数，用作 DataFrame 对象之间所有标准数据库连接操作的入口。函数的格式为：

pd.merge(left, right, how='inner', on=None, left_on=None, right_on=None,

left_index=False, right_index=False, sort=True)：其中 left 表示一个 DataFrame 对象。right 是另一个 DataFrame 对象。on 是列(名称)连接，必须在左和右 DataFrame 对象中存在。left_on 表示左侧 DataFrame 中的列用作键，可以是列名或长度等于 DataFrame 长度的数组。right_on 表示右侧 DataFrame 中的列作为键，可以是列名或长度等于 DataFrame 长度的数组。left_index 如果为 True，则使用左侧 DataFrame 中的索引(行标签)作为其连接键，在具有 MultiIndex(分层)的 DataFrame 的情况下，级别的数量必须与来自右侧

DataFrame的连接键的数量相匹配。right_index与右侧DataFrame的left_index具有相同的用法。how是left、right、outer以及inner之中的一个，默认为inner。sort表示按照字典顺序通过连接键对结果DataFrame进行排序，默认为True，设置为False时，在很多情况下可大大提高性能。

【例4-36】 创建两个不同的DataFrame并对其执行合并操作。

```
import pandas as pd
left = pd.DataFrame({
        'id':[1,2,3,4,5],
        'Name': ['Alex', 'Amy', 'Allen', 'Alice', 'Ayoung'],
        'subject_id':['sub1','sub2','sub4','sub6','sub5']})
right = pd.DataFrame(
        {'id':[1,2,3,4,5],
        'Name': ['Billy', 'Brian', 'Bran', 'Bryce', 'Betty'],
        'subject_id':['sub2','sub4','sub3','sub6','sub5']})
print (left)
print("------------------------------")
print (right)
```

运行程序，输出如下：

```
   id  Name    subject_id
0   1  Alex    sub1
1   2  Amy     sub2
2   3  Allen   sub4
3   4  Alice   sub6
4   5  Ayoung  sub5
------------------------------
   id  Name   subject_id
0   1  Billy  sub2
1   2  Brian  sub4
2   3  Bran   sub3
3   4  Bryce  sub6
4   5  Betty  sub5
```

还可以在一个键上合并两个数据帧，例如：

```
import pandas as pd
left = pd.DataFrame({
        'id':[1,3,5,7,9],
        'Name': ['Alex', 'Amy', 'Allen', 'Alice', 'Ayoung'],
        'subject_id':['sub1','sub2','sub4','sub6','sub5']})
right = pd.DataFrame(
        {'id':[1,3,5,7,9],
        'Name': ['Billy', 'Brian', 'Bran', 'Bryce', 'Betty'],
        'subject_id':['sub2','sub4','sub3','sub6','sub5']})
rs = pd.merge(left,right,on='id')
print(rs)
```

运行程序，输出如下：

```
   id  Name_x   subject_id_x  Name_y  subject_id_y
0   1  Alex     sub1          Billy   sub2
1   3  Amy      sub2          Brian   sub4
2   5  Allen    sub4          Bran    sub3
3   7  Alice    sub6          Bryce   sub6
4   9  Ayoung   sub5          Betty   sub5
```

此外，还可以合并多个键上的两个数据帧，例如：

```
import pandas as pd
left = pd.DataFrame({
        'id':[1,3,5,7,9],
        'Name': ['Alex', 'Amy', 'Allen', 'Alice', 'Ayoung'],
        'subject_id':['sub1','sub2','sub4','sub6','sub5']})
right = pd.DataFrame(
        {'id':[1,3,5,7,9],
        'Name': ['Billy', 'Brian', 'Bran', 'Bryce', 'Betty'],
        'subject_id':['sub2','sub4','sub3','sub6','sub5']})
rs = pd.merge(left,right,on=['id','subject_id'])
print(rs)
```

运行程序，输出如下：

```
   id  Name_x   subject_id  Name_y
0   7  Alice    sub6        Bryce
1   9  Ayoung   sub5        Betty
```

在 merge()函数中，参数 how 的取值不同，会得到不同的合并效果。如果组合键没有出现在左侧或右侧表中，则连接表中的值将为 NA。

【例 4-37】 使用 how 参数合并数据。

```
import pandas as pd
left = pd.DataFrame({
        'id':[1,3,5,7,9],
        'Name': ['Alex', 'Amy', 'Allen', 'Alice', 'Ayoung'],
        'subject_id':['sub1','sub2','sub4','sub6','sub5']})
right = pd.DataFrame(
        {'id':[1,3,5,7,9],
        'Name': ['Billy', 'Brian', 'Bran', 'Bryce', 'Betty'],
        'subject_id':['sub2','sub4','sub3','sub6','sub5']})
rs = pd.merge(left, right, on='subject_id', how='left')
print("how='left'连接结果:")
print (rs)
rs = pd.merge(left, right, on='subject_id', how='right')
print("how='right'连接结果:")
print (rs)
rs = pd.merge(left, right, how='outer', on='subject_id')
print("how='outer'连接结果:")
print (rs)
#连接将在索引上进行
rs = pd.merge(left, right, on='subject_id', how='inner')
print("how='inner'连接结果:")
print (rs)
```

运行程序，输出如下：

```
how='left'连接结果：
   id_x  Name_x  subject_id  id_y  Name_y
0   1    Alex    sub1        NaN   NaN
1   3    Amy     sub2        1.0   Billy
2   5    Allen   sub4        3.0   Brian
3   7    Alice   sub6        7.0   Bryce
4   9    Ayoung  sub5        9.0   Betty
how='right'连接结果：
   id_x  Name_x  subject_id  id_y  Name_y
0  3.0   Amy     sub2        1     Billy
1  5.0   Allen   sub4        3     Brian
2  7.0   Alice   sub6        7     Bryce
3  9.0   Ayoung  sub5        9     Betty
4  NaN   NaN     sub3        5     Bran
how='outer'连接结果：
   id_x  Name_x  subject_id  id_y  Name_y
0  1.0   Alex    sub1        NaN   NaN
1  3.0   Amy     sub2        1.0   Billy
2  5.0   Allen   sub4        3.0   Brian
3  7.0   Alice   sub6        7.0   Bryce
4  9.0   Ayoung  sub5        9.0   Betty
5  NaN   NaN     sub3        5.0   Bran
how='inner'连接结果：
   id_x  Name_x  subject_id  id_y  Name_y
0   3    Amy     sub2        1     Billy
1   5    Allen   sub4        3     Brian
2   7    Alice   sub6        7     Bryce
3   9    Ayoung  sub5        9     Betty
```

4.9 Pandas CSV 文件

CSV(Comma-Separated Values，逗号分隔值，有时也称为字符分隔值，因为分隔字符也可以不是逗号)格式的文件是指以纯文本形式存储的表格数据，这意味着不能简单地使用 Excel 表格工具进行处理，而且 Excel 表格处理的数据量十分有限，而使用 Pandas 来处理数据量巨大的 CSV 文件就容易得多了。

【例 4-38】 在 Pandas 中打开现有的 CSV 文件并显示。

```
import pandas as pd
df = pd.read_csv('nba.csv')
print(df.to_string())
```

to_string()用于返回 DataFrame 类型的数据，如果不使用该函数，则输出结果为数据的前面 5 行和末尾 5 行，中间部分以...代替。

```
print(df)
```

运行程序，输出如下：

```
   Name           Team            Number Position  Age    \
0  Avery Bradley  Boston Celtics  0.0              PG    25.0
1  Jae Crowder    Boston Celtics  99.0             SF    25.0
```

```
 2   John Holland  Boston Celtics  30.0    SG        27.0
 3   R.J. Hunter   Boston Celtics  28.0    SG        22.0
...
453  6-3           203.0           Butler  2433333.0
454  6-1           179.0           NaN     900000.0
455  7-3           256.0           NaN     2900000.0
456  7-0           231.0           Kansas  947276.0
457  NaN           NaN             NaN     NaN
[458 rows x 9 columns]
```

此外,也可以使用 to_csv()函数将 DataFrame 存储为 CSV 文件。

【例 4-39】 利用 to_csv()函数将数据存储为 CSV 文件。

```
import pandas as pd
#三个字段 name, site, age
nme = ["Google", "Runoob", "Taobao", "Wiki"]
st = ["www.google.com", "www.runoob.com", "www.taobao.com", "www.wikipedia.org"]
ag = [90, 40, 80, 98]
#字典
dict = {'name': nme, 'site': st, 'age': ag}
df = pd.DataFrame(dict)

#保存 dataframe
df.to_csv('site.csv')
```

运行程序后,打开 site.csv 文件,效果如图 4-3 所示。

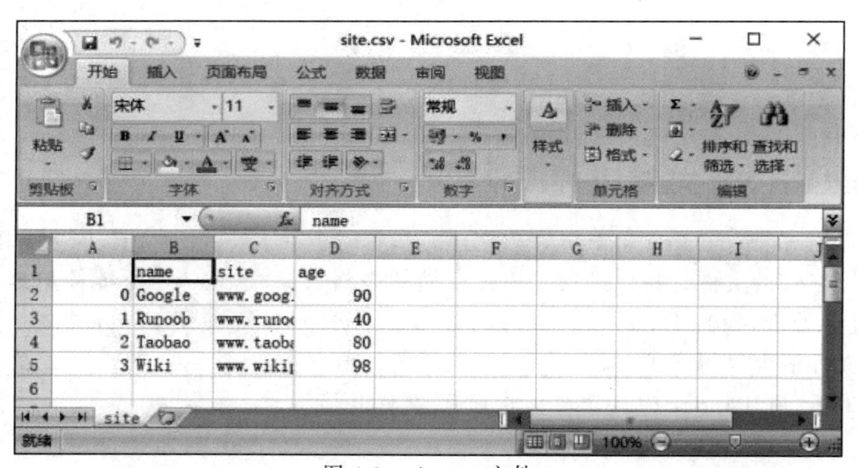

图 4-3 site.csv 文件

在 Pandas 中,提供了相关函数用于实现数据处理,下面对各个函数进行介绍。

1. head()函数

head(n)函数用于读取前面的 n 行,如果不带参数 n,默认返回 5 行。

【例 4-40】 利用 head()方法读取数据的前 6 行。

```
import pandas as pd
df = pd.read_csv('nba.csv')
print(df.head(6))
```

运行程序,输出如下:

```
    Name           Team           Number  Position  Age  Height  Weight   \
0   Avery Bradley  Boston Celtics    0.0       PG  25.0     6-2   180.0
1   Jae Crowder    Boston Celtics   99.0       SF  25.0     6-6   235.0
2   John Holland   Boston Celtics   30.0       SG  27.0     6-5   205.0
3   R.J. Hunter    Boston Celtics   28.0       SG  22.0     6-5   185.0
4   Jonas Jerebko  Boston Celtics    8.0       PF  29.0    6-10   231.0
5   Amir Johnson   Boston Celtics   90.0       PF  29.0     6-9   240.0

            College      Salary
0             Texas   7730337.0
1         Marquette   6796117.0
2 Boston University         NaN
3     Georgia State   1148640.0
4               NaN   5000000.0
5               NaN  12000000.0
```

2. tail()函数

tail(n)函数用于读取尾部的 n 行，如果不带参数 n，默认返回 5 行，空行各个字段的值返回 NaN。

【例 4-41】 利用 tail()函数读取数据的尾部 5 行。

```
import pandas as pd
df = pd.read_csv('nba.csv')
print(df.tail())
```

运行程序，输出如下：

```
            Name       Team  Number  Position   Age  Height  Weight  College   \
453  Shelvin Mack  Utah Jazz     8.0       PG  26.0     6-3   203.0   Butler
454     Raul Neto  Utah Jazz    25.0       PG  24.0     6-1   179.0      NaN
455  Tibor Pleiss  Utah Jazz    21.0        C  26.0     7-3   256.0      NaN
456   Jeff Withey  Utah Jazz    24.0        C  26.0     7-0   231.0   Kansas
457           NaN        NaN     NaN      NaN   NaN     NaN     NaN      NaN

        Salary
453  2433333.0
454   900000.0
455  2900000.0
456   947276.0
457        NaN
```

3. info()函数

info()函数返回表格的一些基本信息。

【例 4-42】 利用 info()函数显示 nba.csv 数据的基本信息。

```
import pandas as pd
df = pd.read_csv('nba.csv')
print(df.info())
```

运行程序，输出如下：

```
<class 'pandas.core.frame.DataFrame'>
```

```
RangeIndex: 458 entries, 0 to 457
Data columns (total 9 columns):
Name       457 non-null object
Team       457 non-null object
Number     457 non-null float64
Position   457 non-null object
Age        457 non-null float64
Height     457 non-null object
Weight     457 non-null float64
College    373 non-null object
Salary     446 non-null float64
dtypes: float64(4), object(5)
memory usage: 32.3+ KB
None
```

4.10 Pandas 的 JSON 文件

JSON(JavaScript Object Notation,JavaScript 对象表示法)是存储和交换文本信息的语法,类似 XML。JSON 比 XML 更小、更快,更易解析。Pandas 可以很方便地处理 JSON 数据。

【例 4-43】 在 Pandas 中读取 JSON 文件并显示。

```
import pandas as pd
df = pd.read_json('sites.json')
print(df.to_string())
to_string()用于返回 DataFrame 类型的数据,也可以直接处理 JSON 字符串,例如:
import pandas as pd
data = [
    {
      "id": "A001",
      "name": "菜鸟教程",
      "url": "www.runoob.com",
      "likes": 61
    },
    {
      "id": "A002",
      "name": "Google",
      "url": "www.google.com",
      "likes": 124
    },
    {
      "id": "A003",
      "name": "淘宝",
      "url": "www.taobao.com",
      "likes": 45
    }
]
df = pd.DataFrame(data)
print(df)
```

运行程序,输出如下:

```
   id likes         name                    url
0  01    15   Python教程   https://huke88.com/
1  02   108       Google        www.google.com
2  03    42          京东            www.jd.com
```

JSON对象与Python字典具有相同的格式，所以可以直接将Python字典转换为DataFrame数据。

【例4-44】 将JSON对象的Python字典转换为DataFrame数据。

```
import pandas as pd
#字典格式的JSON
s = {
    "col1":{"row1":1,"row2":2,"row3":3},
    "col2":{"row1":"x","row2":"y","row3":"z"}
}
#读取JSON转为DataFrame
df = pd.DataFrame(s)
print(df)
```

运行程序，输出如下：

```
      col1  col2
row1    1     x
row2    2     y
row3    3     z
```

假设有一组内嵌的JSON数据文件nested_list.json，使用以下代码格式化完整内容：

```
import pandas as pd
df = pd.read_json('nested_list.json')
print(df)
```

运行程序，输出如下：

```
school_name           class            \
     0         ABC primary school   Year 1
     1         ABC primary school   Year 1
     2         ABC primary school   Year 1
                        students
0  {'id': '01', 'name': 'Tom', 'math': 50, 'physi...
1  {'id': '02', 'name': 'James', 'math': 69, 'phy...
2  {'id': '03', 'name': 'Jenny', 'math': 89, 'phy...
```

第 5 章

数据分析的可视化

Matplotlib 是一个 Python 的绘图库，它以各种硬拷贝格式和跨平台的交互式环境生成出版质量级别的图形，它能够输出的图形包括折线图、散点图、直方图等。在数据可视化方面，Matplotlib 拥有数量众多的用户，其强大的绘图功能能够帮助我们对数据形成非常清晰直观的认知。

5.1 初识 Matplotlib

1. Figure（图）

Matplotlib 是一个非常优秀的 Python 2D 绘图库，只要给出符合格式的数据，通过 Matplotlib 就可以方便地制作各种高质量的图形，在任何绘图之前，我们需要一个 Figure 对象，可以理解成我们需要一张画板才能开始绘图。

```
import matplotlib.pyplot as plt
fig=plt.figure()
```

2. Axes（轴）

在拥有 Figure 对象之后，在作画前还需要 Axes（轴），没有轴的话就没有绘图基准，所以需要添加 Axes。也可以理解成为真正可以作画的纸。

```
#图像显示中文说明
plt.rcParams['font.sans-serif'] = [u'SimHei']
fig=plt.figure()
fig=plt.figure()
ax=fig.add_subplot(111)
ax.set(xlim=[0.5,4.5],ylim=[-2,8],title='轴实例',ylabel='Y-轴',xlabel='X-轴')
plt.show()
```

以上代码实现了在一幅图上添加了一个 Axes，然后设置了这个 Axes 的 X 轴以及 Y 轴的取值范围，效果如图 5-1 所示。

上面代码中的 fig.add_subplot(111)语句是用于添加 Axes 的，参数的解释为：在画板的第 1 行第 1 列的第一个位置生成一个 Axes 对象来准备作画。也可以通过 fig.add_subplot(2, 2, 1)的方式生成 Axes，前面两个参数确定了面板的划分，例如 2,2 会将整个面板划分成 2 * 2 的方格，第三个参数取值范围是[1, 2 * 2]，表示第几个 Axes。如下面的代码：

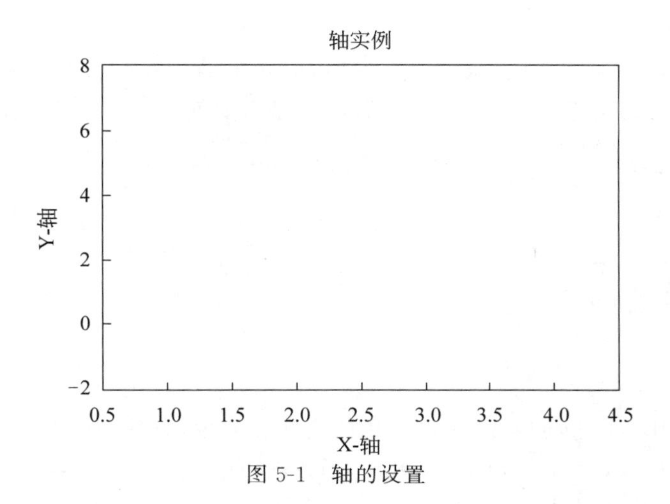

图 5-1　轴的设置

```
fig=plt.figure()
ax1=fig.add_subplot(221)
ax2=fig.add_subplot(222)
ax3=fig.add_subplot(224)
```

运行程序，得到 3 个子图，如图 5-2 所示。

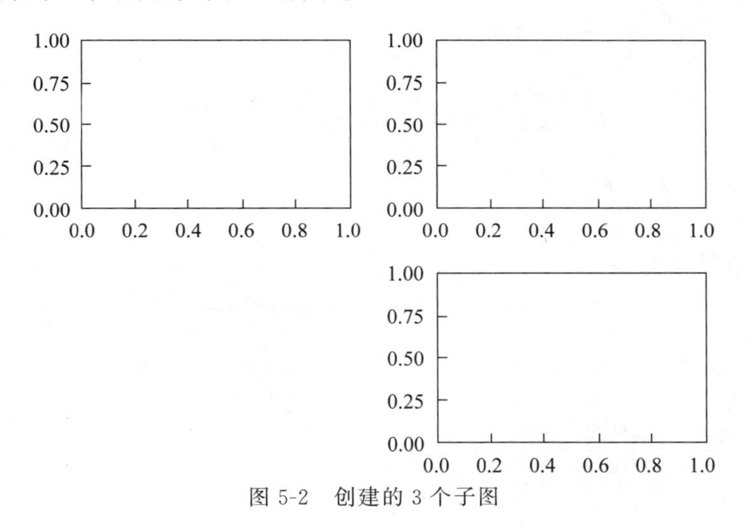

图 5-2　创建的 3 个子图

3. Multiple Axes 轴

从上面的代码中可以发现我们上面添加 Axes 似乎不够简洁，所以提供了下面的方式一次性生成所有的 Axes：

```
fig,axes=plt.subplot(nrows=2,ncols=2)
axes[0,0].set(title='左上限')
axes[0,1].set(title='右上限')
axes[1,0].set(title='左下限')
axes[1,1].set(title='右下限')
```

fig 还是我们熟悉的画板，axes 成了我们常用二维数组的形式访问，这在循环绘图时比较好用。

4. Axes 与.pyplot

相信不少人看过下面的代码，很简单并易懂，但是下面的作画方式只适合简单的绘图，快速地将图绘出。在处理复杂的绘图工作时，我们还是需要使用 Axes 来完成作画的。

```
plt.plot([1,4,7,9],[10,18,25,36],color='lightred',linewidth=3)
plt.xlim(0.5,5.0)
plt.show()
```

5.2 基本二维绘图

5.2.1 折线图

Matplotlib 的用法非常简单，对于最简单的折线图来说，程序只需根据需要给出对应的 X 轴、Y 轴数据。调用 pyplot 子模块下的 plot()函数即可生成简单的折线图。

【例 5-1】 分析某教材从 2012 年到 2018 年的销售数据，此时可考虑将年份作为 X 轴数据，将图书各年份的销量作为 Y 轴数据。程序只要将 2012—2018 年定义成 list 列表作为 X 轴数据，并将对应年份的销量作为 Y 轴数据即可。

如使用如下简单程序来展示从 2012 年到 2018 年某教材的销售数据。

```
import matplotlib.pyplot as plt
#定义 2 个列表分别作为 X 轴、Y 轴数据
x_data = ['2012', '2012', '2013', '2014', '2015', '2016', '2018']
y_data = [ 60200, 63000, 71000, 84000, 90500, 107000,98300]
#第一个列表代表横坐标的值,第二个代表纵坐标的值
plt.plot(x_data, y_data)
#调用 show()函数显示图形
plt.show()
```

运行程序，效果如图 5-3 所示。

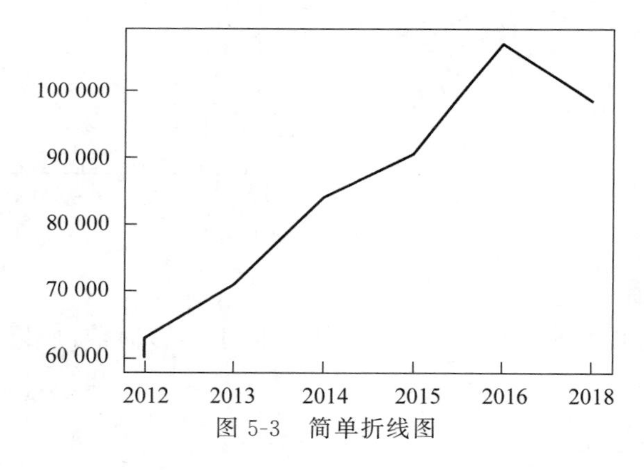

图 5-3 简单折线图

如果在调用 plot()函数时只传入一个 list 列表，该 list 列表的数据将作为 Y 轴数据，那么 Matplotlib 会自动使用 0、1、2、3 作为 X 轴数据。例如，修改以下代码：

```
plt.plot(y_data)
```

运行程序，效果如图 5-4 所示。

plot()函数除了支持创建具有单条折线的折线图外，还支持创建包含多条折线的复式折线图——只要在调用 plot()函数时传入多个分别代表 X 轴和 Y 轴数据的 list 列表即可。例

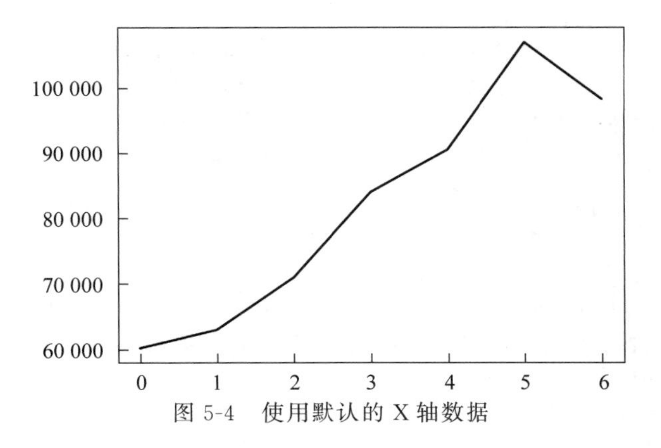

图 5-4　使用默认的 X 轴数据

如以下代码：

```
import matplotlib.pyplot as plt
x_data = ['2012', '2012', '2013', '2014', '2015', '2016', '2018']
#定义 2 个列表分别作为两条折线的 Y 轴数据
y_data = [ 60200, 63000, 71000, 84000, 90500, 107000,98300]
y_data2 = [52000, 54200, 51500,58300, 56800, 59500, 62700]
#传入 2 组数据分别代表 X 轴、Y 轴的数据
plt.plot(x_data, y_data, x_data, y_data2)
#调用 show()函数显示图形
plt.show()
```

在以上代码中，调用 plot()函数时，传入了两组分别代表 X 轴数据、Y 轴数据的 list 列表，因此该程序可以显示两条折线，效果如图 5-5 所示。

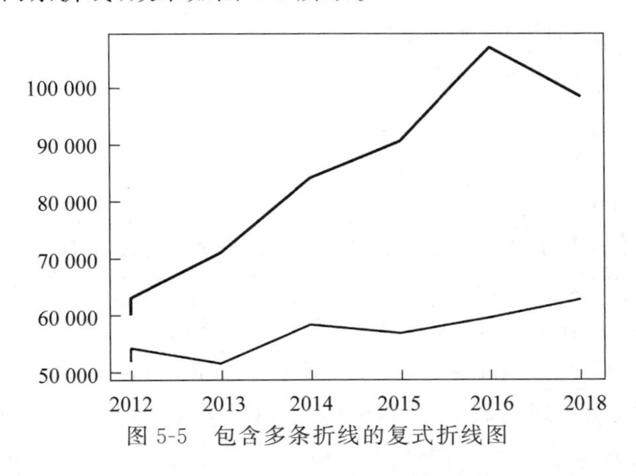

图 5-5　包含多条折线的复式折线图

也可以通过多次调用 plot()函数来生成多条折线。例如，将上面程序中的 plt.plot(x_data, y_data, x_data, y_data2)代码改为如下两行代码，程序同样会生成包含两条折线的复式折线图。

```
plt.plot(x_data, y_data)
plt.plot(x_data, y_data2)
```

在调用 plot()函数时还可以传入额外的参数来指定折线的样式，如线宽、颜色、样式等。例如：

```
import matplotlib.pyplot as plt
x_data = ['2012', '2012', '2013', '2014', '2015', '2016', '2018']
```

```
#定义 2 个列表分别作为两条折线的 Y 轴数据
y_data = [ 60200, 63000, 71000, 84000, 90500, 107000,98300]
y_data2 = [52000, 54200, 51500,58300, 56800, 59500, 62700]
#指定折线的颜色、线宽和样式
plt.plot(x_data, y_data, color = 'red', linewidth = 2.0, linestyle = '-.')
plt.plot(x_data, y_data2, color = 'blue', linewidth = 3.0, linestyle = '--')
#调用 show()函数显示图形
plt.show()
```

代码中,用 color 指定折线的颜色,linewidth 指定线宽,linestyle 指定折线样式。

在使用 linestyle 指定折线样式时,该参数支持如下字符串参数值。

- -:代表实线,这是默认值。
- --:代表虚线。
- ::代表点线。
- -.:代表短线、点相间的虚线。

运行以上程序,效果如图 5-6 所示。

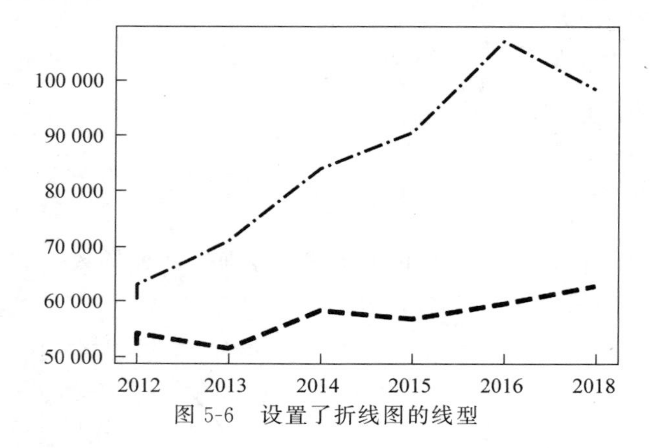

图 5-6 设置了折线图的线型

5.2.2 散点图

在 Matplotlib 中使用函数 matplotlib.pyplot.scatter()绘制散点图,matplotlib.pyplot.scatter 的函数格式如下:

matplotlib.pyplot.scatter(x, y, s=None, c=None, marker=None, cmap=None, norm=None, vmin=None, vmax=None, alpha=None, linewidths=None, verts=None, edgecolors=None, hold=None, data=None, **kwargs):参数 x,y 组成了散点的坐标;s 为散点的面积;c 为散点的颜色(默认为蓝色'b');marker 为散点的标记;alpha 为散点的透明度(0 与 1 之间的数,0 为完全透明,1 为完全不透明);linewidths 为散点边缘的线宽;如果 marker 为 None,则使用 verts 的值构建散点标记;edgecolors 为散点边缘颜色。

其他参数如 cmap 为 colormap;norm 为数据亮度;vmin、vmax 和 norm 配合使用用来归一化亮度数据,这些都与数据亮度有关。

【例 5-2】 绘制散点图。

```
#绘制普通散点图,如图 5-7 所示
import matplotlib
import matplotlib.pyplot as plt
import numpy as np
```

```
#保证图片在浏览器内正常显示
%matplotlib inline
#10个点
N = 10
x = np.random.rand(N)
y = np.random.rand(N)
plt.scatter(x, y)
plt.show()
```

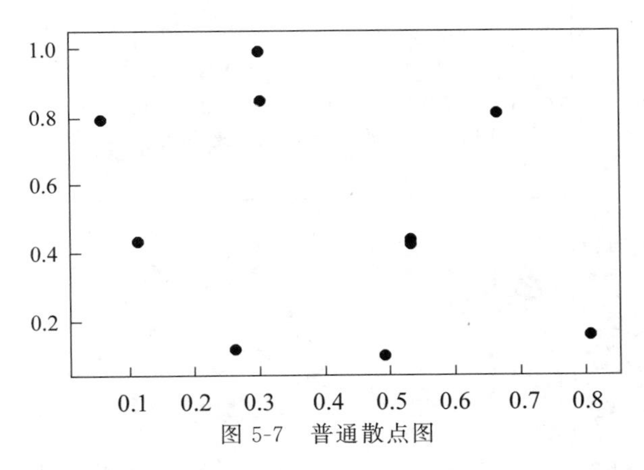

图 5-7 普通散点图

可以通过设置 scatter()函数的相关属性,即可更改散点的大小,代码如下:

```
#每个点随机大小,效果如图 5-8 所示
s = (30 * np.random.rand(N))**2
plt.scatter(x, y, s=s)
plt.show()
```

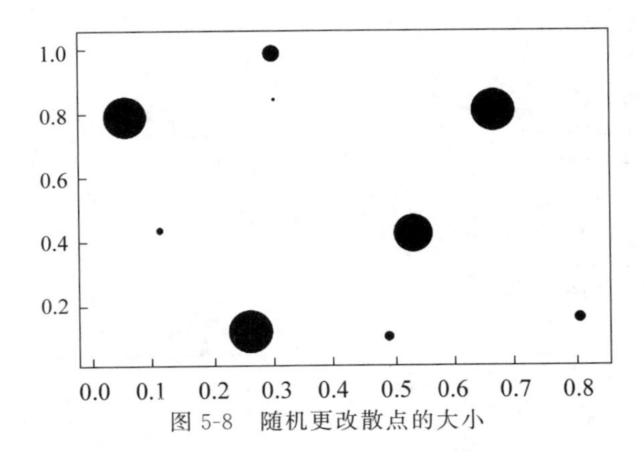

图 5-8 随机更改散点的大小

还可以通过设置参数 c 与 alpha 来更改散点颜色和透明度,代码为:

```
#随机颜色,如图 5-9 所示
c = np.random.rand(N)
plt.scatter(x, y, s=s, c=c, alpha=0.5)
plt.show()
```

设置 scatter()函数的' marker '参数,可更改散点形状,代码为:

```
plt.scatter(x, y, s=s, c=c, marker='^', alpha=0.5)
plt.show()  %效果如图 5-10 所示
```

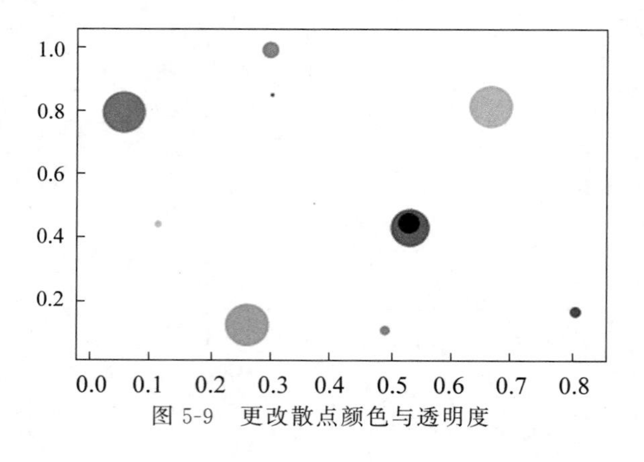

图 5-9 更改散点颜色与透明度

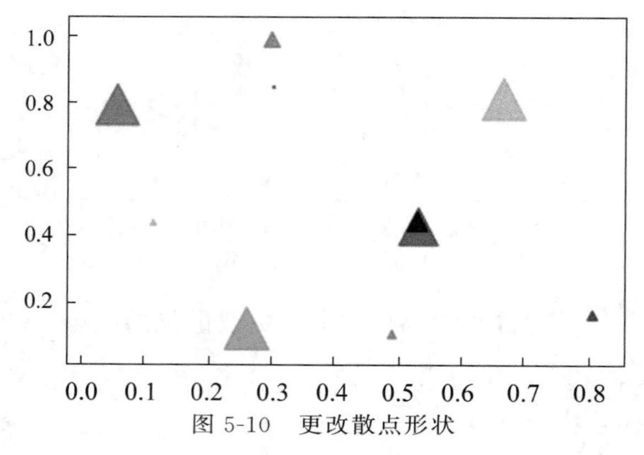

图 5-10 更改散点形状

还可以在一张图上绘制两组数据的散点，实现代码为：

```
#10 个点
N = 10
x1 = np.random.rand(N)
y1 = np.random.rand(N)
x2 = np.random.rand(N)
y2 = np.random.rand(N)
plt.scatter(x1, y1, marker='o')
plt.scatter(x2, y2, marker='^')
plt.show()   %效果如图 5-11 所示
```

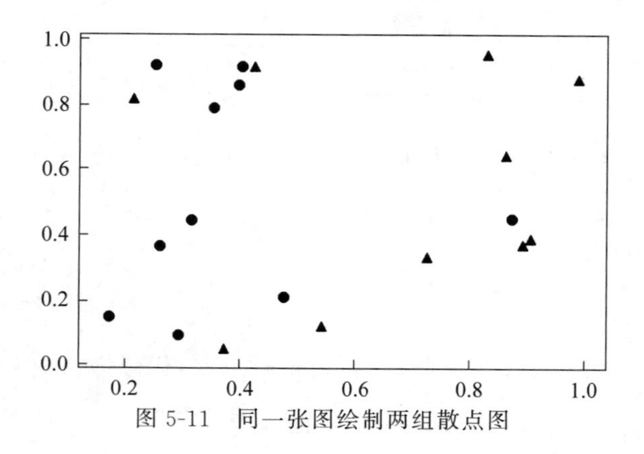

图 5-11 同一张图绘制两组散点图

调用 legend()函数，可为图像设置图例，例如：

```
plt.scatter(x1, y1, marker='o', label="圆形")
plt.scatter(x2, y2, marker='^', label="三角形")
plt.legend(loc='best')
plt.show()                                          #效果如图 5-12 所示
```

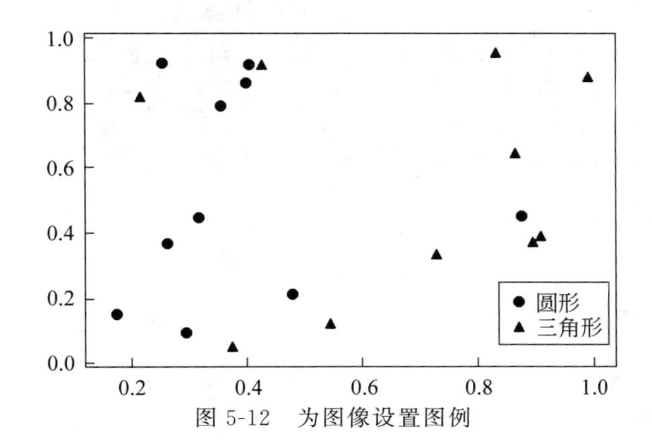

图 5-12　为图像设置图例

5.2.3　条形图

条形图或柱形图是一种图表或图形，它显示带有矩形条的分类数据，其高度或长度与它们所代表的值成比例。可以垂直或水平绘制条形。条形图显示了离散类别之间的比较。图表的一个轴显示要比较的特定类别，另一个轴表示测量值。

Matplotlib API 提供了 bar()函数，可以在 MATLAB 样式中以及面向对象的 API 中使用。与 axis 对象一起使用的 bar()函数使用大小为(x －width ＝ 2；x ＋ width＝2；bottom；bottom ＋ height)来绑定矩形创建条形图，其格式如下：

ax.bar(x，height，width，bottom，align)：其中 x 表示条形的 x 坐标的标量序列。如果 x 是条形中心(默认)或左边缘，则对齐控件。height 是标量或标量序列，表示条的高度。width 是标量或类似数组，可选，条形的宽度默认为 0.8。bottom 是标量或类似数组，可选，条形的 y 坐标默认为 None。align 的可选值为'center'或'edge'，默认值为 center。

【例 5-3】 显示一所学院提供的各种课程的学生人数。

```
import matplotlib.pyplot as plt
import numpy as np
import math
fig = plt.figure()
ax = fig.add_axes([0,0,1,1])
langs = ['C', 'C++', 'Java', 'Python', 'PHP']
students = [22,18,34,28,14]
ax.bar(langs,students)
plt.show()
```

运行程序，效果如图 5-13 所示。

我们可以通过使用条形的厚度和位置来绘制多个条形图。数据变量包含三个系列的四个值。以下代码将显示四个条形图中的三个。这些条的厚度为 0.35 个单位。每个条形图将从前一个移动 0.5 个单位。数据对象是一个多元图，包含过去 4 年在工程学院的三个分支中通过的学生数量。

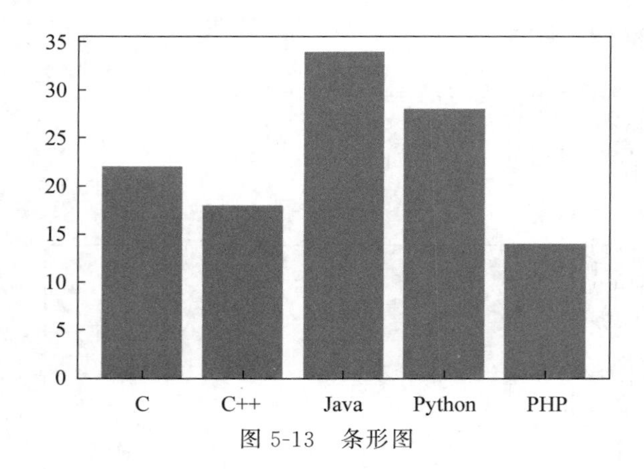

图 5-13 条形图

```
data = [[30, 25, 50, 20],
[40, 23, 51, 17],
[35, 22, 45, 19]]
X = np.arange(4)
fig = plt.figure()
ax = fig.add_axes([0,0,1,1])
ax.bar(X + 0.00, data[0], color = 'b', width = 0.25)
ax.bar(X + 0.35, data[1], color = 'g', width = 0.25)
ax.bar(X + 0.50, data[2], color = 'r', width = 0.25)
plt.show()
```

运行程序,效果如图 5-14 所示。

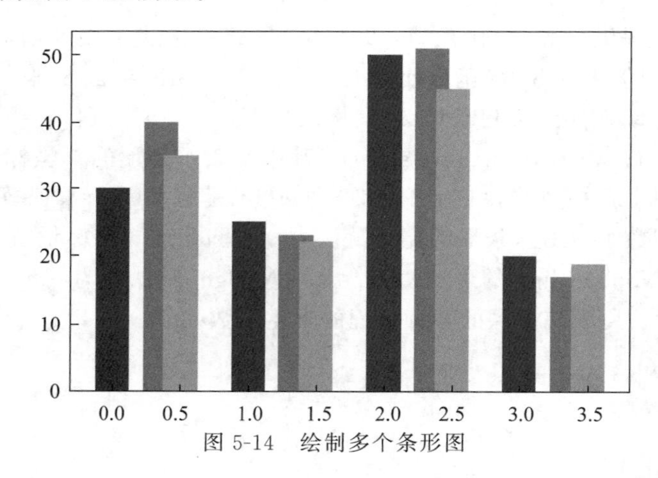

图 5-14 绘制多个条形图

堆积条形图是堆叠表示彼此顶部的不同组的条形图。结果为条形图的高度显示组的组合结果。

pyplot.bar()函数的可选 bottom 参数指定条的起始值。它不是从零运行到一个值,而是图像从底部到顶的值。第一次调用 pyplot.bar()绘制蓝色条形图。第二次调用 pyplot.bar()绘制红色条形图,蓝色条形图的底部位于红色条形图的顶部。

```
N = 5
menMeans = (21, 36, 30, 36, 28)
womenMeans = (25, 32, 34, 20, 25)
ind = np.arange(N)                                    #组 x 的位置
width = 0.35
```

```
fig = plt.figure()
ax = fig.add_axes([0,0,1,1])
ax.bar(ind, menMeans, width, color='r')
ax.bar(ind, womenMeans, width,bottom=menMeans, color='b')
ax.set_ylabel('分数')
ax.set_title('按组和性别分数')
ax.set_xticks(ind, ('G1', 'G2', 'G3', 'G4', 'G5'))
ax.set_yticks(np.arange(0, 81, 10))
ax.legend(labels=['男', '女'])
plt.show()
```

运行程序,效果如图 5-15 所示。

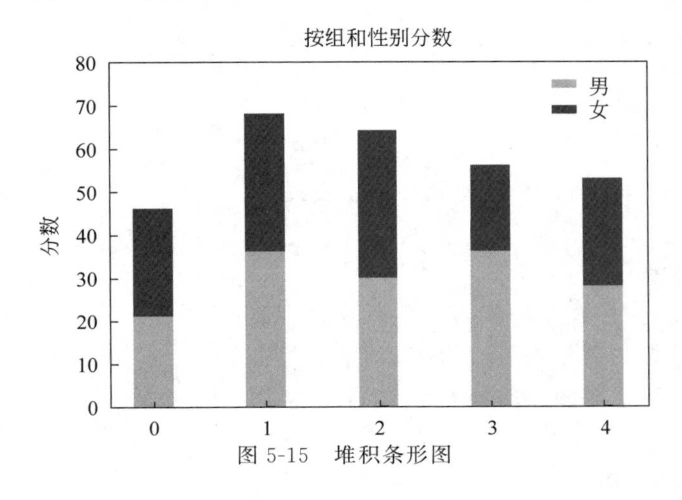

图 5-15　堆积条形图

5.2.4　饼图

饼图广泛地应用于各个领域,用于表示不同分类的占比情况,通过弧度大小来对比各种分类。饼图通过将一个圆饼按照分类的占比划分成多个区块,整个圆饼代表数据的总量,每个区块(圆弧)表示该分类占总体的比例大小,所有区块(圆弧)的加和等于 100%。

在 Matplotlib 中,利用 pie()函数绘制饼图。函数的格式为:

matplotlib.pyplot.pie(x, explode=None, labels=None, colors=None, autopct=None, labeldistance=1.1, pctdistance=0.6, shadow=False, radius=1, startangle=0, counterclock=True, wedgeprops=None, textprops=None, center=0, 0, frame=False, rotatelabels=False, *, normalize=None, data=None):其中 x 是浮点型数组,表示每个扇形的面积。explode 是数组,表示各个扇形之间的间隔,默认值为 0。labels 是列表,表示各个扇形的标签,默认值为 None。colors 是数组,表示各个扇形的颜色,默认值为 None。autopct 设置饼图内各个扇形的百分比显示格式,%d%% 为整数百分比,%0.1f 为一位小数,%0.1f%%为一位小数百分比,%0.2f%%为两位小数百分比。labeldistance 表示标签标记的绘制位置相对于半径的比例,默认值为 1.1,如小于 1 则绘制在饼图内侧。pctdistance 类似于 labeldistance,指定 autopct 的位置刻度,默认值为 0.6。shadow 的值为布尔值 True 或 False,设置饼图的阴影,默认为 False,不设置阴影。radius 设置饼图的半径,默认为 1。startangle 表示起始绘制饼图的角度,默认为从 x 轴正方向逆时针画起,如设定 startangle=90 则从 y 轴正方向画起。counterclock 是布尔值,设置指针方向,默认为 True,即逆时针,False 表示顺时针。wedgeprops 是字典类型,默认值为 None,参数字典传递给 wedge 对象用来画一个饼图,例如

wedgeprops={'linewidth': 5}设置 wedge 线宽为 5。textprops 是字典类型，默认值为 None，传递给 text 对象的字典参数，用于设置标签(labels)和比例文字的格式。center 是浮点类型的列表，默认值为(0,0)，用于设置图标中心位置。frame 是布尔类型，默认值为 False；如果是 True，则绘制带有表的轴框架。rotatelabels 是布尔类型，默认值为 False；如果为 True，则旋转每个 label 到指定的角度。

【例 5-4】 利用 pie()函数绘制饼图。

```
import matplotlib.pyplot as plt
plt.rcParams['font.sans-serif']=['SimHei']          #用来正常显示中文标签
election_data = {'Biden': 280, 'Trump': 214, 'Others': 528-270-204}
candidate = [key for key in election_data]
votes = [value for value in election_data.values()]
plt.figure(figsize=(10, 10), dpi=100)
plt.pie(votes, labels=candidate, autopct="%1.2f%%", colors=['c', 'm', 'y'],
        textprops={'fontsize': 24}, labeldistance=1.05)
plt.legend(fontsize=16)
plt.title("2022 年 A 国大选票数占比", fontsize=24)
plt.show()
```

运行程序，效果如图 5-16 所示。

饼图将一个圆饼按照各分类的占比划分成多个扇形，整个圆饼代表数据的总量，每个扇形表示该分类占总体的比例大小，所有扇形相加的和等于 100%。饼图适用于表示不同分类在总体中的占比情况，通过弧度大小来比较不同分类的占比大小，尤其在需要突出显示其中某一个部分的占比时。

图 5-16 饼图

图 5-16 的饼图绘制了 2022 年 A 国大选的票数占比情况，可以一目了然地看到候选人的得票占比情况。如果需要突出显示某位候选人的得票占比，可以对饼图进行分离展示。

【例 5-5】 实现旋转饼图和突出显示。

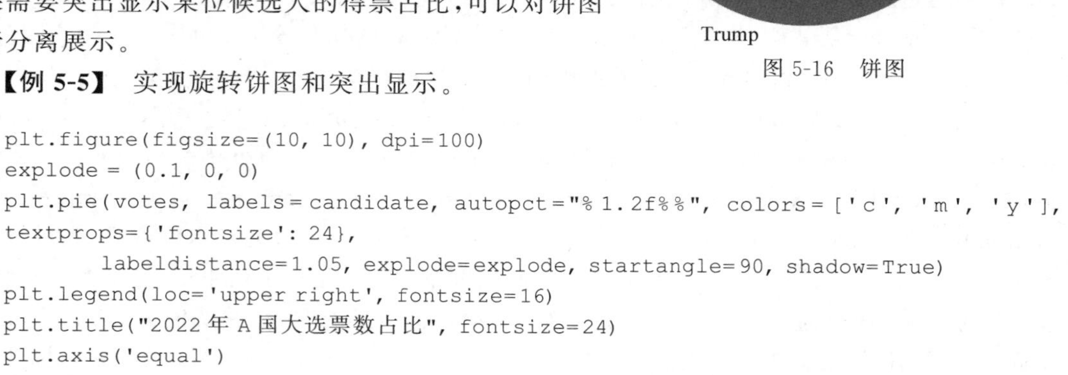

```
plt.figure(figsize=(10, 10), dpi=100)
explode = (0.1, 0, 0)
plt.pie(votes, labels=candidate, autopct="%1.2f%%", colors=['c', 'm', 'y'],
textprops={'fontsize': 24},
        labeldistance=1.05, explode=explode, startangle=90, shadow=True)
plt.legend(loc='upper right', fontsize=16)
plt.title("2022 年 A 国大选票数占比", fontsize=24)
plt.axis('equal')
plt.show()
```

运行程序，效果如图 5-17 所示。

在绘制饼图的 pie()函数中，explode 参数用于设置每个扇形到圆心的距离，传入一个与数据列表长度相等的列表，默认每个扇形到圆心的距离都是 0，将想要分离展示的扇形距离设置成一个适合的值，如 0.1，即可将该部分突出展示。为了展示效果更好，可以使用 startangle 参数对饼图进行旋转(如将分离的扇形旋转到左侧)，给 startangle 参数传入一个角度，将饼图逆时针旋转对应的角度，startangle 参数表示的是饼图的起始角度，默认为正右方向，即传统的 x

轴正方形，此方向表示 0°，设置起始角度后可以实现旋转的效果。对扇形进行分离展示后，将 shadow 参数设置为 True，给饼图添加阴影，使饼图更立体，饼图切分的效果会更好。

在对饼图进行分离后，饼图的布局会发生变化，为了控制饼图占用的区域是一个正方形，且避免饼图变成椭圆形，使用 axis('equal')()函数，传入'equal'参数。

在图 5-17 饼图的基础上，经过设置后，将获胜者 Biden 的得票率突出显示，可以更突出地展示获胜者的得票占比。

【例 5-6】 绘制环形饼图。

```
plt.figure(figsize=(10, 10), dpi=100)
explode = (0, 0, 0)
plt.pie(votes, labels=candidate, explode=explode, autopct="%1.2f%%", colors=['c',
'm', 'y'],
        textprops = {'fontsize': 24}, labeldistance = 1.05, pctdistance = 0.85,
startangle=90)
plt.pie([1], radius=0.7, colors='w')
plt.legend(loc='upper right', fontsize=16)
plt.title("2022年A国大选票数占比", fontsize=24)
plt.axis('equal')
plt.show()
```

运行程序，效果如图 5-18 所示。

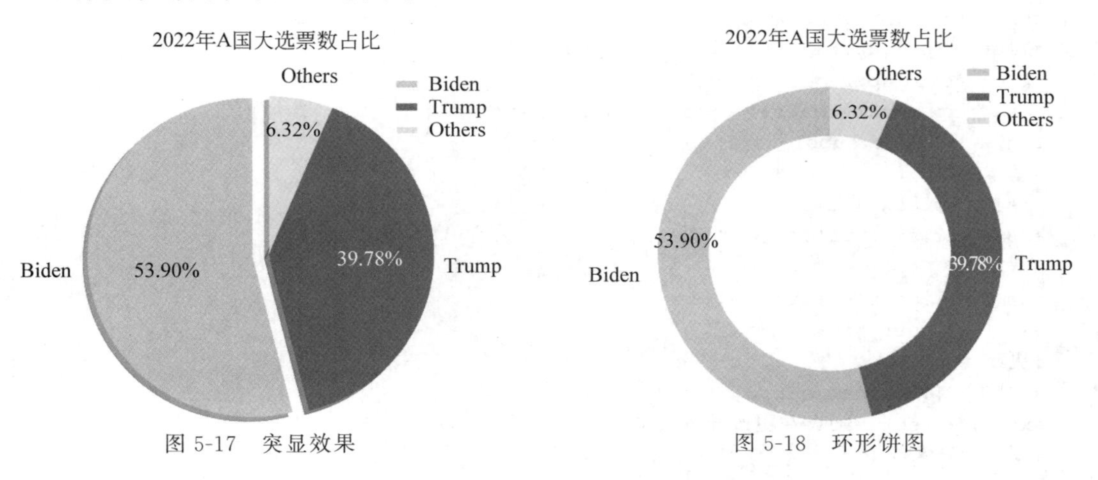

图 5-17　突显效果　　图 5-18　环形饼图

5.2.5　箱线图

相较散点图和折线图，柱状图、饼图、箱线图（箱型图）是另外 3 种数据分析常用的图形，主要用于分析数据内部的分布状态或分散状态。其中箱线图（箱型图）的主要作用是发现数据内部整体的分布分散情况，包括上下限、各分位数、异常值。

Matplotlib 中绘制箱线图的函数为 boxplot()，函数的格式为：

plt.boxplot(x, notch=None, sym=None, vert=None, whis=None, positions=None, widths=None, patch_artist=None, meanline=None, showmeans=None, showcaps=None, showbox=None, showfliers=None, boxprops=None, labels=None, flierprops=None, medianprops=None, meanprops=None, capprops=None, whiskerprops=None)：
其中 x 指定要绘制箱线图的数据。notch 表示是否以凹口的形式展现箱线图，默认非凹口。sym 指定异常点的形状，默认为+号显示。vert 表示是否需要将箱线图垂直摆放，默认垂直摆放。whis 指定上下须与上下四分位的距离，默认为 1.5 倍的四分位差。positions 指定箱线图的位置，默认为[0,1,2,…]。widths 指定箱线图的宽度，默认为 0.5。patch_artist 表示是否填充箱体的颜色。meanline 表示是否用线的形式表示均值，默认用点来表示。showmeans 表示是否显示均值，默认不显示。showcaps 表示是否显示箱线图顶端和末端的两条线，默认显示。showbox 表示是否显示箱线图的箱体，默认显示。showfliers 表示是否显示异常值，默认显示。boxprops 设置箱体的属性，如边框色、填充色等。labels 为箱线图添加标签，类似于图例的作用。filerprops 设置异常值的属性，如异常点的形状、大小、填充色等。medianprops 设置中位数的属性，如线的类型、粗细等。meanprops 设置均值的属性，如点的大小、颜色等。capprops 设置箱线图顶端和末端线条的属性，如颜色、粗细等。whiskerprops 设置须的属性，如颜色、粗细、线的类型等。

【例 5-7】 利用 plt.boxplot()函数绘制各种类型的箱线图。

```
import matplotlib.pyplot as plt
import numpy as np
from matplotlib.patches import Polygon
#固定随机状态以实现再现性
np.random.seed(19680801)
#给定数据
spread = np.random.rand(50) * 100
center = np.ones(25) * 50
flier_high = np.random.rand(10) * 100 + 100
flier_low = np.random.rand(10) * -100
data = np.concatenate((spread, center, flier_high, flier_low))
fig, axs = plt.subplots(2, 3)
#基本绘图
axs[0, 0].boxplot(data)
axs[0, 0].set_title('基本绘图')
#缺口图
axs[0, 1].boxplot(data, 1)
axs[0, 1].set_title('缺口图')
#更改异常点符号
axs[0, 2].boxplot(data, 0, 'gD')
axs[0, 2].set_title('更改异常点符号')
#不显示异常点
axs[1, 0].boxplot(data, 0, '')
axs[1, 0].set_title("不显示异常点")
#水平箱线图
axs[1, 1].boxplot(data, 0, 'rs', 0)
axs[1, 1].set_title('水平箱线图')
#改变 whisker 长度
axs[1, 2].boxplot(data, 0, 'rs', 0, 0.75)
axs[1, 2].set_title('改变 whisker 长度')
fig.subplots_adjust(left=0.08, right=0.98, bottom=0.05, top=0.9, hspace=0.4,
wspace=0.3)
#创建更多数据
spread = np.random.rand(50) * 100
center = np.ones(25) * 40
flier_high = np.random.rand(10) * 100 + 100
flier_low = np.random.rand(10) * -100
d2 = np.concatenate((spread, center, flier_high, flier_low))
```

```
data.shape = (-1, 1)
d2.shape = (-1, 1)
#制作二维数组仅在所有列长度相同时才有效。如果不是,则使用列表代替
data = [data, d2, d2[::2, 0]]
#一个轴上多个箱线图
fig, ax = plt.subplots()
ax.boxplot(data)
plt.show()
```

运行程序,效果如图 5-19 和图 5-20 所示。

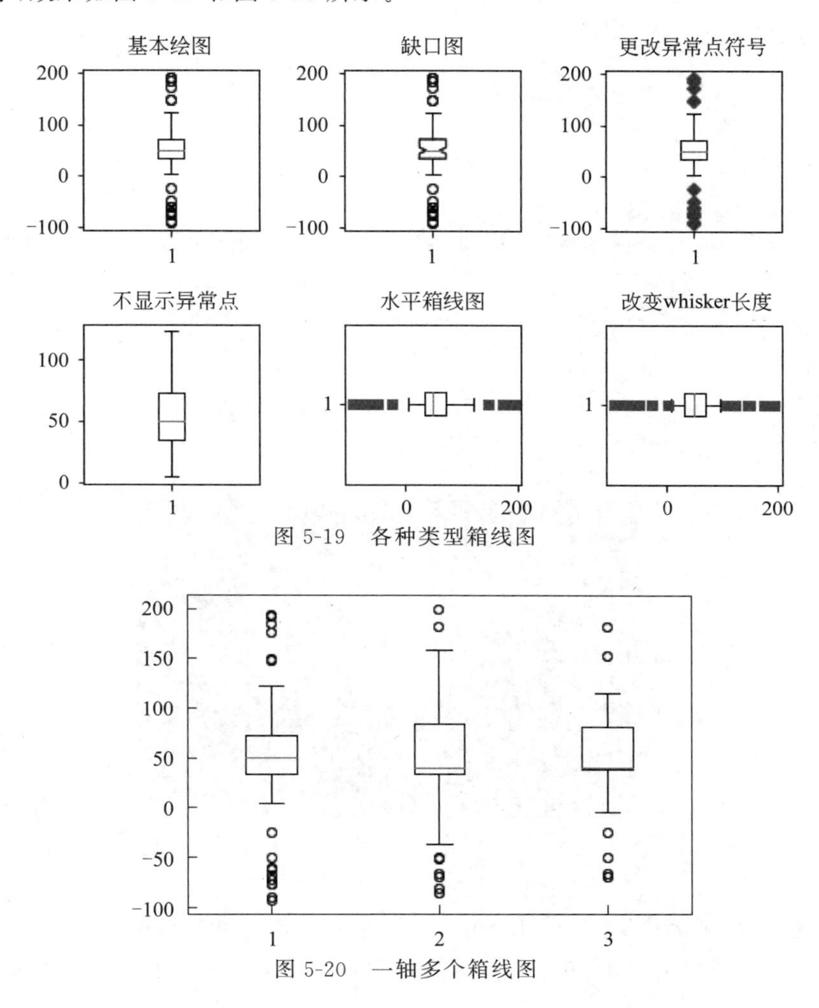

图 5-19　各种类型箱线图

图 5-20　一轴多个箱线图

5.2.6　等高线图

等高线图是在地理课中讲述山峰山谷时绘制的图形,在机器学习中也会被用在绘制梯度下降算法的图形中。等高线图有三个信息:x,y 以及 x,y 所对应的高度值。

这个高度值的计算我们用一个函数来表述:

```
#计算 x,y 坐标对应的高度值
def f(x, y):
    return (1-x/2+x**5+y**3) * np.exp(-x**2-y**2)
```

要画出等高线，Matplotlib 中提供 plt.contourf()函数来实现，但在这个函数中输入的参数是 x，y 对应的网格数据以及此网格对应的高度值，因此还需要调用 np.meshgrid(x, y)把 x，y 值转换成网格数据才行。

【例 5-8】 利用 plt.contourf()函数画等高线。

```
import numpy as np
import pandas as pd
import matplotlib.pyplot as plt
plt.rcParams['axes.unicode_minus'] = False
#计算 x,y 坐标对应的高度值
def f(x, y):
    return (1-x/2+x**5+y**3) * np.exp(-x**2-y**2)
#生成 x,y 的数据
n = 256
x = np.linspace(-3, 3, n)
y = np.linspace(-3, 3, n)
#把 x,y 的数据生成 mesh 网格状的数据，因为等高线的显示是在网格的基础上添加上高度值
X, Y = np.meshgrid(x, y)
#填充等高线
plt.contourf(X, Y, f(X, Y))
#显示图表
plt.show()
```

运行程序，效果如图 5-21 所示。

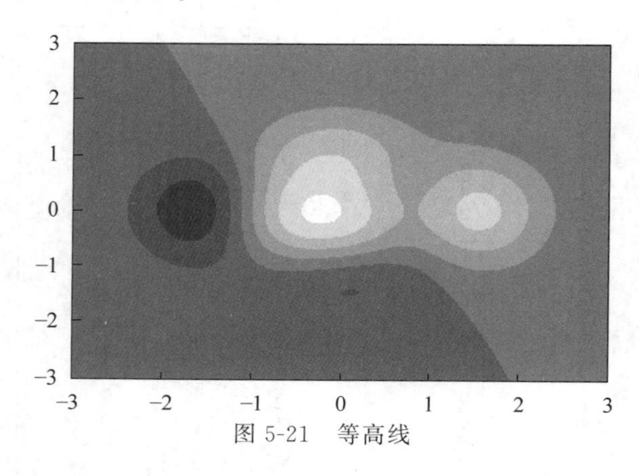

图 5-21 等高线

如果想显示热力图，只要在 plt.contourf()函数中添加属性 cmap=plt.cm.hot 就能显示，其中 cmap 代表 color map，我们把 color map 映射成 hot(热力图)，此处关键代码为：

```
#填充等高线
plt.contourf(X, Y, f(X, Y), cmap=plt.cm.hot)  %效果如图 5-22 所示
```

上面代码是用 plt.contourf()填充了等高线，但还有一种方式是可以直接显示等高线，而不是填充的方式，例如：

```
C = plt.contour(X, Y, f(X, Y), 20)                    #效果如图 5-23 所示
```

plt.contour()函数调用参数中的 20 代表的是显示等高线的密集程度，数值越大，画的等高线数就越多。

如果我们不调用前面的 plt.contourf()函数，就会直接显示等高线。接着实现在等高线中

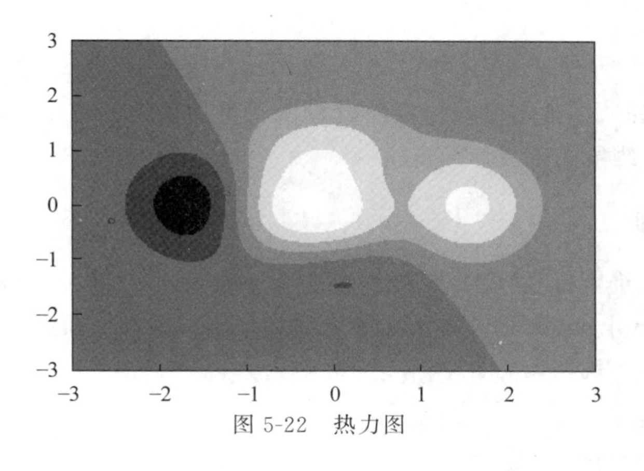

图 5-22　热力图

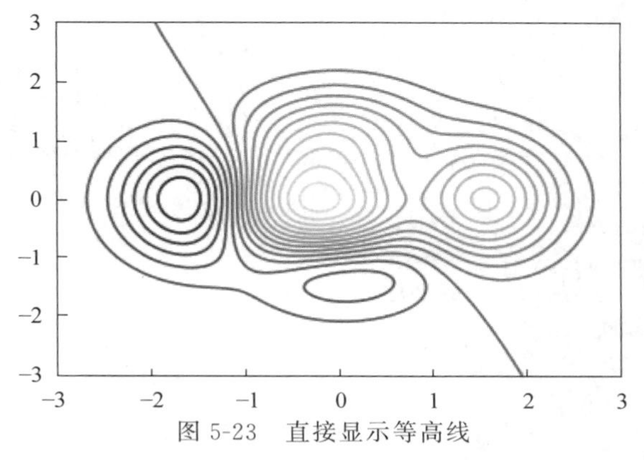

图 5-23　直接显示等高线

添加标注值：

```
#填充等高线
plt.contourf(X, Y, f(X, Y), 20, cmap=plt.cm.hot)
#添加等高线
C = plt.contour(X, Y, f(X, Y), 20)
plt.clabel(C, inline=True, fontsize=12)
#显示图表
plt.show()                                          #效果如图 5-24 所示
```

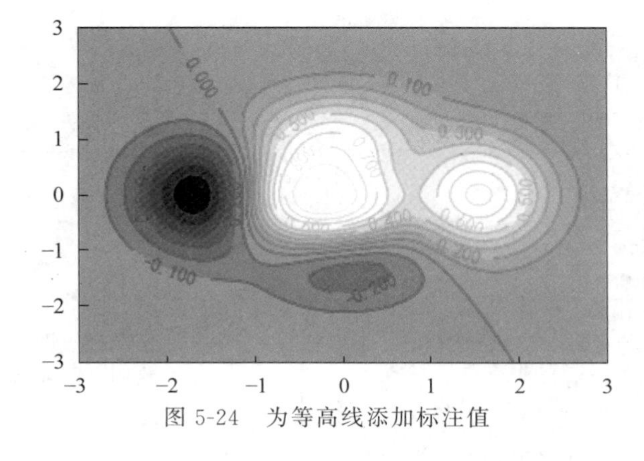

图 5-24　为等高线添加标注值

5.3 三维绘图

在遇到三维数据时,三维图像能让我们对数据有更加深入的理解。Python 的 Matplotlib 库就包含了丰富的三维绘图工具。

5.3.1 三维坐标轴

创建 Axes3D(三维坐标轴)主要有两种方式,一种是利用关键字 projection='3d'l 来实现,另一种则是通过从 mpl_toolkits.mplot3d 导入对象 Axes3D 来实现,目的都是生成具有三维格式的对象 Axes3D,实现代码为:

```
#方法一,利用关键字
from matplotlib import pyplot as plt
from mpl_toolkits.mplot3d import Axes3D
#定义坐标轴
fig = plt.figure()
ax1 = plt.axes(projection='3d')
#ax = fig.add_subplot(111,projection='3d')          #这种方法也可以画多个子图

#方法二,利用三维轴的方法
from matplotlib import pyplot as plt
from mpl_toolkits.mplot3d import Axes3D
#定义图像和三维格式的坐标轴
fig=plt.figure()
ax2 = Axes3D(fig)
```

5.3.2 三维点和线

在 Matplotlib 中,最基本的三维图是根据(x,y,z)三元组创建的散点图的线或集合。与常见的二维图类似,可以使用 ax.plot3D 和 ax.scatter3D 函数创建这些图。这些的调用格式几乎与其二维对应的绘图相同,因此我们可以参考简单线图和简单散点图来获取有关控制输出的更多信息。

【例 5-9】 绘制一个三维螺旋线,以及在线附近随机绘制一些点。

```
from mpl_toolkits import mplot3d
import numpy as np
import matplotlib.pyplot as plt
fig = plt.figure()
ax = plt.axes(projection='3d')
z = np.linspace(0,13,1000)
x = 5 * np.sin(z)
y = 5 * np.cos(z)
zd = 13 * np.random.random(100)
xd = 5 * np.sin(zd)
yd = 5 * np.cos(zd)
ax.scatter3D(xd,yd,zd, cmap='Blues')                #绘制散点图
ax.plot3D(x,y,z,'gray')                             #绘制空间曲线
plt.show()
```

运行程序,效果如图 5-25 所示。

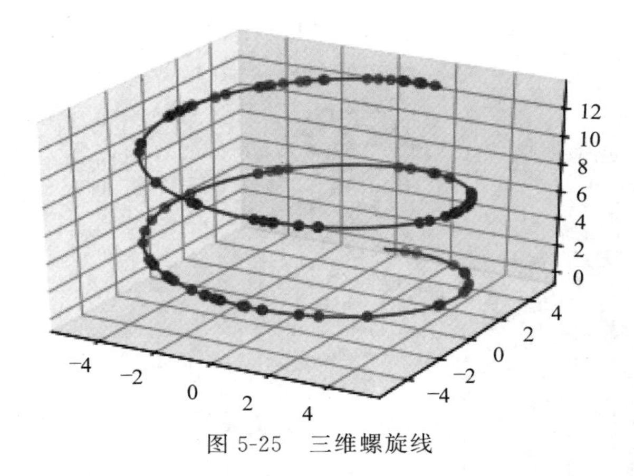

图 5-25　三维螺旋线

提示： 默认情况下，散点会调整其透明度，以便在页面上给出深度感。虽然在静态图像中有时难以看到三维效果，但是交互式视图可以使点的布局直观较好。

5.3.3　三维等高线图

三维等高线图类似于我们在密度和等高线图中探索的等高线图。与二维 ax.contour 图一样，ax.contour3D 要求所有输入数据都采用二维规则网格的形式，并在每个点评估 Z 数据。

【例 5-10】　利用 ax.contour3D()函数绘制三维等高线图。

```
from mpl_toolkits import mplot3d
import numpy as np
import matplotlib.pyplot as plt
def f(x, y):
    return np.sin(np.sqrt(x ** 2 + y ** 2))
#构建 x、y 数据
x = np.linspace(-6, 6, 30)
y = np.linspace(-6, 6, 30)
#将数据网格化处理
X, Y = np.meshgrid(x, y)
Z = f(X, Y)
fig = plt.figure()
ax = plt.axes(projection='3d')
#50 表示在 z 轴方向等高线的高度层级,binary 颜色从白色变成黑色
ax.contour3D(X, Y, Z, 50, cmap='binary')
ax.set_xlabel('x')
ax.set_ylabel('y')
ax.set_zlabel('z')
ax.set_title('三维等高线图')
plt.show()
```

运行程序，效果如图 5-26 所示。

有时默认的视角不是最佳的，在这种情况下我们可以使用 view_init()方法设置高程和方位角。例如，以下代码实现将使用 60 度的高程（即 xy 平面上方 60°）和 35°的方位角（即绕 z 轴逆时针旋转 35°）：

```
ax.view_init(60, 35)                                #效果如图 5-27 所示
fig
```

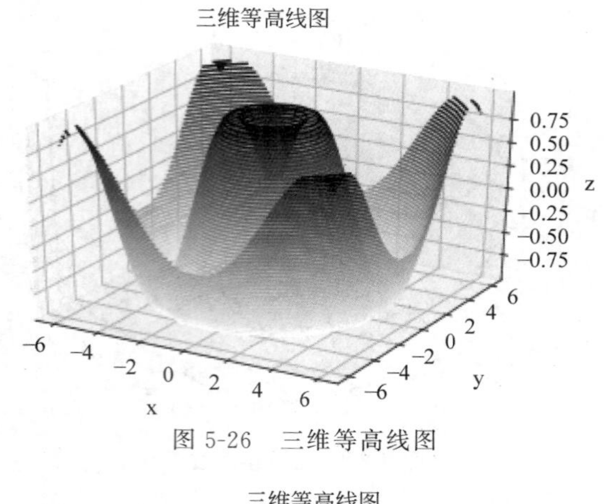

图 5-26　三维等高线图

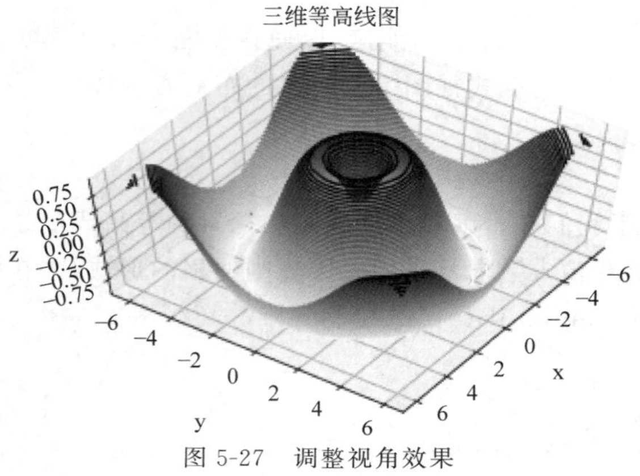

图 5-27　调整视角效果

5.3.4　表面三角测量

对于某些应用,如果所需的均匀采样网格过于严格且不方便,这种情况下基于三角测量的图可能非常有用。如果不是从笛卡儿坐标或极坐标网格中得到平均值,我们可以随机抽取一组数据。例如:

```
fig = plt.figure()
ax = plt.axes(projection='3d')
ax.plot_wireframe(X, Y, Z, color='black')            #效果如图 5-28 所示
ax.set_title('线框');
```

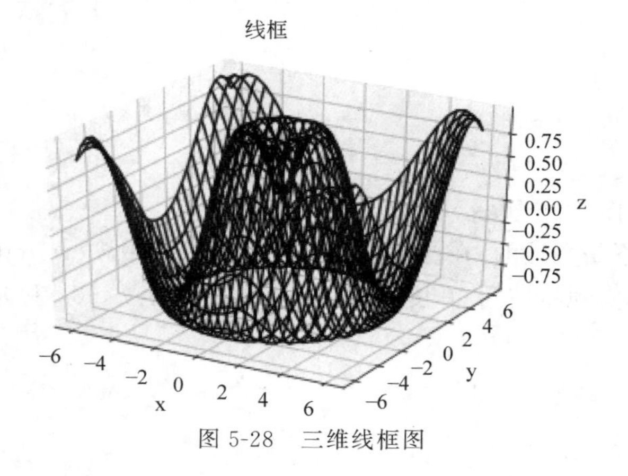

图 5-28　三维线框图

可以创建点的散点图，以了解从中采样的表面，效果如图 5-29 所示。

```
ax = plt.axes(projection='3d')
ax.plot_surface(X, Y, Z, rstride=1, cstride=1,cmap='viridis', edgecolor='none')
ax.set_title('表面');
```

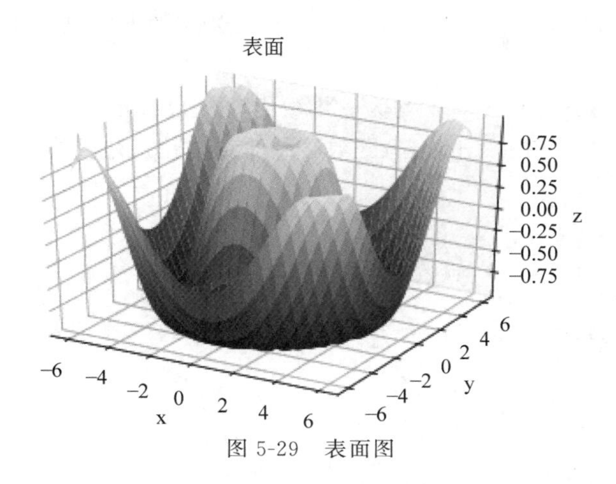

图 5-29 表面图

至此，留下了许多不足之处。在这种情况下可利用函数 ax.plot_trisurf()弥补这些不足，首先通过找到在相邻点之间形成的一组三角形来创建表面（x，y 和 z 这里是一维数组）：

```
r = np.linspace(0, 6, 20)
theta = np.linspace(-0.9 * np.pi, 0.8 * np.pi, 40)
r, theta = np.meshgrid(r, theta)
X = r * np.sin(theta)
Y = r * np.cos(theta)
Z = f(X, Y)
ax = plt.axes(projection='3d')
ax.plot_surface(X, Y, Z, rstride=1, cstride=1,cmap='viridis', edgecolor='none');
```

运行程序，效果如图 5-30 所示。

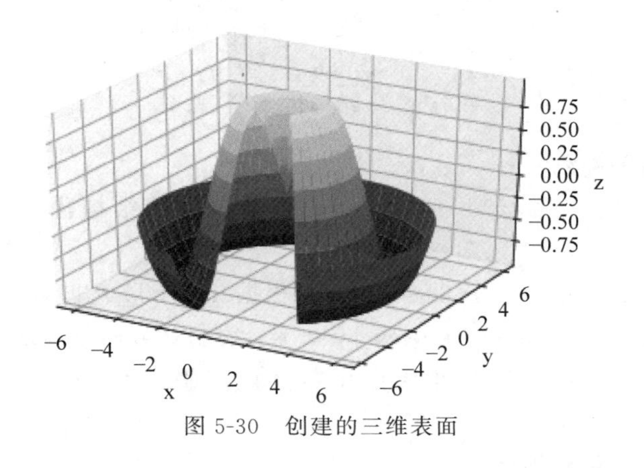

图 5-30 创建的三维表面

5.3.5 非结构化图像

非结构化网格是没有规则拓扑关系的网格，它通常由 polygon triangulation 组成。非结构化网格是指网格区域内的内部点不具有相同的毗邻单元。即与网格剖分区域内的不同内点相连的网格数目不同。

网格中的每个元素都可以是二维的多边形或者三维多面体，其中最常见的是二维的三角形以及三维的四面体。而且结构中在每个元素之间没有隐含的连通性。

1. 非结构化三角网格

在 Matplotlib 中，提供了 ax3d.plot_trisurf()函数用于绘制非结构化三角网格。函数的格式为：

ax3d.plot_trisurf(x,y,z)：x,y,z 均为一维数组，根据数据绘制三角网格。

【例 5-11】 利用 ax3d.plot_trisurf()函数绘制非结构化三角网格。

```
#导入 numpy 和 Axes3D
import matplotlib.pyplot as plt
from mpl_toolkits.mplot3d import Axes3D
fig = plt.figure()
ax = fig.add_subplot(111, projection='3d')
X = [0, 1, 3, 2]
Y = [0, 4, 4, 2]
Z = [0, 2, 1, 0]
#绘制 3D 曲面
ax.plot_trisurf(X, Y, Z)
plt.show()
```

运行程序，效果如图 5-31 所示。

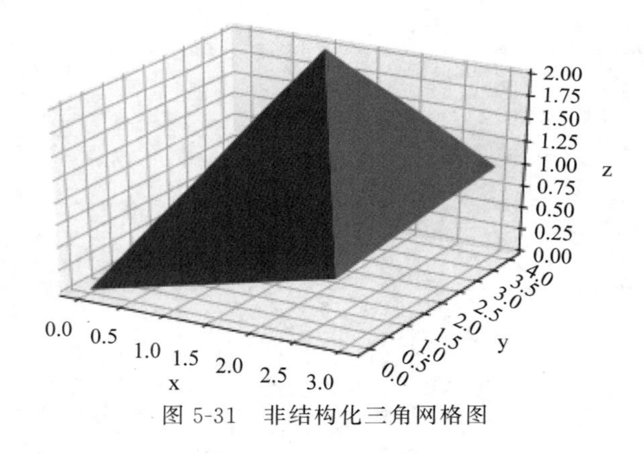

图 5-31 非结构化三角网格图

2. 非结构化网格等高线

在 matplotlib 中，提供了 ax3d.tricontour()函数绘制非结构化网格等高线。函数的格式为：

ax3d.tricontour(x,y,z)：x,y,z 为一维数组，根据 x,y,z 形成非结构化网格，绘制等高线。

ax3d.tricontour(x,y,z,zdir= 'x',levels=10)：绘制 x 方向等高线。

另外，levels、cmap 等参数与二维绘图函数相同；offset=0 参数把等值线投影到指定坐标。

ax3d.tricontourf 为填充等高线。

【例 5-12】 绘制非结构化网格等高线。

```
import matplotlib.pyplot as plt
import matplotlib.tri as tri
import numpy as np
```

```
plt.rcParams['axes.unicode_minus'] = False          #显示负号
plt.rcParams['font.sans-serif'] = [u'SimHei']
n_angles = 26
n_radii = 10
min_radius = 0.35
radii = np.linspace(min_radius,
                    0.95, n_radii)
angles = np.linspace(0, 3 * np.pi,
                     n_angles,
                     endpoint = False)
angles = np.repeat(angles[..., np.newaxis],
                   n_radii, axis = 1)
angles[:, 1::2] += np.pi / n_angles

x = (10 * radii * np.cos(angles)).flatten()
y = (10 * radii * np.sin(angles)).flatten()
z = (np.cos(16 * radii) * np.cos(3 * angles)+np.sin(8 * radii)).flatten()
triang = tri.Triangulation(x, y)
triang.set_mask(np.hypot(x[triang.triangles].mean(axis = 1),
                         y[triang.triangles].mean(axis = 1))
                < min_radius)
fig1, ax1 = plt.subplots()
ax1.set_aspect('equal')
tcf = ax1.tricontourf(triang, z)
fig1.colorbar(tcf)
ax1.tricontour(triang, z, colors ='k')
fig1.suptitle('matplotlib.pyplot.tricontour()实例')
plt.show()
```

运行程序，效果如图 5-32 所示。

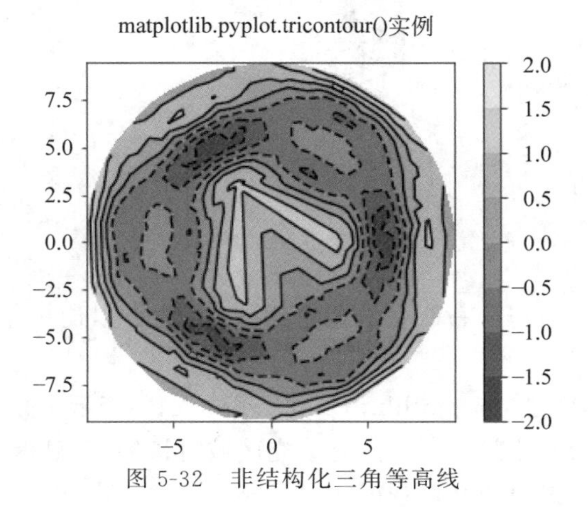

图 5-32　非结构化三角等高线

5.3.6　三维体元素

在指定位置绘制三维体元素(通常为六面体，六面体并非必须标准形状，六个面坐标可以指定)。

在 Matplotlib 中，提供了 ax3d.voxels()函数实现绘制三元体。函数的格式为：

ax3d.voxels(filled)：在 filled 为 True 的位置绘制六面体。

ax3d.voxels(filled, facecolors＝colors)：在 filled 为 True 的位置绘制六面体，并设置颜色。

- facecolors：设置体元素表面颜色。
- edgecolors：设置体元素表边颜色。

注意 facecolors 和 edgecolors 颜色列表，颜色个数必须和 filled 数组一样。filled 形状为(m,n,k)则颜色形状为(m,n,k,4)。

【例 5-13】 利用 ax3d.voxels()函数绘制三元体。

```
import numpy as np
import matplotlib.pyplot as plt
fig = plt.figure()
ax3d = fig.add_subplot(121,projection='3d')
#filled 为 bool 类型数组,在 True 的元素下标位置绘制体元素
i,j,k=np.indices((3,3,3))
filled= (i==j) & (j==k)                    #3 行 3 列 3 层,对角线为 True
c=plt.get_cmap('RdBu')(np.linspace(0,1,27)).reshape(3,3,3,4)
ax3d.voxels(filled)                        #在 filled 为 True 的位置绘制六面体
ax3d.voxels(filled,facecolors=c)           #在 filled 为 True 的位置绘制六面体,并设置颜色
ax3d = fig.add_subplot(122,projection='3d')
plt.show()
```

运行程序，效果如图 5-33 所示。

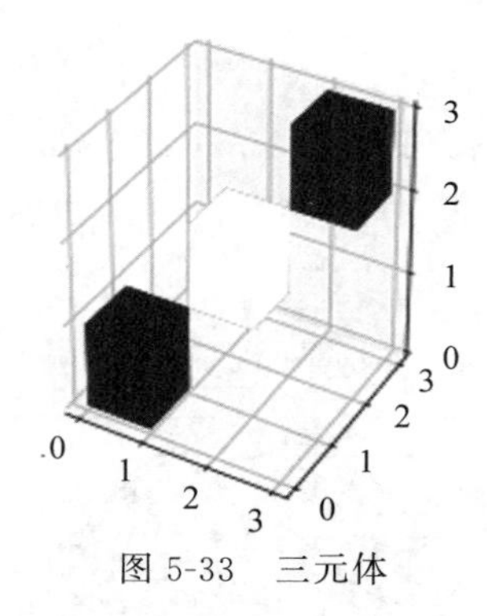

图 5-33 三元体

5.4 小提琴图

散点图给出的基础分布与分布变量的信息很少，因此可以使用小提琴图(Violinplots)来分析。

在 Matplotlib 中，提供了 matplotlib.pyplot.violinplot()函数可以为数据集的每一列或数据集序列中的每个向量绘制小提琴图。所有填充区域将扩展，以显示整个数据范围，其中的行的平均值、中值、最大值和最小值是可选的。

函数的格式为：

matplotlib.pyplot.violinplot(dataset, positions＝None, vert＝True, widths＝0.5, showmeans＝False, showextrema＝True, showmedians＝False, points＝100, bw_method＝None, *, data＝None)：其中 dataset 是一个必需的参数，通常是一个数组或向量序列，用于为函数提供数据。positions 是一个类似数组的对象，默认值是 1 到 n 的数组(即 default ＝[1, 2, 3, …, n])，用来设置小提琴的位置。将自动设置限制和刻度以匹配位置。vert 参数接受一

个布尔值。该参数默认为 False。如果设置为 True,将创建一个垂直的小提琴图,否则将设置一个水平的小提琴图。widths 接受一个类似数组的对象,默认值为 0.5。它用于设置每个小提琴的最大宽度,可以是标量或矢量。如果使用默认值,则大约占用水平空间的一半。showmeans 接受一个布尔值,默认设置为 False。如果设置为 True,则切换平均值的呈现。showextrema 接受一个布尔值,默认设置为 False。如果设置为 True,则切换极值的呈现。showmedians 接受布尔值,默认设置为 False。如果设置为 True,它将切换中值的呈现。points 接受标量,默认值为 100。它用于定义计算每一个高斯核密度估计的点的总数。bw_method 是一个可选参数,接受字符串、标量或 callable。利用该方法计算了估计器的带宽。如果是标量,则直接用作 kde.factor。如果是 callable,那么只接受 GaussianKDE 实例并返回一个标量。如果无,则使用 Scott。

【例 5-14】 根据给定的数据绘制小提琴图。

```
import matplotlib.pyplot as plt
#固定随机状态以实现再现性
np.random.seed(15437660)
#创建随机生成的集合/数据
coll_1 = np.random.normal(100, 10, 200)
coll_2 = np.random.normal(80, 30, 200)
coll_3 = np.random.normal(90, 20, 200)
coll_4 = np.random.normal(70, 25, 200)
##将这些不同的集合合并到一个列表中
data_plotter = [coll_1, coll_2,
                coll_3, coll_4]
plt.violinplot(data_plotter)
plt.show()
```

运行程序,效果如图 5-34 所示。

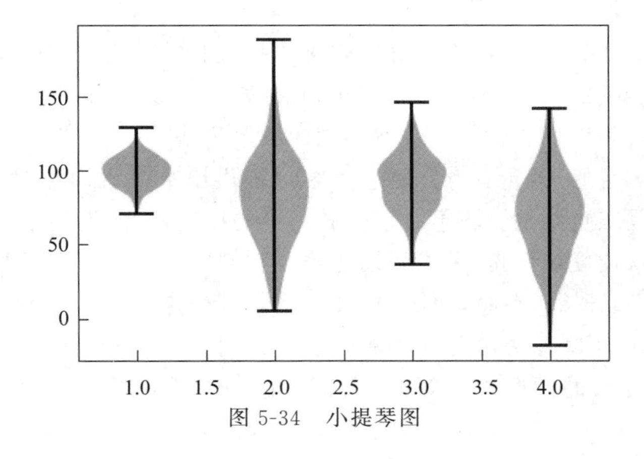

图 5-34　小提琴图

第 6 章

基于回归的数据分析

回归是从输入数据中预测连续值输出的技术。输入数据以特征的形式给出，输出或响应变量是连续的。在回归中，模型能将这些特征映射到连续的响应变量中。因此，模型按照这种方式学习输入和输出之间的关系。下面通过实例来理解回归问题。

- 机票预测：每个人都想在假期或者周末时去旅行，航空公司也想在那时获取大量利益。此外，季节也起到一个决定性的作用。例如，在暑假期间，人们喜欢待在家里；但是在冬季和雨季，他们则想去一个远离人群的地方。航空公司根据季节、假日、节日、座位数量、去年的最低和最高价格等预测机票价格。
- 月销售预测：在商业中，预测销售并做出相应的策略是非常必要的。如果销售预测较低，则需要进行一些改善（可能是更好的营销或者售后服务）；如果预测是高的，则需要相应地管理资源。
- 股价预测：在股票市场中，股票价格根据不同的因素上下波动。建立一个回归模型，将与该股票相关的新闻、最后一个月的价格窗口、社会媒体关注者的活动、市场定位、上个月的同行表现作为输入来预测下周的股票价格。
- 社交媒体预测喜好/评价：当公司想为客户提供服务或者商品时，在公开发布内容之前进行分析是很重要的。根据之前公布内容的反应情况，他们可以了解并预测出新公布内容的受欢迎度或评价，并可以通过修改它们以吸引越来越多的观众。

首先从简单的回归开始。在简单回归中，输入和输出均是单变量，尝试拟合出一条适合给定输出的直线。使用梯度下降算法找到数据的最佳直线，利用该算法能够得到直线的截距和斜率。

之后，将转向更复杂的回归形式，即多元回归。在此处，考虑使用输入多个变量来预测结果。

衡量模型的性能是很重要的。有时复杂的模型在训练中看起来很好，但是在测试数据或者新数据上表现却很差。我们定义了不同类型的误差，并尽量最小化期望误差，同时也将介绍偏差——方差权衡。

6.1 简单线性回归

线性回归是一种回归的分析技术，回归分析本质上就是一个函数估计的问题（函数估计包括参数估计和非参数估计两类），就是找出因变量和自变量之间的因果关系。回归分析的因变量应该是连续变量，如果因变量为离散变量，则问题转换为分类问题，回归分析是一个有监督学习的问题。

6.1.1　线性回归概述

给定数据集 $\boldsymbol{T}=\{(\vec{x}_1,y_1),(\vec{x}_2,y_2),\cdots,(\vec{x}_N,y_N)\}$，$\vec{x}_i\in\boldsymbol{X}\subseteq\boldsymbol{R}^n$，$y_i\in\boldsymbol{Y}\subseteq\boldsymbol{R}$，$i=1,2,\cdots,N$，其中 $\vec{x}_i=(x_i^{(1)},x_i^{(2)},\cdots,x_i^{(n)})^{\mathrm{T}}$。需要学习的模型为：

$$f(\vec{x})=\vec{w}\cdot\vec{x}+b$$

也即根据已知的数据集 T 来计算参数 $\vec{w}$ 和 b。

对于给定的样本 $\vec{x}$，其预测值为 $\hat{y}_i=f(\vec{x}_i)=\vec{w}\cdot\vec{x}_i+b$。我们采用平方损失函数，则在训练集 T 上，模型的损失函数为：

$$L(f)=\sum_{i=1}^{N}(\hat{y}_i-y_i)^2=\sum_{i=1}^{N}(\vec{w}\cdot\vec{x}_i+b-y_i)^2$$

我们的目标是损失函数的最小化，即

$$(\vec{w}^*,b^*)=\underset{\vec{w},b}{\arg\min}\sum_{i=1}^{N}(\vec{w}\cdot\vec{x}_i+b-y_i)^2$$

可以采用梯度下降法来求解上述最优化问题的数值解。在使用梯度下降法时，要注意特征归一化(Feature Scaling)。

特征归一化有两个好处：

(1) 提升模型的收敛速度，比如两个特征 x_1 和 x_2，x_1 的取值为 0～2000，而 x_2 的取值为 1～5，假如只有这两个特征，对其进行优化时，会得到一个窄长的椭圆形，导致在梯度下降时，梯度的方向为垂直等高线的方向而走“之”字形路线，这样会使迭代很慢。相比之下，归一化之后，是一个圆形，梯度的方向为直接指向圆心，迭代就会很快。可见，归一化可以大大减少寻找最优解的时间。

(2) 提升模型精度，归一化的另一好处是提高精度，这在涉及一些距离计算的算法时效果显著，比如算法要计算欧氏距离，上面 x_2 的取值范围比较小，涉及距离计算时其对结果的影响远比 x_1 带来的小，所以这就会造成精度的损失。

所以归一化很有必要，它可以让各个特征对结果做出的贡献相同。在求解线性回归的模型时，还有一个问题要注意，那就是特征组合问题，比如房子的长度和宽度作为两个特征参与模型的构造，不如把其相乘得到的面积作为一个特征来进行求解，这样在特征选择上做了减少维度的工作。

上述最优化问题实际上是有解析解的，可以用最小二乘法求解析解，该问题称为多元线性回归(Multivariate Linear Regression)。

令：

$$\tilde{\vec{w}}=(w^{(1)},w^{(2)},\cdots,w^{(n)},b)^{\mathrm{T}}=(\vec{w}^{\mathrm{T}},b)^{\mathrm{T}}$$

$$\tilde{\vec{x}}=(x^{(1)},x^{(2)},\cdots,x^{(n)},1)^{\mathrm{T}}=(\vec{x}^{\mathrm{T}},1)^{\mathrm{T}}$$

$$\vec{y}=(y_1,y_2,\cdots,y_N)^{\mathrm{T}}$$

则有：

$$\sum_{i=1}^{N}(\vec{w}\cdot\vec{x}_i+b-y_i)^2=(\vec{y}-(\tilde{\vec{x}}_1,\tilde{\vec{x}}_2,\cdots,\tilde{\vec{x}}_N)^{\mathrm{T}}\tilde{\vec{w}})^{\mathrm{T}}(\vec{y}-(\tilde{\vec{x}}_1,\tilde{\vec{x}}_2,\cdots,\tilde{\vec{x}}_N)^{\mathrm{T}}\tilde{\vec{w}})$$

令：

$$\vec{\boldsymbol{x}}=(\vec{\tilde{x}}_1,\vec{\tilde{x}}_2,\cdots,\vec{\tilde{x}}_N)^{\mathrm{T}}=\begin{bmatrix}\vec{\tilde{\boldsymbol{x}}}_1^{\mathrm{T}}\\ \vec{\tilde{\boldsymbol{x}}}_2^{\mathrm{T}}\\ \vdots\\ \vec{\tilde{\boldsymbol{x}}}_N^{\mathrm{T}}\end{bmatrix}=\begin{bmatrix}x_1^{(1)} & x_1^{(2)} & \cdots & x_1^{(n)} & 1\\ x_2^{(1)} & x_2^{(2)} & \cdots & x_2^{(n)} & 1\\ \vdots & \vdots & \ddots & \vdots & 1\\ x_N^{(1)} & x_N^{(2)} & \cdots & x_N^{(n)} & 1\end{bmatrix}$$

则：

$$\vec{\tilde{\boldsymbol{w}}}^*=\underset{\vec{\tilde{w}}}{\operatorname{argmin}}\,(\vec{y}-\vec{x}\,\vec{\tilde{w}})^{\mathrm{T}}(\vec{y}-\vec{x}\,\vec{\tilde{w}})$$

令 $\boldsymbol{E}_{\vec{\tilde{w}}}=(\vec{\boldsymbol{y}}-\vec{\boldsymbol{x}}\,\vec{\tilde{\boldsymbol{w}}})^{\mathrm{T}}(\vec{\boldsymbol{y}}-\vec{\boldsymbol{x}}\,\vec{\tilde{\boldsymbol{w}}})$，求它的极小值。对$\vec{\tilde{w}}$求导令导数为零，得到解析解：

$$\frac{\partial \boldsymbol{E}_{\vec{\tilde{w}}}}{\partial \vec{\tilde{\boldsymbol{w}}}}=2\vec{x}^{\mathrm{T}}(\vec{x}\,\vec{\tilde{w}}-\vec{y})=\vec{0}\Rightarrow \vec{x}^{\mathrm{T}}\vec{x}\,\vec{\tilde{w}}-\vec{x}^{\mathrm{T}}\vec{y}$$

- 当 $\vec{x}^{\mathrm{T}}\vec{x}$ 为满秩矩阵或者正定矩阵时，可得：

$$\vec{\tilde{w}}^*=(\vec{x}^{\mathrm{T}}\vec{x})^{-1}\vec{x}^{\mathrm{T}}\vec{y}$$

其中$(\vec{x}^{\mathrm{T}}\vec{x})^{-1}$为 $\vec{x}^{\mathrm{T}}\vec{x}$ 的逆矩阵。于是得到的多元线性回归模型为：

$$f(\vec{\tilde{x}}_i)=\vec{\tilde{x}}_i^{\mathrm{T}}\,\vec{\tilde{w}}^*$$

- $\vec{x}^{\mathrm{T}}\vec{x}$ 不是满秩矩阵时。比如 $N<n$（样本数量小于特征种类的数量），根据 $\vec{x}$ 的秩小于或等于(N,n)中的最小值，即小于或等于 N（矩阵的秩一定小于或等于矩阵的行数和列数）；而矩阵 $\vec{\boldsymbol{x}}^{\mathrm{T}}\vec{\boldsymbol{x}}$ 是 $n\times n$ 大小的，它的秩一定小于或等于 N，因此不是满秩矩阵。此时存在多个解析解。常见的做法是引入正则化项，如 L_1 正则化或者 L_2 正则化。以 L_2 正则化为例：

$$\vec{\tilde{\boldsymbol{w}}}^*=\underset{\vec{\tilde{w}}}{\operatorname{argmin}}\left[(\vec{\boldsymbol{y}}-\vec{\boldsymbol{x}}\,\vec{\tilde{\boldsymbol{w}}})^{\mathrm{T}}(\vec{\boldsymbol{y}}-\vec{\boldsymbol{x}}\,\vec{\tilde{\boldsymbol{w}}})+\lambda\,\|\vec{\tilde{\boldsymbol{w}}}\|_2^2\right]$$

其中，$\lambda>0$ 调整正则化项与均方误差的比例；$\|\cdots\|_2$ 为 L_2 范数。

根据上述原理，得到多元线性回归算法：

- 输入：数据集 $T=\{(\vec{x}_1,y_1),(\vec{x}_2,y_2),\cdots,(\vec{x}_N,y_N)\}$，$\vec{x}_i\in X\subseteq R^n$，$y_i\in Y\subseteq R$，$i=1,2,\cdots,N$，正则化项系数 $\lambda>0$。
- 输出：

$$f(\vec{x})=\vec{w}\cdot\vec{x}+b$$

- 算法步骤：
  - ◆ 令：

$$\vec{\tilde{w}}=(w^{(1)},w^{(2)},\cdots,w^{(n)},b)^{\mathrm{T}}=(\vec{w}^{\mathrm{T}},b)^{\mathrm{T}}$$
$$\vec{\tilde{x}}=(x^{(1)},x^{(2)},\cdots,x^{(n)},1)^{\mathrm{T}}=(\vec{x}^{\mathrm{T}},1)^{\mathrm{T}}$$
$$\vec{y}=(y_1,y_2,\cdots,y_N)^{\mathrm{T}}$$

计算：

$$\vec{x}=(\vec{\tilde{x}}_1,\vec{\tilde{x}}_2,\cdots,\vec{\tilde{x}}_N)^{\mathrm{T}}=\begin{bmatrix}\vec{\tilde{x}}_1^{\mathrm{T}}\\ \vec{\tilde{x}}_2^{\mathrm{T}}\\ \vdots\\ \vec{\tilde{x}}_N^{\mathrm{T}}\end{bmatrix}=\begin{bmatrix}x_1^{(1)} & x_1^{(2)} & \cdots & x_1^{(n)} & 1\\ x_2^{(1)} & x_2^{(2)} & \cdots & x_2^{(n)} & 1\\ \vdots & \vdots & \ddots & \vdots & 1\\ x_N^{(1)} & x_N^{(2)} & \cdots & x_N^{(n)} & 1\end{bmatrix}$$

  - ◆ 求解：

$$\vec{\tilde{w}}^* = \underset{\vec{\tilde{w}}}{\operatorname{argmin}}[(\vec{y} - \vec{x}\vec{\tilde{w}})^{\mathrm{T}}(\vec{y} - \vec{x}\vec{\tilde{w}}) + \lambda \|\vec{\tilde{w}}\|_2^2]$$

◆ 最终得模型：

$$f(\vec{\tilde{x}}_i) = \vec{\tilde{x}}_i^{\mathrm{T}} \vec{\tilde{w}}^*$$

6.1.2　简单线性回归的实现

前面对简单线性回归的求解过程进行了介绍，下面直接通过 Python 来实现线性回归的求解。

【例 6-1】 以表 6-1 为例，对运输里程、运输次数与运输总时间的关系，建立多元线性回归模型。

表 6-1　运输里程、运输次数与运输总时间的关系

运输里程	运输次数	运输总时间
100	4	9.3
50	3	4.8
100	4	8.9
100	2	6.5
50	2	4.2
80	2	6.2
75	3	7.4
65	4	6.0
90	3	7.6
90	2	6.1

实现的 Python 代码为：

```
import numpy as np
from sklearn import datasets,linear_model
#定义训练数据
x = np.array([[100,4,9.3],[50,3,4.8],[100,4,8.9],
              [100,2,6.5],[50,2,4.2],[80,2,6.2],
              [75,3,7.4],[65,4,6],[90,3,7.6],[90,2,6.1]])
print(x)
X = x[:,:-1]
Y = x[:,-1]
print(X,Y)
#训练数据
regr = linear_model.LinearRegression()
regr.fit(X,Y)
print('coefficients(b1,b2...):',regr.coef_)
print('intercept(b0):',regr.intercept_)
#预测
x_test = np.array([[102,6],[100,4]])
y_test = regr.predict(x_test)
print(y_test)
```

运行程序，输出如下：

```
[[100.    4.    9.3]
 [ 50.    3.    4.8]
 [100.    4.    8.9]
 [100.    2.    6.5]
 [ 50.    2.    4.2]
 [ 80.    2.    6.2]
 [ 75.    3.    7.4]
 [ 65.    4.    6. ]
 [ 90.    3.    7.6]
 [ 90.    2.    6.1]]
[[100.   4.]
 [ 50.   3.]
 [100.   4.]
 [100.   2.]
 [ 50.   2.]
 [ 80.   2.]
 [ 75.   3.]
 [ 65.   4.]
 [ 90.   3.]
 [ 90.   2.]] [9.3 4.8 8.9 6.5 4.2 6.2 7.4 6.  7.6 6.1]
coefficients(b1,b2...): [0.0611346  0.92342537]
intercept(b0): -0.868701466781709
[10.90757981  8.93845988]
```

如果特征向量中存在分类型变量,例如车型,我们需要进行特殊处理,数据如表 6-2 所示。

表 6-2 车型、运输里程、运输次数与运输总时间的关系

运输里程	输出次数	车型	隐式转换	运输总时间
100	4	1	010	9.3
50	3	0	100	4.8
100	4	1	010	8.9
100	2	2	001	6.5
50	2	2	001	4.2
80	2	1	010	6.2
75	3	1	010	7.4
65	4	0	100	6.0
90	3	0	100	7.6
100	4	1	010	9.3
50	3	0	100	4.8
100	4	1	010	8.9
100	2	2	001	6.5

实现的 Python 代码为:

```
import numpy as np
from sklearn.feature_extraction import DictVectorizer
from sklearn import linear_model
```

```
#定义数据集
x = np.array([[100,4,1,9.3],[50,3,0,4.8],[100,4,1,8.9],
              [100,2,2,6.5],[50,2,2,4.2],[80,2,1,6.2],
              [75,3,1,7.4],[65,4,0,6],[90,3,0,7.6],
              [100,4,1,9.3],[50,3,0,4.8],[100,4,1,8.9],[100,2,2,6.5]])
x_trans = []
for i in range(len(x)):
    x_trans.append({'x1':str(x[i][2])})
vec = DictVectorizer()
dummyX = vec.fit_transform(x_trans).toarray()
x = np.concatenate((x[:,:-2],dummyX[:,:],x[:,-1].reshape(len(x),1)),axis=1)
x = x.astype(float)
X = x[:,:-1]
Y = x[:,-1]
print(x,X,Y)
#训练数据
regr = linear_model.LinearRegression()
regr.fit(X,Y)
print('coefficients(b1,b2...):',regr.coef_)
print('intercept(b0):',regr.intercept_)
```

运行程序，输出如下：

```
[[100.    4.    0.    1.    0.    9.3]
 [ 50.    3.    1.    0.    0.    4.8]
 [100.    4.    0.    1.    0.    8.9]
 [100.    2.    0.    0.    1.    6.5]
 [ 50.    2.    0.    0.    1.    4.2]
 [ 80.    2.    0.    1.    0.    6.2]
 [ 75.    3.    0.    1.    0.    7.4]
 [ 65.    4.    1.    0.    0.    6. ]
 [ 90.    3.    1.    0.    0.    7.6]
 [100.    4.    0.    1.    0.    9.3]
 [ 50.    3.    1.    0.    0.    4.8]
 [100.    4.    0.    1.    0.    8.9]
 [100.    2.    0.    0.    1.    6.5]] [[100.   4.   0.   1.   0.]
 [ 50.   3.   1.   0.   0.]
 [100.   4.   0.   1.   0.]
 [100.   2.   0.   0.   1.]
 [ 50.   2.   0.   0.   1.]
 [ 80.   2.   0.   1.   0.]
 [ 75.   3.   0.   1.   0.]
 [ 65.   4.   1.   0.   0.]
 [ 90.   3.   1.   0.   0.]
 [100.   4.   0.   1.   0.]
 [ 50.   3.   1.   0.   0.]
 [100.   4.   0.   1.   0.]
 [100.   2.   0.   0.   1.]]
[9.3 4.8 8.9 6.5 4.2 6.2 7.4 6.  7.6 9.3 4.8 8.9 6.5]
coefficients(b1,b2...): [ 0.05452507  0.70930079 -0.18019642  0.60821607
-0.42801964]
intercept(b0): 0.19899589563177766
```

6.2 多元回归

多元回归(Multiple Regression)是具有多重特征的线性回归。在现实世界中,数据集包含多个对预测输出同样重要的特征。

6.2.1 多项式回归概述

有时输出与输入并非线性关系,它可能与多项式的高阶输入有关,这称作多项式回归(Polynomial Regression)。一般多项式回归模型如下:

$$y_i=\beta_0+\beta_1 x+\beta_2 x^2+\cdots+\beta_p x^p+\varepsilon_i$$

其中,参数为$[\beta_0,\beta_1,\beta_2,\cdots,\beta_p]$,$[x,x^2,\cdots,x^p]$为特征。

在房屋价格预测模型中,我们利用房屋的面积来预测房屋的价格,这里也可能存在其他特征,如房间数量、浴室数量、建筑单位数量、地区犯罪率、地区人口等。因此,通过使用不同特征的信息,可以创造更好的预测模型。

在实际问题中可以应用上面提到的多项式回归模型。

$$y_i=\beta_0+\beta_1 x+\beta_2 x_2+\cdots+\beta_d x_d+\varepsilon_i$$

$$y_i=\sum_{i=0}^{n}\beta_i x_i+\varepsilon_i$$

此处,x_0 为 1;$[\beta_0,\beta_1,\beta_2,\cdots,\beta_d]$为参数,$[x,x_2,\cdots,x_d]$为特征。

需要注意的是,特征并不是原始数据,它们可以与输入数据相同,也可以不同。例如,考虑3个输入:房屋的面积、浴室数量和人口数量。现在,可以从数据中形成这些特征。

$$x_1=\text{房屋的面积}$$

$$x_2=(\text{浴室数量})^2$$

$$x_3=\log|\text{人口数量}|$$

即这个问题的回归模型为:

$$y_i=\beta_0+\beta_1 x+\beta_2 x_2+\beta_3 x_3+\varepsilon_i$$

在简单的回归中,使用一条线来拟合输入和输出之间的关系;在多元回归中,则需要更多的条件来拟合输入与输出之间的关系。

假设有两个输入特征和一个输出,将其设为沿两个轴的两个输入以及沿第三轴的输出。因此,可以通过绘制一个分离的2D超平面而非一条直线来分类数据。同样,对于 n 个特征,可以创建 nD 平面。

为了解释得更全面,可以固定其他特征并解释该参数与输出的关系。如果解释在房屋例子中的 β_1 参数,则需要固定房屋的其他特征。因此,当浴室数量和人口数量固定时,β_1 是房屋面积单位变化的输出变化。

接下来讨论多元回归算法。给出一个观察结果的输出。

$$y_i=\sum_{i=0}^{d}\beta_i x_i+\varepsilon_i$$

考虑到整个数据集,可以将其重写为:

$$\boldsymbol{Y}=\boldsymbol{X}\boldsymbol{w}+\boldsymbol{\varepsilon}$$

如果观测数为 n,特征值为 d。即 $\boldsymbol{Y}$ 是 n 维向量。$\boldsymbol{X}$ 是 $n\times d$ 的矩阵,$\boldsymbol{w}$ 是 d 维向量,$\boldsymbol{\varepsilon}$ 是 n 维向量。

$$\boldsymbol{Y}_{n\times 1}=\boldsymbol{X}_{n\times d}\boldsymbol{w}_{d\times 1}+\boldsymbol{\varepsilon}_{n\times 1}$$

多元回归的残差平方和定义为：

$$\mathrm{RSS}=\sum_{i=1}^{n}(y_i-(\beta_d x_{id}+\cdots+\beta_2 x_{i2}+\beta_1 x_{i1}+\beta_0))^2$$

$$\mathrm{RSS}=\sum_{i=1}^{n}(y_i-x_i\boldsymbol{\beta})^2$$

其中，$\boldsymbol{\beta}$ 表示长度为 d 的向量，x_i 表示样本 i 的特征。矩阵形式表示为：

$$\mathrm{RSS}=(\boldsymbol{y}-\boldsymbol{X\beta})(\boldsymbol{y}-\boldsymbol{X\beta})^{\mathrm{T}}$$

$\boldsymbol{X\beta}$ 是 $\boldsymbol{y}$ 等于 $\hat{\boldsymbol{y}}$ 的预测值。即有：

$$\mathrm{RSS}=(y-\hat{y})(y-\hat{y})^{\mathrm{T}}$$

$$\mathrm{RSS}=\sum(y-\hat{y})^2$$

可以把 RSS 的梯度表示为：

$$\nabla\mathrm{RSS}=-2\boldsymbol{X}^{\mathrm{T}}(\boldsymbol{y}-\boldsymbol{X\beta})$$

那么，怎样获得解呢？取梯度等于零，即有：

$$0=-2\boldsymbol{X}^{\mathrm{T}}(\boldsymbol{y}-\boldsymbol{X\beta})$$

通过求解上述方程，得到：

$$\boldsymbol{\beta}=(\boldsymbol{X}^{\mathrm{T}}\boldsymbol{X})^{-1}\boldsymbol{X}^{\mathrm{T}}\boldsymbol{y}$$

通过求解上面的等式可以得到所有参数。由于具有大量的特征，因此这个方程的计算量非常大。

现在采用另一种解决方法（梯度下降）来解决这个问题。β_{k+1}是 $k+1$ 次迭代的参数值。

当 $\beta_{k+1}\approx\beta_k$ 时，有：

$$\beta_{k+1}=\beta_k-\gamma[-2\boldsymbol{X}^{\mathrm{T}}(\boldsymbol{y}-\boldsymbol{X}\beta_k)]$$

则最后方程如下。

当 $\beta_{k+1}\approx\beta_k$ 时，有：

$$\beta_{k+1}=\beta_k+\gamma[-2\boldsymbol{X}^{\mathrm{T}}(\boldsymbol{y}-\boldsymbol{X}\beta_k)]$$

在实现过程中，可将所有参数初始化为零。

6.2.2 多项式回归的实现

下面通过多项式回归来预测房屋价格。其中 task2_data.csv 数据为房屋数据，实现的流程为：

（1）数据加载与可视化。

（2）数据预处理。

（3）建立单因子线性回归模型，训练模型。

（4）评估模型表现，可视化线性回归预测结果。

1. 数据加载

首先加载 task2_data.csv 数据并展示部分数据，代码为：

```
#数据加载
import pandas as pd
import numpy as np
data = pd.read_csv('task2_data.csv')
data.head(8)
       面积           人均收入        平均房龄      价格
0    188.581619    79245.63626    4.901877    1.096850e+06
1    164.161571    78936.74809    4.688919    1.455588e+06
```

```
2   232.949602   63236.99563   4.878289   1.051696e+06
3   150.608655   65122.34212   3.577503   1.373964e+06
4   153.862555   63628.64511   5.877775   6.231222e+05
5   165.454380   78251.30721   6.317630   9.624172e+05
6   181.772344   63814.85840   5.296689   1.540739e+06
7   172.055050   75195.11765   3.683635   1.442917e+06
```

2. 数据可视化

对数据进行可视化,代码为:

```
from matplotlib import pyplot as plt
fig = plt.figure(figsize=(20,5))
fig1 = plt.subplot(131)
plt.scatter(data.loc[:,'面积'],data.loc[:,'价格'])
plt.title('Price VS Size')

fig2 = plt.subplot(132)
plt.scatter(data.loc[:,'人均收入'],data.loc[:,'价格'])
plt.title('Price VS Income')

fig3 = plt.subplot(133)
plt.scatter(data.loc[:,'平均房龄'],data.loc[:,'价格'])
plt.title('Price VS House_age')
plt.show()
```

运行程序,面积与价格、人均收入与价格、平均房龄与价格的散点图如图 6-1 所示。

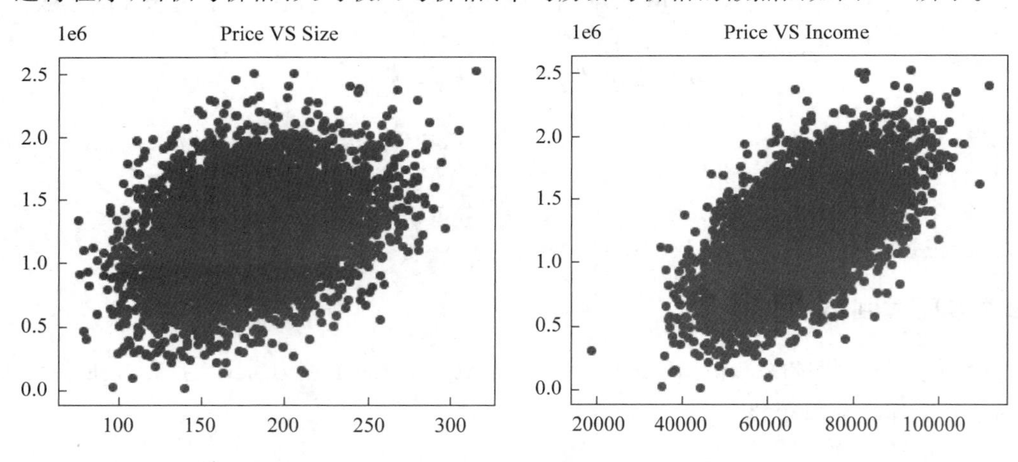

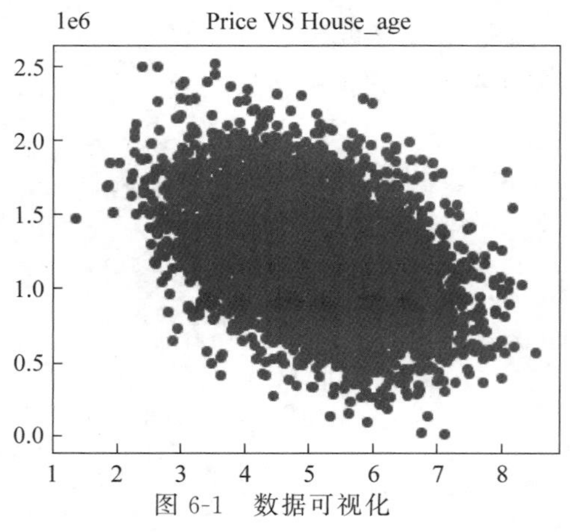

图 6-1 数据可视化

3. 数据预处理

将上述加载的数据转换为 NumPy 格式：

```
#X、y 再次赋值
X = data.drop(['价格'],axis=1)
y = data.loc[:,'价格']
X.head()

#数据预处理
X = np.array(X)
y = np.array(y)
y = y.reshape(-1,1)
print(X.shape,y.shape)
 (5000, 3) (5000, 1)
```

4. 模型建立与训练

建立多因子回归模型并且训练：

```
from sklearn.linear_model import LinearRegression
model_multi = LinearRegression()
model_multi.fit(X,y)
```

5. 模型预测

进行多因子模型的预测：

```
y_predict_multi = model_multi.predict(X)
print(y_predict_multi)
[[1463868.24688829]
 [1445981.85185019]
 [1253388.6205439 ]
 ...
 [1285670.68139457]
 [1243839.71867445]
 [1116875.92416746]]
```

6. 模型评估

通过计算模型准确率与 r2_score 对模型进行评估。

```
from sklearn.metrics import mean_squared_error,r2_score
MSE_multi = mean_squared_error(y,y_predict_multi)
R2_multi = r2_score(y,y_predict_multi)
print(MSE_multi)
print(R2_multi)
58264450329.883
0.555093495178965
```

7. 房价预测

最后预测面积=150,人均收入=60000,平均房龄=5 的合理房价。

```
#可视化预测结果
fig3 = plt.figure(figsize=(8,5))
plt.scatter(y,y_predict_multi)
plt.xlabel('真实价格')
plt.ylabel('预测价格')
```

```
plt.show()                                    #效果如图 6-2 所示

#预测面积=150, 人均收入=60000, 平均房龄=5 的合理房价
X_test = np.array([[150,60000,5]])
y_test_predict = model_multi.predict(X_test)
print(y_test_predict)
[[1037640.66671137]]
```

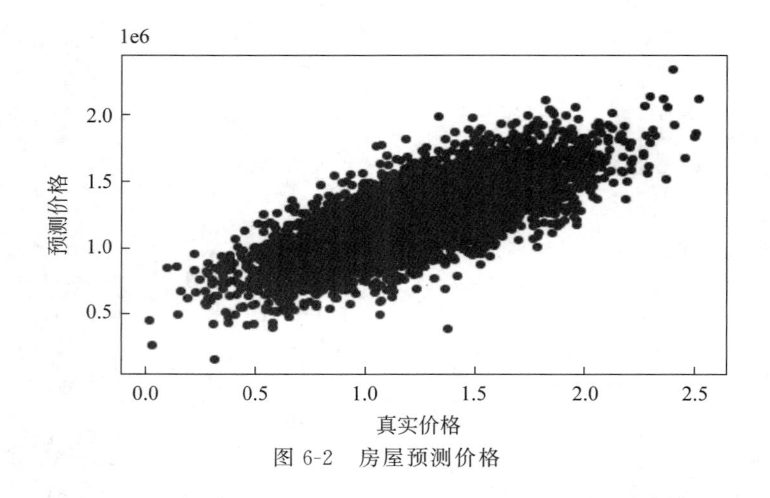

图 6-2　房屋预测价格

6.3　广义线性回归

本节主要从函数模型以及边界决策函数两方面介绍广义线性回归。

6.3.1　函数模型

在 6.1 节我们介绍了普通的简单线性回归，接下来我们讨论广义线性回归，通常也称为 Logistic 回归。先回忆一下线性回归的函数模型：

$$f(x)=\boldsymbol{w}^{\mathrm{T}}x+b$$

这个函数可表示的是一条直线，一个平面或者超平面，不过它有致命的缺点，它在处理分类问题时，比如举一个二分类的例子，并不能很好地进行拟合，假如说，存在训练集得出的 y，$y_1=1$，$y_2=10$，$y_3=100$，我们很难进行一个分类，并且它无法去拟合一个曲面，对于曲面，我们既想使用线性函数进行拟合，又希望拟合过程尽可能好，那么，可以对上式进行变形：

$$h(x)=g(\boldsymbol{w}^{\mathrm{T}}x+b)$$

从整体上来说，通过逻辑回归模型，将在整个实数范围上的 x 映射到有限个点上，这样就实现了对 x 的分类。因为每次利用一个 x，经过逻辑回归分析，就可以将它归入某一类 y 中。

6.3.2　边界决策函数

还是以二分类为例，对于一个二分类问题，最简单的方法就是当 $\boldsymbol{w}^{\mathrm{T}}x+b\geqslant 0$，那么 $y=1$；当 $\boldsymbol{w}^{\mathrm{T}}x+b<0$，那么 $y=0$。因此我们很快会想到分段函数(称为 Threshold()函数)：

$$f(x)=\begin{cases}1, & \boldsymbol{w}^{\mathrm{T}}x+b\geqslant 0\\ 0, & \boldsymbol{w}^{\mathrm{T}}x+b<0\end{cases}$$

这个函数对于分类是否足够好呢？至少从难易上以及正确率上，一定是不错的。但是，这个函数是不可导的，并且分段梯度始终为 0，显然在后续的处理上是很麻烦的，因此，我们通常

不会使用这种方法。这里直接引出 Sigmoid()函数：

$$s(x)=(1+e^{-x})^{-1}=\frac{1}{1+e^{-x}}$$

Sigmoid()函数通常作为逻辑回归、神经网络等算法的默认配置，不过它虽然可以很好地作为一个默认函数，但它也是有缺点的，它的图像如图 6-3 所示。

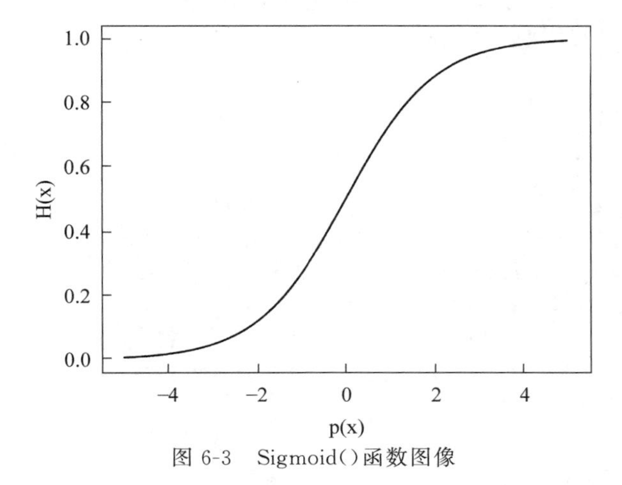

图 6-3 Sigmoid()函数图像

假定初始输入值过大，Sigmoid 仍然被限制在(−1,1)范围内，这时，对 Sigmoid()函数进行求导会发现，Sigmoid()函数的导数接近 0，我们称为易饱和性，所以我们应该尝试修改初始值，常用的方法就是放缩。

对于 Sigmoid()函数，第一个缺点显然是容易解决的，但是第二个缺点更为严重。因此常使用双曲正切函数(Hyperbolic Tangent)：

$$\tanh(x)=\frac{e^{x}-e^{-x}}{e^{x}+e^{-x}}$$

它的图像如图 6-4 所示，函数的期望为$\int_{\infty}\tanh(x)=0$，但是同样存在易饱和的缺点。事实上，tanh() 函数就是对 Sigmoid() 函数的一个变形：

$$\tanh(x)=2\text{Sigmoid}(2x)-1$$

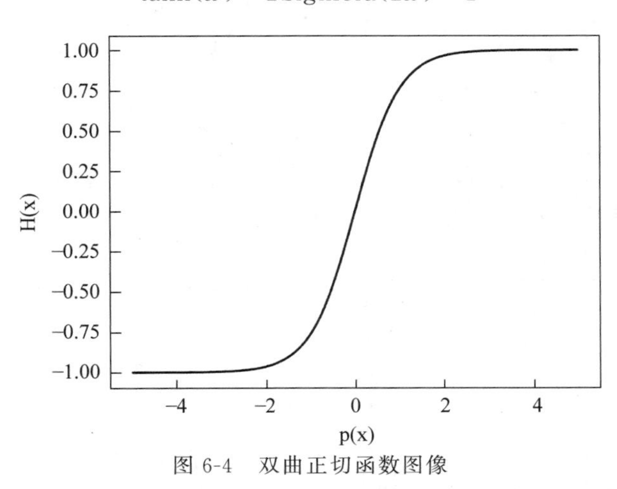

图 6-4 双曲正切函数图像

不过通常为了加速运算，仅使用 Sigmoid()函数即可，所以 Logistic()函数模型就是：

$$f(x)=\frac{1}{\mathrm{Sigmoid}(\boldsymbol{w}^{\mathrm{T}}x)}=\frac{1}{1+\mathrm{e}^{-\boldsymbol{w}^{\mathrm{T}}x}}$$

6.3.3 广义回归的实现

本节的实例使用一个二次函数加上随机的扰动来生成 500 个点，然后尝试用 1、2、100 次方的多项式对该数据进行拟合。

```
import matplotlib.pyplot as plt
import numpy as np
import scipy as sp
from scipy.stats import norm
from sklearn.pipeline import Pipeline
from sklearn.linear_model import LinearRegression
from sklearn.preprocessing import PolynomialFeatures
from sklearn import linear_model
''' 数据生成 '''
x = np.arange(0, 1, 0.002)
y = norm.rvs(0, size=500, scale=0.1)
y = y + x**2
''' 均方误差根 '''
def rmse(y_test, y):
    return sp.sqrt(sp.mean((y_test - y) ** 2))
''' 与均值相比的优秀程度,位于[0~1]范围。0 表示不如均值。1 表示完美预测'''
def R2(y_test, y_true):
    return 1 - ((y_test - y_true)**2).sum() / ((y_true - y_true.mean())**2).sum()
def R22(y_test, y_true):
    y_mean = np.array(y_true)
    y_mean[:] = y_mean.mean()
    return 1 - rmse(y_test, y_true) / rmse(y_mean, y_true)
plt.scatter(x, y, s=5)
degree = [1,2,100]
y_test = []
y_test = np.array(y_test)
for d in degree:
    clf = Pipeline([('poly', PolynomialFeatures(degree=d)),
                    ('linear', LinearRegression(fit_intercept=False))])
    clf.fit(x[:, np.newaxis], y)
    y_test = clf.predict(x[:, np.newaxis])
    print(clf.named_steps['linear'].coef_)
    print('rmse=%.2f, R2=%.2f, R22=%.2f, clf.score=%.2f' %
      (rmse(y_test, y),
       R2(y_test, y),
       R22(y_test, y),
       clf.score(x[:, np.newaxis], y)))
    plt.plot(x, y_test, linewidth=2)
plt.grid()
plt.legend(['1','2','100'], loc='upper left')
plt.show()
```

运行程序，输出如下，效果如图 6-5 所示。

```
[-0.16083157  0.98362513]
```

```
rmse=0.12, R2=0.85, R22=0.61, clf.score=0.85
[-0.01948892  0.13216337  0.85316809]
rmse=0.10, R2=0.89, R22=0.67, clf.score=0.89
[ 6.43579247e-03  1.99473917e+01 -3.00770349e+03  1.59988451e+05
 -4.65359682e+06  8.64308599e+07 -1.10020819e+09  9.96072148e+09
 -6.53953145e+10  3.13441972e+11 -1.08972694e+12  2.67768821e+12
…
  3.85411153e+11 -6.15112350e+11 -1.48802928e+12 -1.84035345e+12
 -1.55904918e+12 -6.64790878e+11  6.08514142e+11  1.77891474e+12
  2.09861882e+12  9.46642347e+11 -1.36441548e+12 -2.93381938e+12
  1.78288101e+12]
```

显示出的 coef_就是多项式参数。如 1 次拟合的结果为：

```
rmse=0.10, R2=0.90, R22=0.69, clf.score=0.90
```

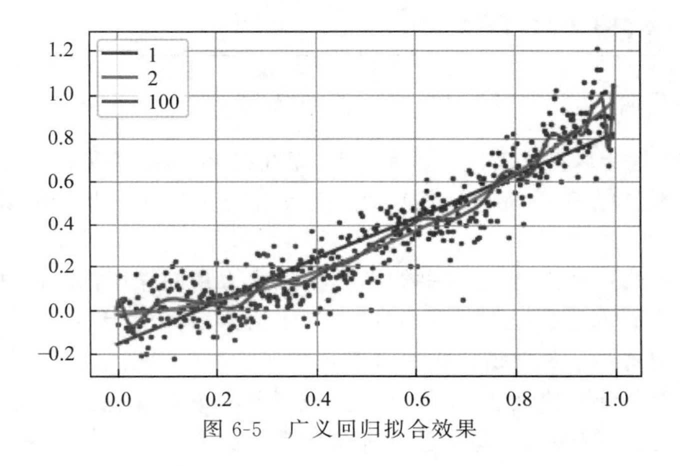

图 6-5　广义回归拟合效果

此处我们要注意以下几点：

1）误差分析

做回归分析，常用的误差主要有均方误差根（RMSE）和 R-平方（R2）。

RMSE 是预测值与真实值的误差平方根的均值。这种度量方法很流行，是一种定量的权衡方法。

R2 方法是将预测值与只使用均值的情况相比，其区间通常为(0,1)。0 表示什么都不预测，直接取均值的情况，而 1 表示所有预测跟真实结果完美匹配的情况。

在结果中，我们看到多项式次数为 1 时，虽然拟合得不太好，R2 也能达到 0.82。二次多项式提高到了 0.88。而次数提高到 100 次时，R2 也只提高到了 0.89。

2）过拟合

使用 100 次方多项式做拟合，效果确实是好了一些，然而该模型的预测能力却极其差。而且注意多项式系数，出现了大量的大数值，甚至达到 10^{12}。

下面修改代码，将 500 个样本中的最后 2 个从训练集中移除。然而在测试中却仍然测试所有 500 个样本。

```
clf.fit(x[:498, np.newaxis], y[:498])
```

这样修改后的多项式拟合如下，效果如图 6-6 所示。

```
…
```

```
 1.18047979e+12  3.98229208e+11 -5.72636854e+11 -1.45445223e+12
-1.57345914e+12 -6.72707229e+11  1.09258458e+12  2.30486937e+12
-1.42698160e+12]
rmse=0.25, R2=0.33, R22=0.18, clf.score=0.33
```

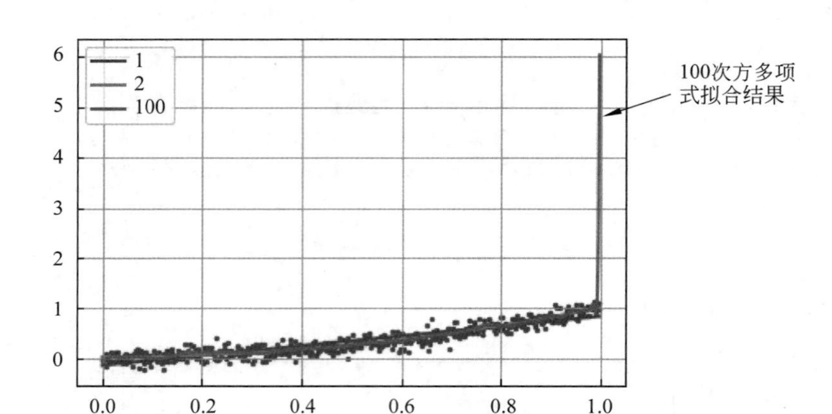

图 6-6 过拟合效果

代码中,仅仅只是缺少了最后 2 个训练样本,青线(100 次方多项式拟合结果)的预测发生了剧烈的偏差,R2 也急剧下降到 0.33。反观一次、二次多项式的拟合结果,R2 反而略微上升了。

这说明高次多项式过度拟合了训练数据,包括其中大量的噪声,导致其完全丧失了对数据趋势的预测能力。前面也看到,100 次多项式拟合出的系数数值无比巨大。人们自然想到通过在拟合过程中限制这些系数数值的大小来避免生成这种畸形的拟合函数。其基本原理是将拟合多项式的所有系数绝对值之和(L1 正则化)或者平方和(L2 正则化)加入到惩罚模型中,并指定一个惩罚力度因子 w,来避免产生这种畸形系数。

这样的思想应用在了岭(Ridge)回归(使用 L2 正则化)、Lasso 法(使用 L1 正则化)、弹性网(Elastic net,使用 L1+L2 正则化)等方法中,都能有效避免过拟合。

下面以岭回归为例看看 100 次多项式的拟合是否有效。将代码修改如下:

```
clf = Pipeline([('poly', PolynomialFeatures(degree=d)),
                ('linear', linear_model.Ridge ())])
clf.fit(x[:400, np.newaxis], y[:400])
```

运行程序,输出如下,效果如图 6-7 所示。

```
[0.        0.752501]
rmse=0.15, R2=0.77, R22=0.52, clf.score=0.77
[0.         0.25447227 0.65335085]
rmse=0.11, R2=0.89, R22=0.66, clf.score=0.89
[ 0.00000000e+00  2.41936362e-01  3.46713669e-01  2.56286231e-01
  1.61407612e-01  9.46970020e-02  5.30437430e-02  2.84229950e-02
  1.43642455e-02  6.57662190e-03  2.41502974e-03  3.05050515e-04
  …
  1.13977850e-10  9.18232288e-11  7.39530284e-11  5.95436575e-11
  4.79287169e-11  3.85692542e-11  3.10295885e-11  2.49576754e-11
  2.00691700e-11]
rmse=0.11, R2=0.88, R22=0.65, clf.score=0.88
```

由结果可看到,100 次多项式的系数参数变得很小。大部分都接近于 0。

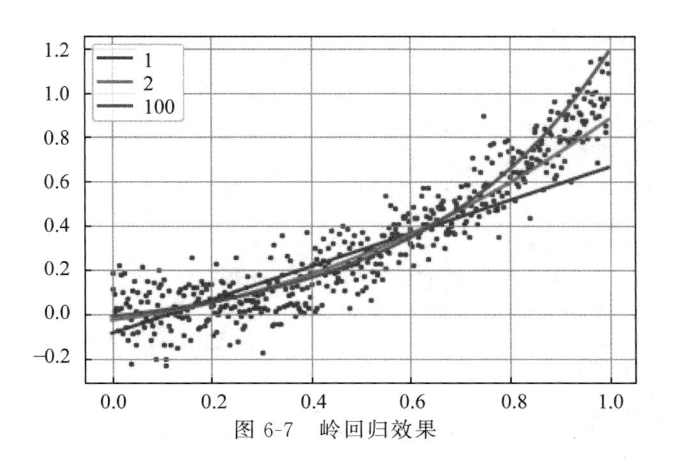

图 6-7　岭回归效果

另外值得注意的是，使用岭回归之类的惩罚模型后，一次和二次多项式回归的 R2 值可能会稍微低于基本线性回归。

然而这样的模型，即使使用 100 次多项式，在训练 400 个样本，预测 500 个样本的情况下不仅有更小的 R2 误差，而且还具备优秀的预测能力。

6.4　岭回归

岭回归是在最小二乘法的基础上的，所以要了解岭回归，首先要了解最小二乘的回归原理。设有多重线性回归模型 $\boldsymbol{y}=\boldsymbol{x}\beta+\varepsilon$，参数 β 的最小二乘估计为：

$$\hat{\beta}=(\boldsymbol{x}^{\mathrm{T}}\boldsymbol{x})^{-1}\boldsymbol{x}^{\mathrm{T}}\boldsymbol{y}$$

当自变量间存在多重共线性，$|\boldsymbol{x}^{\mathrm{T}}\boldsymbol{x}|\approx 0$ 时，设想 $|\boldsymbol{x}^{\mathrm{T}}\boldsymbol{x}|$ 给加上一个正常数矩阵($k>0$)，那么 $|\boldsymbol{x}^{\mathrm{T}}\boldsymbol{x}|+k\boldsymbol{I}$ 接近奇异的程度就会比 $|\boldsymbol{x}^{\mathrm{T}}\boldsymbol{x}|$ 接近奇异的程度小得多。考虑到变量的量纲问题，要先对数据标准化，标准化设计矩阵仍用 $\boldsymbol{x}$ 表示，定义称为岭回归估计，其中，k 称为岭参数。由于假设 $\boldsymbol{x}$ 已经标准化，所以就是自变量样本相关阵。$\boldsymbol{y}$ 可以标准化也可以未标准化，如果 $\boldsymbol{y}$ 也经过标准化，那么计算的实际是标准化岭回归估计。k 作为 β 的估计应比最小二乘估计稳定，当 $k=0$ 时的岭回归估计就是普通的最小二乘估计。因为岭参数 k 不是唯一确定的，所以得到的岭回归实际上是回归参数的一个估计族。

则岭回归的参数估计为：

$$\hat{\beta}(k)=(\boldsymbol{x}^{\mathrm{T}}\boldsymbol{x}+k\boldsymbol{I})^{-1}\boldsymbol{x}^{\mathrm{T}}\boldsymbol{y}$$

【例 6-2】　对给定的数据实现岭回归。

```
import numpy as np                        #快速操作结构数组的工具
import matplotlib.pyplot as plt           #可视化绘制
#Ridge 岭回归,RidgeCV 带有广义交叉验证的岭回归
from sklearn.linear_model import Ridge,RidgeCV
#样本数据集,第一列为 x,第二列为 y,在 x 和 y 之间建立回归模型
data=[
    [0.067732,3.176513],[0.427810,3.816464],[0.995731,4.550095],[0.738336,4.256571],
[0.981083,4.560815],[0.526171,3.929515],[0.378887,3.526170],[0.033859,3.156393],
[0.132791,3.110301],[0.138306,3.149813],[0.247809,3.476346],[0.648270,4.119688],
[0.731209,4.282233],[0.236833,3.486582],[0.969788,4.655492],[0.607492,3.965162],
[0.358622,3.514900],[0.147846,3.125947],[0.637820,4.094115],[0.230372,3.476039],
[0.070237,3.210610],[0.067154,3.190612],[0.925577,4.631504],[0.717733,4.295890],
[0.015371,3.085028],[0.335070,3.448080],[0.040486,3.167440],[0.212575,3.364266],
```

```
    [0.617218,3.993482],[0.541196,3.891471]
]
#生成 X 和 y 矩阵
dataMat = np.array(data)
X = dataMat[:,0:1]                                          #变量 x
y = dataMat[:,1]                                            #变量 y
##岭回归
model = Ridge(alpha=0.5)
#通过 RidgeCV 可以设置多个参数值,算法使用交叉验证获取最佳参数值
model = RidgeCV(alphas=[0.1, 1.0, 10.0])
model.fit(X, y)                                             #线性回归建模
print('系数矩阵:\n',model.coef_)
print('线性回归模型:\n',model)
#print('交叉验证最佳 alpha 值',model.alpha_)                  #只有在使用 RidgeCV 算法时才有效
#使用模型预测
predicted = model.predict(X)
#绘制散点图,参数:x 横轴,y 纵轴
plt.scatter(X, y, marker='x')
plt.plot(X, predicted,c='r')
#绘制 x 轴和 y 轴坐标
plt.xlabel("x")
plt.ylabel("y")
#显示图形
plt.show()
```

运行程序,效果如图 6-8 所示。

```
系数矩阵:
 [1.57719167]
线性回归模型:
 RidgeCV(alphas=[0.1, 1.0, 10.0], cv=None, fit_intercept=True, gcv_mode=None,
    normalize=False, scoring=None, store_cv_values=False)
```

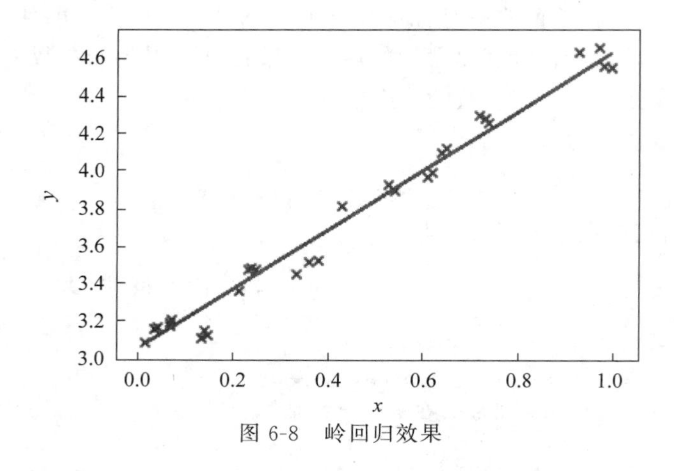

图 6-8 岭回归效果

6.5 套索回归

良好的特征对于任何模型都是必需的,但是很多特征需要大量的计算来建立模型。考虑这样一个问题:特征是字典中出现的单词,这些特征可以达到数百万;如果考虑词的组合,这些数字可以达到数十亿;如果对其应用回归算法,模型则需要寻找数十亿个参数,并要花费大

量的时间来训练。

特征选择(Feature Selection)是选择有用特征的过程,下面我们使用套索回归(Lasso Regression)来完成这项工作。

6.5.1 全子集算法

一种方法是找到所有可能的特征组合并为每个组合的特征训练模型。

```
For i=1 to 特征数量:
    获取 i 特征的所有组合
    训练选择的模型
    用交叉验证法计算误差
选择误差最小的模型
```

该算法的运算时间复杂度是指数型。如果特征数量较少,则该算法是有效的;如果特征的数量很大,使用该算法的计算量则是非常大的。

如果共有 D 个特征,则必须训练和测试 2^D 个模型,如表 6-3 所示。

表 6-3 特征数量与模型数量

特征数量 D	模型数量
4	16
8	256
16	65536
32	4294967296

显然,当特征数量较大时,这并不是一个很好的方法。

6.5.2 贪心算法

贪心算法(Greedy Algorithm)是基于可获得的特征集找到最佳的算法。我们在列表中添加这个特征,并从可获取的列表中删除该特征。

```
特征集=空
可获取的特征集=所有特征
For i=1 to 特征数量:
    利用当前最佳特征和特征集对模型进行拟合
    从可获取列表中删除选定的特征并将其放在特征集中
    使用交叉验证计算误差
选择具有最小误差的特征集
```

在以上算法中,训练误差将在每一步中得到下降,必须使用验证集方法来确定停止。

在该算法中,第一次,训练 D 次模型;第二次,因为一个特征被移动到特征集中,所以训练 $D-1$ 次模型;第三次,使用 $D-2$ 个特征来创建模型。算法最终只剩下一个特征。该特征代表了所有特征(特征集中的 $D-1$ 和可获取的特征集合中的 $1,D-1+1=D$)。因此,算法的复杂度如下:

$$D+D-1+D+2+\cdots+3+2+1=O(D)^2$$

贪心算法比所有子集算法的计算效率高($D^2<<2^D$)。

贪心算法可以通过不同的方式进行训练。另一种方法是从所有特征开始,逐个删除特征。

6.5.3 正则化

在岭回归中,已经对高系数值的系数进行惩罚以减少模型过拟合。系数的值可以很小,但不是零。如果系数为零,则在回归方程中将不考虑该属性。所以,可以删除这个属性。换句话说,所有非零系数的属性都是可选择的属性。

岭回归选择特征的一种方法是包含系数大于某一阈值的特征。但是,这可能会错过一些系数权重较低,但在预测中非常重要的特征。

现在尝试通过改变岭目标来完成这项任务。在岭回归中,该模型的成本可写为以下形式:

$$代价=RSS=\gamma\|\beta\|_2^2$$

代替 L2 范数,如果使用 L1 范数,则公式为以下形式:

$$代价=RSS=\gamma\|\beta\|_1$$

此处,

$$\|\beta\|_1=|\beta_0|+|\beta_1|+|\beta_2|+\cdots+|\beta_d|$$

这就是套索回归(Lasso Regression)。

γ 是一个调节参数,用于控制系数大小对模型成本造成的影响。

当增加调节参数 γ 的值时,系数开始向零移动。对于非常大的 γ 值,模型中剩下的参数非常少(所有其他参数都被消除)。当模型开始训练迭代时,一旦系数命中为零,则保持在该值。

一个方法是在应用回归算法之前对特征进行标准化。通过使用标准化,可以使所有的特征都在相同的范围内,模型中的系数权重将更有意义。

【例 6-3】 利用套索回归对波士顿房价数据集进行分析。

```
#导入 numpy
import numpy as np
#导入数据拆分工具
from sklearn.model_selection import train_test_split
#导入糖尿病数据集并拆分成训练集和测试集:
from sklearn.datasets import load_diabetes
X,y=load_diabetes().data,load_diabetes().target
X_t-rain,X_test,y_train,y_test=train_test_split(X,y,random_state=8)
#导入套索回归
from sklearn.linear_model import Lasso
#使用套索回归拟合数据
lasso=Lasso().fit(X_train,y_train)
print('套索回归在训练数据集上得分:{:.2f}'.format(lasso.score(X_train,y_train)))
print('套索回归在测试数据集上得分:{:.2f}'.format(lasso.score(X_test,y_test)))
print('套索回归初始特征数:{}'.format(len(lasso.coef_)))
print('套索回归使用的特征数:{}'.format(np.sum(lasso.coef_!=0)))
print('所有特征:\n',lasso.coef_)
print('所有不为零特征:\n',lasso.coef_!=0)
套索回归在训练数据集上得分:0.36
套索回归在测试数据集上得分:0.37
套索回归初始特征数:10
套索回归使用的特征数:3
所有特征:
 [  0.          -0.         384.73421807  72.69325545   0.
    0.          -0.           0.         247.88881314   0.        ]
```

```
所有不为零特征：
 [False False  True  True False False False False  True False]
```

结果显示，套索回归在训练集和测试集上的表现都不好，说明这个模型存在欠拟合的现象。

当显示某数据的特征（斜率）是 0 的时候，表示是被模型忽略的。这里非 0 的特征数量只有 4 个，说明有过多的特征被忽略了。

为了降低欠拟合，需要降低 alpha 参数，也就是让模型显得"更复杂一点"。除了这么做，还需要增加 max_iter 参数，并适当修改它的值。该值表示运行迭代的最大次数。

```
#降低 alpha 的值，增大 max_iter 的值
lasso001 = Lasso(alpha=0.01, max_iter=100000).fit(X_train, y_train)
print('lasso001 在训练集的评估分数:', lasso001.score(X_train, y_train))
print('lasso001 在测试集的评估分数:', lasso001.score(X_test, y_test))
print('lasso001 模型保存的特征数量:', np.sum(lasso001.coef_ != 0))
#降低 alpha 的值，增大 max_iter 的值
lasso001 = Lasso(alpha=0.01, max_iter=100000).fit(X_train, y_train)
print('lasso001 在训练集的评估分数:', lasso001.score(X_train, y_train))
print('lasso001 在测试集的评估分数:', lasso001.score(X_test, y_test))
print('lasso001 模型保存的特征数量:', np.sum(lasso001.coef_ != 0))
```

以上代码中，调小了 alpha 的值，并加大了 max_iter 的值。模型的评估结果表现变得好了许多，并且，使用到的特征数量也有所增加。

但需要注意的是，不能为了继续提高模型的泛化能力而将 alpha 的值改为 0，这样该模型将与 LinearRegression 的结果类似，将出现过拟合的情况。例如：

```
lasso00001 = Lasso(alpha=0.0001, max_iter=100000).fit(X_train, y_train)
print('lasso00001 在训练集的评估分数:', lasso00001.score(X_train, y_train))
print('lasso00001 在测试集的评估分数:', lasso00001.score(X_test, y_test))
print('lasso00001 模型保存的特征数量:', np.sum(lasso00001.coef_ != 0))
lasso00001 在训练集的评估分数: 0.5303811330981303
lasso00001 在测试集的评估分数: 0.45945096837060145
lasso00001 模型保存的特征数量: 10
```

结果表明，模型在训练集表现相当优异，而在测试集的表现一般，这种现象是因为近拟合造成的，它只能适配于训练的数据，而无法很好地适应于新的数据集。

接下来，就将 alpha 不同值情况下，模型的泛化能力结果用图形展示出来，如图 6-9 所示。

```
#图像显示中文说明
plt.rcParams['font.sans-serif'] = [u'SimHei']
plt.plot(lasso.coef_, 's', label='Lasso alpha=1')
plt.plot(lasso001.coef_, '^', label='Lasso alpha=0.01')
plt.plot(lasso00001.coef_, 's', label='Lasso alpha=0.0001')

plt.legend(ncol=2, loc=(0, 1.05))
plt.ylim(-25, 25)
plt.xlabel('系数指数')
plt.ylabel('系数幅度')
plt.show()
```

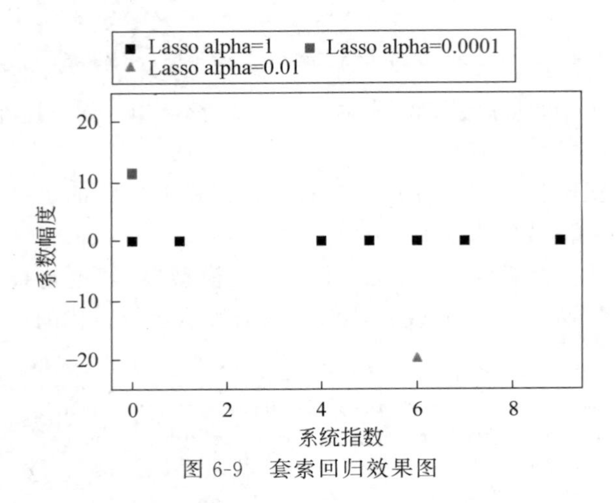

图 6-9 套索回归效果图

6.6 非线性回归

到目前为止,我们只考虑了参数回归方法。对于每种类型的回归模型,参数都是相关联的。这些参数均为全局参数,适用于各种类型的数据。

换句话说,数据不遵循任何全局规则或方程。模型可以通过使用数据中的局部结构来创建,这些方法不同于任何参数拟合技术,随着训练样本的增加,复杂性也会增加。

给定一组样本观测值$(Y_1,X_1),(Y_2,X_2),\cdots,(Y_n,X_n)$,$X_i$ 和 Y_i 之间的任意函数模型表示为:

$$Y_i=m(X_i)+\varepsilon_i,i=1,2,\cdots,n$$

其中,$m(\cdot)=E(Y|X)$,ε 为随机误差项,一般假定 $E(\varepsilon|X=x)=0$,$\mathrm{var}(\varepsilon|X=x)=\sigma^2$,不必是常数。

6.6.1 *K* 最近邻回归

K 最近邻回归(*K*-Nearest Neighbor Regression)是基于接近训练集中样本的值的一种技术。首先假设 *K* 的值为 1,这被称为 1-最近邻回归。该模型会记住训练集中的所有数据点,在预测时,将测试样本与最近的训练样本相匹配,并输出训练样本的值。

数据集中,如果只有一个特征,则可以将距离定义为欧氏距离。

$$\mathrm{distance}(x_a,x_b)=|x_a-x_b|$$

如果数据集中有更多的特征,则可以用不同的方法来计算距离。其中一种方法是使用特征平方距离的和的平方根。

$$\mathrm{distance}(x_a,x_b)=\sqrt{(x_{a1}-x_{b1})^2+(x_{a2}-x_{b2})^2+\cdots+(x_{ad}-x_{bd})^2}$$

其他距离还包括余弦相似性、基于秩的距离、基于相关性的距离等,我们可以根据需要使用不同的距离。

1. 1-NN 算法

```
DistanceToNN=无穷大
Value=0
For i=1 to 训练记录数量:
    Dist=distance(测试样本,第 i 个样本)
    If (Dist<DistanceToNN):
```

```
        DistanceToNN=Dist
        Value=第 i 个样本的值
Return Value
```

为了给模型更多的自信度，K 个最近邻的样本不是仅看一个样本，而是取相近样本的预测平均值并报告结果。

2. 2-NN 算法

```
DistanceToNN=sort(与第一个样本的距离,与第 k 个样本的距离)
Value=距离排序顺序索引
For i=1 to 训练记录数量:
    Dist=distance(测试样本,第 i 个样本)
    If(Dist<在 DistanceToNN 中的任何样本)
        从 DistanceToNN and Value 中移除样本
        向 DistanceToNN and Value 中放入新的样本并按序排列
Return Value 的平均值
```

使用 KNN 拟合比 1-NN 更合理。当数据集较大时，噪声对 KNN 的影响很小。

在 KNN 算法中，根据输入的单位变化，可以看到预测值的跳跃，原因是“邻居”的变化。为了处理这种情况，可以在算法中使用相邻权重。如果相邻数据的距离值较大，则希望其影响更小；如果距离值较小，则该相邻数据点应该比其他相邻数据点更有效。

$$\hat{y}=\frac{C_{\mathrm{NN1}}y_{\mathrm{NN1}}+C_{\mathrm{NN2}}y_{\mathrm{NN2}}+\cdots+C_{\mathrm{NN}k}y_{\mathrm{NN}k}}{\sum_{p=1}^{k}C_{\mathrm{NN}p}}$$

计算 $C_{\mathrm{NN}p}$ 的一种方法：

$$C_{\mathrm{NN}p}=\frac{1}{\mathrm{distance}(x_a,x_b)}$$

其中，x_a 是期望预测的样本，x_b 是训练样本的值。

使用内核定义相邻权重：

$$C_{\mathrm{NN}p}=\mathrm{kernel}(\mathrm{distance}(x_a,x_b))$$

内核是为距离赋予更有意义的值的函数。

【例 6-4】 实现影片推荐系统，值为喜爱度。

	黄世	赵虚	张龙	陈四	李文	刘明(待测人)
喜剧片	3	4	2	3	3	4
动作片	4	3	5	4	5	4
生活片	4	5	1	2	1	1
恐怖片	1	1	3	4	5	5
爱情片	4	5	1	1	1	1

最终结果为：[5.9, 7.0, 3.0, 1.7, 1.4]，刘明与陈四、李文的值差距最小，判断他们的喜好更相似。

```
#分类
import math
#计算两人的距离(非实际距离)
def knn(one, two):
    res = []                                    #最终各人对比距离
    for ren in two:                             #各人依次对比
        zhi = 0
```

```
        for i in range(length):
            zhi += math.pow((one[i]-ren[i]), 2)        #pow(x, y)返回 x 的 y 次方
        result = math.sqrt(zhi)                        #sqrt(x)返回 x 的平方根
        res.append((result, zhi))
    return res
#各人对各类影片的喜爱度,中文也可做变量名
黄世 = [3, 4, 4, 1, 4]
赵虚 = [4, 3, 5, 1, 5]
张龙 = [2, 5, 1, 3, 1]
陈四 = [3, 4, 2, 4, 1]
李文 = [3, 5, 1, 5, 1]
刘明 = [4, 4, 1, 5, 1]
#多个参照物
num = [黄世, 赵虚, 张龙, 陈四, 李文]
length = len(刘明)
print(knn(刘明, num))
```

运行程序,输出如下:

```
[(5.916079783099616, 35.0), (7.0, 49.0), (3.0, 9.0), (1.7320508075688772, 3.0),
(1.4142135623730951, 2.0)]
#根据 5 个最近邻的打分预测刘六的打分
黄世 = 5
赵虚 = 4
张龙 = 4
陈四 = 5
李文 = 4
刘明 = (黄世 + 赵虚 + 张龙 + 陈四 + 李文)/5
print(刘明)
```

运行程序,输出如下:

```
4.4
```

6.6.2 核回归

在核回归(Kernel Regression)中,要加权所有的训练样本而不是仅仅最近的邻近点。因此,通过使用所有的训练样本进行预测。

$$\hat{y}=\frac{\sum_{p=1}^{k} C_{\mathrm{NN}p} y_{\mathrm{NN}p}}{\sum_{p=1}^{k} C_{\mathrm{NN}p}}$$

$$\hat{y}=\frac{\sum_{p=1}^{k} \mathrm{kernel}(\mathrm{distance}(x_a, x_b)) y_{\mathrm{NN}p}}{\sum_{p=1}^{k} \mathrm{kernel}(\mathrm{distance}(x_a, x_b))}$$

也可以通过使用带宽(bandwidth)来表示样本的宽度。

【例 6-5】 实现核回归。

```
import numpy as np
from sklearn.svm import SVR
```

```
import matplotlib.pyplot as plt
from pylab import mpl
mpl.rcParams['font.sans-serif'] = ['SimHei']
plt.rcParams['axes.unicode_minus'] = False          #图像显示负号
X=np.sort(5 * np.random.rand(40,1),axis=0)          #生成 40 组数据,按列排列
y=np.sin(X).ravel()                                 #生成 40 组数据,ravel 表示转换为行
svr_rbf=SVR(kernel='rbf',C=1e3,gamma=0.1)           #rbf 高斯核函数
svr_lin=SVR(kernel='linear',C=1e3)                  #linear 线性核函数
svr_poly=SVR(kernel='poly',C=1e3,degree=2)          #poly 多项式核函数
y_rbf=svr_rbf.fit(X, y).predict(X)
y_lin=svr_lin.fit(X, y).predict(X)
y_poly=svr_poly.fit(X,y).predict(X)

plt.scatter(X,y,label="原始数据")                    #原始数据
plt.scatter(X,y_rbf,label="高斯核")
plt.scatter(X,y_lin,label="线性核")
plt.scatter(X,y_poly,label="多项式核")
plt.legend()
plt.show()
```

运行程序,效果如图 6-10 所示。

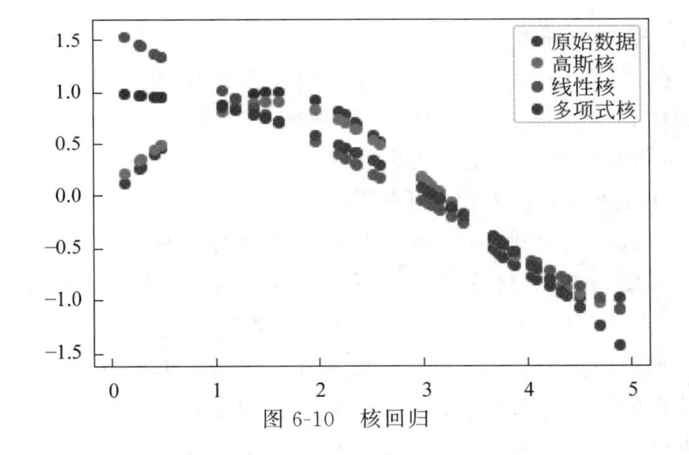

图 6-10　核回归

第 7 章

基于分类的数据分析

分类是一种给定特定和分类结果的有监督的机器学习技术。通过使用给定的特征来预测输出的模型称为分类器，分类器的目标是学习输入变量与分类结果之间的关系，这些不同的分类结果被称为类。

下面我们先来理解一下分类。

- 文档分类：在开始阅读文档时，可以先了解文档所属的类别。比如报纸上的新闻，可以将其分为体育、政治、教育、市场等，这些都是类别。可以创建一个分类器，将文档作为输入，然后将其分类为预定义类别之一。
- 文本识别：可以通过分类来识别手写数据中的文本。把每个字符、数字和符号定义为一个类。当得到任何字符的图片时，都可以将其分类成一个字符。利用这种方法，可以通过高可信度的方式，将完整的手写文档转换成计算机可读格式。
- 电子邮件分类：我们每天收到很多电子邮件，其中一些电子邮件包含原始文本和虚假的产品折扣信息，这些邮件被称为垃圾邮件。当登录邮箱账户时，电子邮件服务商会自动发现垃圾邮件，并将其从收件箱中删除。因此，它将每封电子邮件分类为垃圾邮件或非垃圾邮件。这是一种二分类器，因为它将电子邮件分为两类。现代电子邮件提供商将电子邮件分类为更多的类别，如主要邮件、社交邮件、论坛邮件、广告邮件等。
- 图片分类：可以在图像中建立分类器。例如可以将花的不同图像作为输入，并给每个图像加上标签，如梅花、菊花、兰花等。在建立模型之前提取图像中包含的特征，之后便可以训练分类器。现在，这个分类器可以输入任何种类的花，并将它们划分在一个预定义的花类别中。

本章将对几种常用的分类器展开介绍。

7.1 KNN 分类器

K 近邻算法（KNN）是一种简单但也很常用的分类算法，它也可以应用于回归计算。KNN是无参数学习，这意味着它不会对底层数据的分布做出任何假设。它是基于实例，即该算法没有显式的学习模型。相反，它选择的是记忆训练实例，并在一个有监督的学习环境中使用。KNN 算法的实现过程主要包括距离计算方式的选择、k 值的选取以及分类的决策规则三部分。

1. 距离计算方式的选择

选择一种距离计算方式，计算测试数据与各个训练数据之间的距离。距离计算方式一般选择欧氏距离或曼哈顿距离。

给定训练集：$X_{\text{train}}=(x^{(1)},x^{(2)},\cdots,x^{(i)})$，测试集：$X_{\text{test}}=(x'^{(1)},x'^{(2)},\cdots,x'^{(j)})$。则欧几里得距离为：

$$d(x^{(i)},x'^{(j)})=\sqrt{\sum_{l=1}^{l}(x_l^{(i)}-x_l'^{(j)})^2}$$

曼哈顿距离为：

$$d(x^{(i)},x'^{(j)})=\sum_{l=1}^{l}|(x_l^{(i)}-x_l'^{(j)})|$$

2. *k* 值的选取

在计算测试数据与各个训练数据之间的距离之后，首先按照距离递增次序进行排序，然后选取距离最小的 k 个点。

一般会先选择较小的 k 值，然后进行交叉验证选取最优的 k 值。k 值较小时，整体模型会变得复杂，且对近邻的训练数据点较为敏感，容易出现过拟合。k 值较大时，模型则会趋于简单，此时较远的训练数据点也会起到预测作用，容易出现欠拟合。

3. 分类的决策规则

常用的分类决策规则是取 k 个近邻训练数据中类别出现次数最多者作为输入新实例的类别。即首先确定前 k 个点所在类别的出现频率，对于离散分类，返回前 k 个点出现频率最多的类别作预测分类；对于回归则返回前 k 个点的加权值作为预测值。

【例 7-1】 KNN 算法预测数据。

```
import numpy as np
import matplotlib.pyplot as plt
from math import sqrt
from collections import Counter#统计工具包，待会用来统计最短距离最多的点的个数
x = [[1.0,1.3],[1.1,1.3],[1.2,1.4],[1.3,1.4],[1.4,1.8],[2.3,3.2],
[2.1,3.7],[2.2,3.2],[2.5,3.9],[2.6,3.6]]
#x 中的每一个元素代表，图上的每一个点
#y 列表里只有 0,1 两个数，代表 x 里的点分为两类，y 里面 0 的个数代表 x 里面点是"0"这一类的个数
y = [0,0,0,0,0,1,1,1,1,1]
X = np.array(x)
Y = np.array(y)
#将列表转换为数组，这样做是为了便于用函数求最大、最小、排序、均值等的计算
plt.scatter(X[Y==0,0],X[Y==0,1],c='red')
plt.scatter(X[Y==1,0],X[Y==1,1],c='blue')#将数据点可视化
newdata = [1.8,3.0]#这是我要测试的数据点
plt.scatter(newdata[0],newdata[1],c='yellow')
#步骤一：为了求数据点到我每一个测试点的距离，用欧氏距离格式求
dis = []
for i in X:
    d = sqrt(np.sum((i - newdata)**2))
    dis.append(d)
#步骤二：使用该函数，让距离从小到大排序，注意这里排的是索引值
near = np.argsort(dis)
#步骤三：设 k 值为 3，则取最小距离前三个的类别，哪个类别个数多，就把新数据判给哪个类
```

```
k = 3
#步骤四:确定前 k 个点所在类别的出现频率
topk = [Y[i] for i in near[:3]]
print(topk) #输出最短距离的前三个点都是什么类别
v = Counter(topk)
print(v)                              #统计 topk 里,即最短的三个点里,它们所属类别的个数
#步骤五:最后确定要判别的点的类别
v.most_common(1)                      #表现出最频繁出现的类别
v = v.most_common(1)[0][0]            #得出了 newdata 的类别了
print(v)
plt.show()
```

运行程序,输出如下,效果如图 7-1 所示。

```
[1, 1, 1]
Counter({1: 3})
1
```

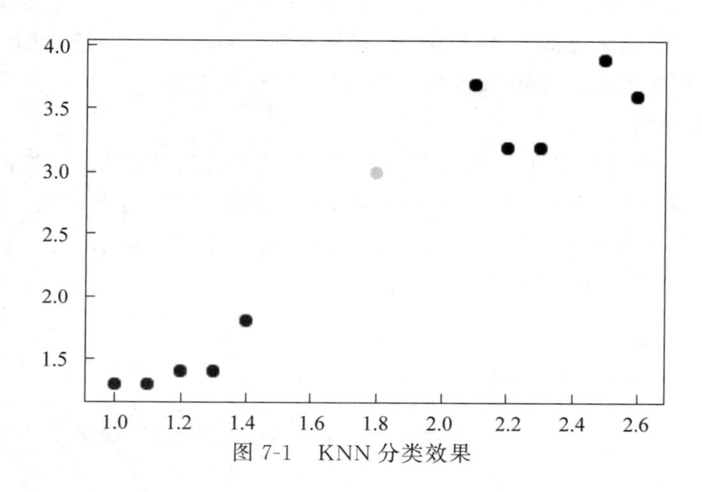

图 7-1　KNN 分类效果

7.2　线性分类器

在机器学习领域,分类的目标是指将具有相似特征的对象聚集。而一个线性分类器则透过特征的线性组合来做出分类决定,以达到此目的。对象的特征通常被描述为特征值,而在向量中则描述为特征向量。

如果定义 $\boldsymbol{x}=(x_1,x_2,\cdots,x_n)$来代表 n 维特征列向量,用 n 维列向量 $\boldsymbol{w}=(w_1,w_2,\cdots,w_n)$来代表对应的权重,这称为系数(Coefficient);同时为了避免其过坐标原点这种硬性假设,增加一个截距(Intercept)b。这种线性关系可以表达为:

$$f(\boldsymbol{w},\boldsymbol{x},b)=\boldsymbol{w}^{\mathrm{T}}\boldsymbol{x}+b$$

这里的 $f\in\mathbf{R}$,取值范围分布在整个实数域中。

然而,我们所要处理的最简单的二分类问题希望 $f\in\{0,1\}$;因此需要一个函数把原来的 $f\in\mathbf{R}$ 映射到(0,1)。于是想到了逻辑(Logistic)函数:

$$g(z)=\frac{1}{1+\mathrm{e}^{-z}}$$

此处的 $z\in\mathbf{R}$ 并且 $g\in(0,1)$,其函数图像如图 7-2 所示。

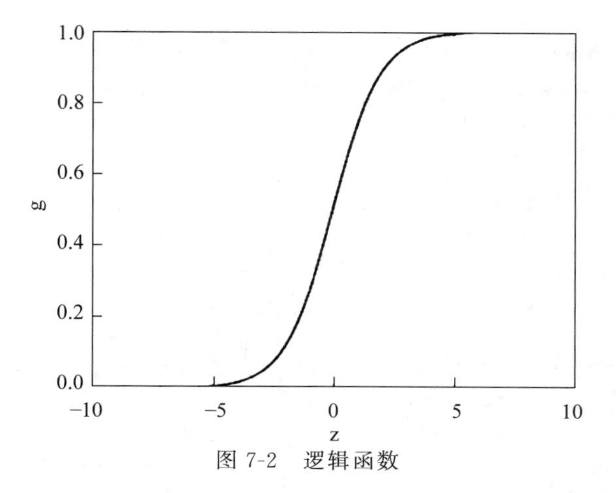

图 7-2　逻辑函数

【例 7-2】 利用线性分类器实现数据聚类。

```
import random
def matrix_time(x=None,y=None):
    sum=0
    for i in range(0,len(x)):
        sum+=(x[i] * y[i])
    print("    α* "+str(y)+"="+str(sum))
    return sum
def matrix_add(x=None,y=None):
    result=[]
    for i in range(0,len(x)):
        result.append(x[i]+y[i])
    return result
def is_pass_muster(stander=None,data=None):
    k=0
    print("    检验α是否能识别全部样本")
    for list in data:
        m=matrix_time(stander,list)
        if(m<=0):
            print("    α*"+str(list)+'='+str(m)+'<=0,未能识别全部样本,开始对α进行
调整')
            return False
        if (m>0):
            print("    α*" + str(list) + '=' + str(m) + '>0,正确识别样本')
            k+=1
    if k==len(data):
        return True
def fun(x=None):
    a=[]
    while len(a)!=3:
        k= random.randint(-9,9)
        if k not in a:
            a.append(k)
    #a=[-2,0,-1]
    print("初始化α:"+str(a))
    list =[]
    w=1
```

```
    for l in x:
        for omiga in l:
            for i in range(0,len(omiga)):
                omiga[i] * =w
            omiga.append(w)
            list.append(omiga)
        w * =-1
    n=1
    print("第" + str(n) + "轮:")
    while not is_pass_muster(stander=a,data=list):
        n += 1
        print("第"+str(n)+"轮:")
        for lt in list:
            m=matrix_time(a,lt)
            if(m<=0):
                bb=a
                a=matrix_add(a,lt)
                print("     未正确识别样本,将 α:"+str(bb)+"调整为:"+str(bb)+"+"+str
(lt)+'='+str(a))
    return a
if __name__ == '__main__':
    x=[[[0,0],[0,1]],[[1,0],[1,1]]]
    print('输入数据:'+str(x))
    a=fun(x)
    print('α 全部识别样本:'+str(a))
```

运行程序,输出如下:

```
输入数据:[[[0, 0], [0, 1]], [[1, 0], [1, 1]]]
初始化 α:[7, -4, -2]
第 1 轮:
  检验 α 是否能识别全部样本
    α* [0, 0, 1]=-2
  α* [0, 0, 1]=-2<=0,未能识别全部样本,开始对 α 进行调整
第 2 轮:
    α* [0, 0, 1]=-2
    未正确识别样本,将 α:[7, -4, -2]调整为:[7, -4, -2]+[0, 0, 1]=[7, -4, -1]
    α* [0, 1, 1]=-5
    未正确识别样本,将 α:[7, -4, -1]调整为:[7, -4, -1]+[0, 1, 1]=[7, -3, 0]
    α* [-1, 0, -1]=-7
    未正确识别样本,将 α:[7, -3, 0]调整为:[7, -3, 0]+[-1, 0, -1]=[6, -3, -1]
    α* [-1, -1, -1]=-2
    未正确识别样本,将 α:[6, -3, -1]调整为:[6, -3, -1]+[-1, -1, -1]=[5, -4, -2]
  检验 α 是否能识别全部样本
    α* [0, 0, 1]=-2
  α* [0, 0, 1]=-2<=0,未能识别全部样本,开始对 α 进行调整
第 3 轮:
    α* [0, 0, 1]=-2
    未正确识别样本,将 α:[5, -4, -2]调整为:[5, -4, -2]+[0, 0, 1]=[5, -4, -1]
    α* [0, 1, 1]=-5
    未正确识别样本,将 α:[5, -4, -1]调整为:[5, -4, -1]+[0, 1, 1]=[5, -3, 0]
    α* [-1, 0, -1]=-5
    未正确识别样本,将 α:[5, -3, 0]调整为:[5, -3, 0]+[-1, 0, -1]=[4, -3, -1]
    α* [-1, -1, -1]=0
```

```
        未正确识别样本,将 α:[4, -3, -1]调整为:[4, -3, -1]+[-1, -1, -1]=[3, -4, -2]
      检验 α 是否能识别全部样本
        α* [0, 0, 1]=-2
      α*[0, 0, 1]=-2<=0,未能识别全部样本,开始对 α 进行调整
第 4 轮:
        α* [0, 0, 1]=-2
        未正确识别样本,将 α:[3, -4, -2]调整为:[3, -4, -2]+[0, 0, 1]=[3, -4, -1]
        α* [0, 1, 1]=-5
        未正确识别样本,将 α:[3, -4, -1]调整为:[3, -4, -1]+[0, 1, 1]=[3, -3, 0]
        α* [-1, 0, -1]=-3
        未正确识别样本,将 α:[3, -3, 0]调整为:[3, -3, 0]+[-1, 0, -1]=[2, -3, -1]
        α* [-1, -1, -1]=2
      检验 α 是否能识别全部样本
        α* [0, 0, 1]=-1
      α*[0, 0, 1]=-1<=0,未能识别全部样本,开始对 α 进行调整
第 5 轮:
        α* [0, 0, 1]=-1
        未正确识别样本,将 α:[2, -3, -1]调整为:[2, -3, -1]+[0, 0, 1]=[2, -3, 0]
        α* [0, 1, 1]=-3
        未正确识别样本,将 α:[2, -3, 0]调整为:[2, -3, 0]+[0, 1, 1]=[2, -2, 1]
        α* [-1, 0, -1]=-3
        未正确识别样本,将 α:[2, -2, 1]调整为:[2, -2, 1]+[-1, 0, -1]=[1, -2, 0]
        α* [-1, -1, -1]=1
      检验 α 是否能识别全部样本
        α* [0, 0, 1]=0
      α*[0, 0, 1]=0<=0,未能识别全部样本,开始对 α 进行调整
第 6 轮:
        α* [0, 0, 1]=0
        未正确识别样本,将 α:[1, -2, 0]调整为:[1, -2, 0]+[0, 0, 1]=[1, -2, 1]
        α* [0, 1, 1]=-1
        未正确识别样本,将 α:[1, -2, 1]调整为:[1, -2, 1]+[0, 1, 1]=[1, -1, 2]
        α* [-1, 0, -1]=-3
        未正确识别样本,将 α:[1, -1, 2]调整为:[1, -1, 2]+[-1, 0, -1]=[0, -1, 1]
        α* [-1, -1, -1]=0
        未正确识别样本,将 α:[0, -1, 1]调整为:[0, -1, 1]+[-1, -1, -1]=[-1, -2, 0]
      检验 α 是否能识别全部样本
        α* [0, 0, 1]=0
      α*[0, 0, 1]=0<=0,未能识别全部样本,开始对 α 进行调整
第 7 轮:
        α* [0, 0, 1]=0
        未正确识别样本,将 α:[-1, -2, 0]调整为:[-1, -2, 0]+[0, 0, 1]=[-1, -2, 1]
        α* [0, 1, 1]=-1
        未正确识别样本,将 α:[-1, -2, 1]调整为:[-1, -2, 1]+[0, 1, 1]=[-1, -1, 2]
        α* [-1, 0, -1]=-1
        未正确识别样本,将 α:[-1, -1, 2]调整为:[-1, -1, 2]+[-1, 0, -1]=[-2, -1, 1]
        α* [-1, -1, -1]=2
      检验 α 是否能识别全部样本
        α* [0, 0, 1]=1
      α*[0, 0, 1]=1>0,正确识别样本
        α* [0, 1, 1]=0
      α*[0, 1, 1]=0<=0,未能识别全部样本,开始对 α 进行调整
第 8 轮:
        α* [0, 0, 1]=1
```

```
    α* [0, 1, 1]=0
    未正确识别样本,将 α:[-2, -1, 1]调整为:[-2, -1, 1]+[0, 1, 1]=[-2, 0, 2]
    α* [-1, 0, -1]=0
    未正确识别样本,将 α:[-2, 0, 2]调整为:[-2, 0, 2]+[-1, 0, -1]=[-3, 0, 1]
    α* [-1, -1, -1]=2
  检验 α 是否能识别全部样本
    α* [0, 0, 1]=1
  α*[0, 0, 1]=1>0,正确识别样本
    α* [0, 1, 1]=1
  α*[0, 1, 1]=1>0,正确识别样本
    α* [-1, 0, -1]=2
  α*[-1, 0, -1]=2>0,正确识别样本
    α* [-1, -1, -1]=2
  α*[-1, -1, -1]=2>0,正确识别样本
α 全部识别样本:[-3, 0, 1]
```

7.3 逻辑分类

逻辑(logistic)回归是一种广义线性回归(Generalized Linear Model),因此与多重线性回归分析有很多相同之处。它们的模型形式基本上相同,都具有 $w'x+b$,其中 w 和 b 是待求参数,其区别在于它们的因变量不同,多重线性回归直接将 $w'x+b$ 作为因变量,即 $y=w'x+b$,而逻辑回归则通过函数 L 将 $w'x+b$ 对应为一个隐状态 p,$p=L(w'x+b)$,然后根据 p 与 $1-p$ 的大小决定因变量的值。如果 L 是 logistic 函数,即为 logistic 回归,如果 L 是多项式函数即为多项式回归。

7.3.1 逻辑回归概述

逻辑回归的因变量可以是二分类的,也可以是多分类的,但是二分类的更为常用,也更加容易解释,多分类可以使用 Softmax 方法进行处理。实际中最为常用的就是二分类的逻辑回归。

逻辑回归模型的适用条件:

(1) 因变量为二分类的分类变量或某事件的发生率,并且是数值型变量。但是需要注意,重复计数现象指标不适用于逻辑回归。

(2) 残差和因变量都要服从二项分布。二项分布对应的是分类变量,所以不是正态分布,即不需要用最小二乘法,而是用最大似然法来解决方程估计和检验问题。

(3) 自变量和逻辑概率是线性关系。

(4) 各观测对象间相互独立。

逻辑回归的主要用途:

根据逻辑回归的特点,它的用途主要表现在以下几方面。

(1) 寻找危险因素:寻找某一疾病的危险因素等。

(2) 预测:根据模型,预测在不同的自变量情况下,发生某病或某种情况的概率有多大。

(3) 判别:实际上跟预测有些类似,也是根据模型,判断某人患有某病或属于某种情况的概率有多大,也就是看一下这个人有多大的可能性患有某病。

逻辑回归主要在流行病学中应用较多,比较常用的情形是探索某疾病的危险因素,根据危险因素预测某疾病发生的概率,等等。例如,想探讨胃癌发生的危险因素,可以选择两组人群,一组是胃癌组,另一组是非胃癌组,两组人群肯定有不同的体征和生活方式等。这里的因变量

就是是否是胃癌，即“是”或“否”，自变量就可以包括很多了，例如年龄、性别、饮食习惯、幽门螺旋杆菌感染等。自变量既可以是连续的，也可以是分类的。

7.3.2　逻辑回归原理

当 $z \geqslant 0$ 时，$y \geqslant 0.5$，分类为 1，当 $z < 0$ 时，$y < 0.5$ 时，分类为 0，其对应的 y 值可以视为类别 1 的概率预测值。逻辑回归虽然名字里带“回归”，但是它实际上是一种分类方法，主要用于两分类问题（即输出只有两种，分别代表两个类别），所以利用了逻辑函数（或称为 Sigmoid 函数），函数形式为：

$$\text{logi}(z)=\frac{1}{1+\mathrm{e}^{-z}}$$

对应的函数图像可用图 7-3 来表示。

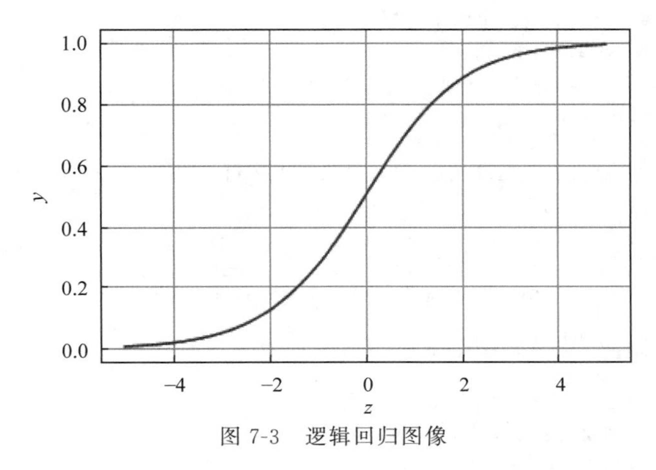

图 7-3　逻辑回归图像

通过图 7-3 可以发现逻辑函数是单调递增函数，并且在 $z=0$ 时为回归的基本方程，将回归方程写入其中为：

$$p=p(y=1 \mid x,\theta)=h_\theta(x,\theta)=\frac{1}{1+\mathrm{e}^{-(w_0+\sum_i^N w_i x_i)}}$$

对于模型的训练而言：实质上来说就是利用数据求解出对应模型的特定 ω。从而得到一个针对当前数据的特征逻辑回归模型。而对于多分类而言，将多个二分类的逻辑回归组合，即可实现多分类。

7.3.3　逻辑分类的实现

下面通过一个简单实例来演示逻辑分类问题。

【例 7-3】　根据给定的数据实现一个线性模型。

```
import numpy as np
import matplotlib.pyplot as plt
from sklearn.linear_model import LinearRegression
from sklearn.datasets import make_regression
from sklearn.model_selection import train_test_split
X,y = make_regression(n_samples=100,n_features=2,n_informative=2,random_state=
38)
X_train,X_test,y_train,y_test = train_test_split(X,y,random_state=8)
lr = LinearRegression().fit(X_train,y_train)
```

```
print('lr.coef_:{}'.format(lr.coef_[:]))
print('lr.intercept_:{}'.format(lr.intercept_))
X,y = make_regression(n_samples=50,n_features=1,n_informative=1,noise=50,random
_state=1)
reg = LinearRegression()
reg.fit(X,y)
z = np.linspace(-3,3,200).reshape(-1,1)
plt.scatter(X,y,c='b',s=60)
plt.plot(z,reg.predict(z),c='k')

plt.rcParams['font.sans-serif'] = [u'SimHei']
X = [[1],[4],[3]]
y = [3,5,3]
lr = LinearRegression().fit(X,y)#线性模型拟合这两个点
z = np.linspace(0,5,20)#画出两个点以及函数
plt.scatter(X,y,s=80)
plt.plot(z,lr.predict(z.reshape(-1,1)),c='k')
plt.title('直线')
plt.show()
print('y = {:,.3f}'.format(lr.coef_[0]),'x','+{:,.3f}'.format(lr.intercept_))
#拟合数据时,求线性方程的系数
print('直线的系数为:{:,.2f}'.format(reg.coef_[1]))
print('直线的截距是:{:,.2f}'.format(reg.intercept_))
print('训练集得分:{:,.2f}'.format(lr.score(X_test,y_test)))
```

运行程序,输出如下,效果如图 7-4 和图 7-5 所示。

```
lr.coef_:[70.38592453  7.43213621]
lr.intercept_:-1.4210854715202004e-14
y = 0.571 x +2.143
```

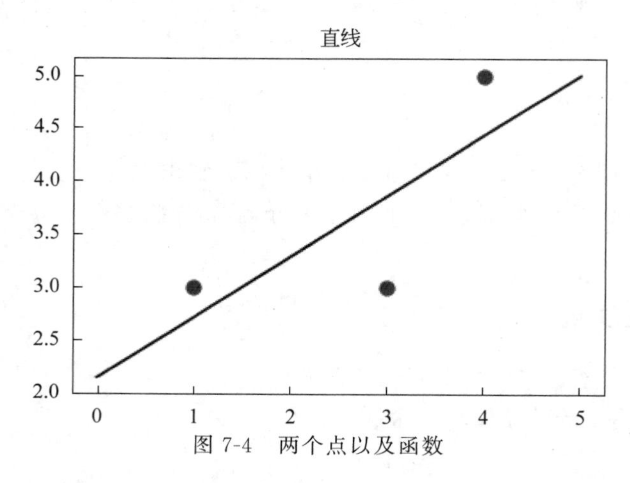

图 7-4　两个点以及函数

通过运行上面的代码可以发现,训练集和测试集的得分均为 1.00,这说明模型的高度拟合,但是这也是因为没有在数据中加入影响因素 noise 导致的,在实际的数据集中会有各种因素的影响,下面代码加入 noise 再进行测试:

```
import numpy as np
import matplotlib.pyplot as plt
from sklearn.linear_model import LinearRegression
```

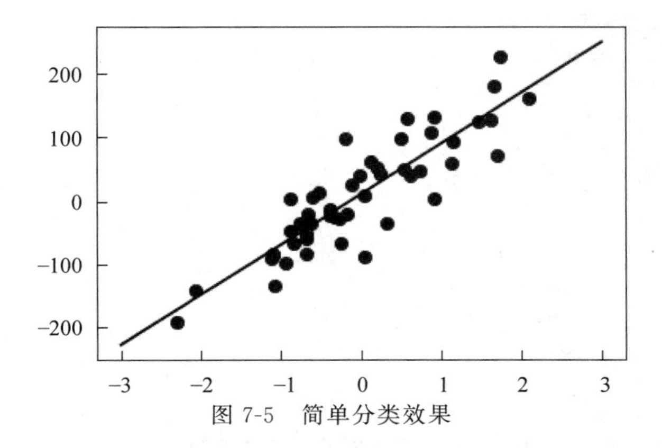

图 7-5　简单分类效果

```
from sklearn.datasets import make_regression
from sklearn.model_selection import train_test_split
from sklearn.datasets import load_diabetes
X,y = load_diabetes().data,load_diabetes().target
X_train,X_test,y_train,y_test = train_test_split(X,y,random_state=8)
lr = LinearRegression().fit(X_train,y_train)
print('训练集得分:{:,.2f}'.format(lr.score(X_train,y_train)))
print('测试集得分:{:,.2f}'.format(lr.score(X_test,y_test)))
```

运行程序,输出如下:

```
训练集得分:0.53
测试集得分:0.46
```

在对上述代码运行后,可以发现训练集和测试集间的得分存在一定的差异,这是因为模型过拟合导致的。在现实生活中,拟合存在以下三种情况:

(1) 欠拟合;

(2) 拟合;

(3) 过拟合(这种情况比欠拟合更加麻烦)。

以上就是一个简单的线性模型实现。

【例 7-4】 利用逻辑回归对尾花(iris)数据进行分类。

实现步骤为:

(1) 导入函数库。

```
##基础函数库
import numpy as np
import pandas as pd
##绘图函数库
import matplotlib.pyplot as plt
import seaborn as sns
```

(2) 数据库读取。

```
##利用 sklearn 中自带的 iris 数据作为数据载入,并利用 Pandas 转换为 DataFrame 格式
from sklearn.datasets import load_iris
data = load_iris()                          #得到数据特征
iris_target = data.target                   #得到数据对应的标签
iris_features = pd.DataFrame(data=data.data, columns=data.feature_names)
                                            #利用 Pandas 转换为 DataFrame 格式
```

（3）数据信息简单查看。

```
##利用.info()查看数据的整体信息
iris_features.info()
<class 'pandas.core.frame.DataFrame'>
RangeIndex: 150 entries, 0 to 149
Data columns (total 4 columns):
sepal length (cm)     150 non-null float64
sepal width (cm)     150 non-null float64
petal length (cm)     150 non-null float64
petal width (cm)     150 non-null float64
dtypes: float64(4)
memory usage: 4.8 KB
##进行简单的数据查看,可以利用.head()头部.tail()尾部
iris_features.head()
```

（4）可视化描述。

```
##合并标签和特征信息
iris_all = iris_features.copy()          ##进行浅拷贝,防止对于原始数据的修改
iris_all['target'] = iris_target
##特征与标签组合的散点可视化,如图 7-6 所示
```

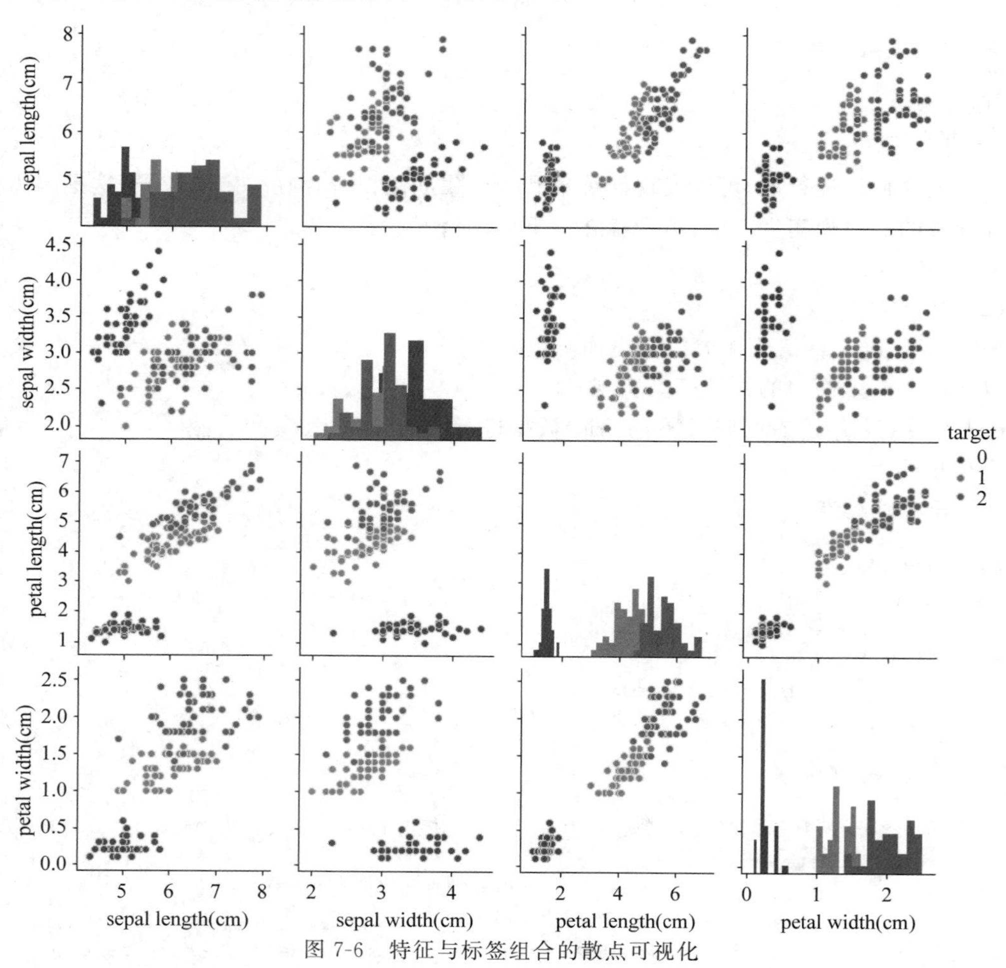

图 7-6　特征与标签组合的散点可视化

```
sns.pairplot(data=iris_all,diag_kind='hist', hue= 'target')
plt.show()
#选取其前三个特征绘制三维散点图,如图 7-7 所示
from mpl_toolkits.mplot3d import Axes3D
fig = plt.figure(figsize=(10,8))
ax = fig.add_subplot(111, projection='3d')

iris_all_class0 = iris_all[iris_all['target']==0].values
iris_all_class1 = iris_all[iris_all['target']==1].values
iris_all_class2 = iris_all[iris_all['target']==2].values
#'setosa'(0), 'versicolor'(1), 'virginica'(2)
ax.scatter(iris_all_class0[:,0], iris_all_class0[:,1], iris_all_class0[:,2],label
='setosa')
ax.scatter(iris_all_class1[:,0], iris_all_class1[:,1], iris_all_class1[:,2],label
='versicolor')
ax.scatter(iris_all_class2[:,0], iris_all_class2[:,1], iris_all_class2[:,2],label
='virginica')
plt.legend()
plt.show()
```

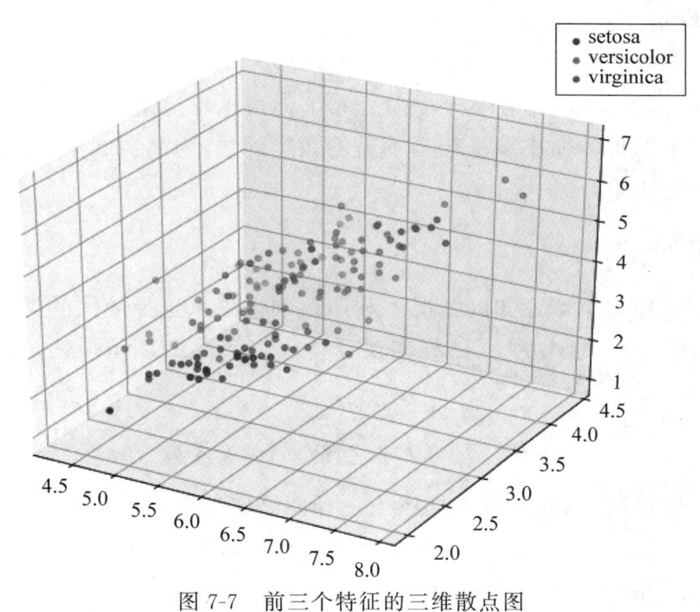

图 7-7　前三个特征的三维散点图

7.4　贝叶斯分类

贝叶斯分类器是各种分类器中分类错误概率最小或者在预先给定代价的情况下平均风险最小的分类器。它的设计方法是一种最基本的统计分类方法。其分类原理是通过某对象的先验概率,利用贝叶斯公式计算出其后验概率,即该对象属于某一类的概率,选择具有最大后验概率的类作为该对象所属的类。

7.4.1　贝叶斯分类相关知识

在学习贝叶斯分类前,我们先来了解几个与贝叶斯分类相关的概率论和数理统计的定义和知识。

- 行动空间 A，它是某项实际工作中可能采取的各种“行动”所构成的集合。

注意：贝叶斯学派注意的是模型参数，所以通常而言我们想要做出的“行动”是“决策模型的参数”。因此我们通常会将行动空间取为参数空间，亦即 $A=\theta$。

- 决策 $\delta(\widetilde{X})$，它是样本空间 X 到行动空间 A 的一个映射。换句话说，对于一个单一的样本 $\widetilde{X}(\widetilde{X}\in X)$，决策函数可以利用它得到 A 中的一个行动。

注意：这里的样本 $\widetilde{X}$ 通常是高维的随机向量：$\widetilde{X}=(x_1,x_2,\cdots,x_N)^{\mathrm{T}}$；尤其需要分清的是，这个 $\widetilde{X}$ 其实是一般意义上的“训练集”，x_i 才是一般意义上的“样本”。

- 损失函数 $L(\theta,a)=LL(\theta,\delta(\widetilde{X}))$，它表示参数 $\theta(\theta\in\Theta,\Theta$ 是参数空间)时采取行动 a $(a\in A)$所引起的损失。
- 决策风险 $R(\theta,\delta)$，它是损失函数的期望：$R(\theta,\delta)=EL(\theta,\delta(\widetilde{X}))$。
- 先验分布：描述了参数 θ 在已知样本 $\widetilde{X}$ 中的分布。
- 平均风险 $\rho(\delta)$，它定义为决策风险 $R(\theta,\delta)$在先验分布下的期望：

$$\rho(\delta)=E_{\xi}R(\theta,\delta)$$

- 贝叶斯决策 δ^*，它满足

$$\rho(\delta^*)=\inf_{\delta}\rho(\delta)$$

换句话说，贝叶斯决策 δ^* 是在某个先验分布下使得平均风险最小的决策。

寻找一般意义下的贝叶斯决策是相当不易的数学问题，为简洁起见，需要结合具体的算法来推导相应的贝叶斯决策。

7.4.2 贝叶斯原理

贝叶斯决策论在相关概率已知的情况下利用误判损失来选择最优的类别分类。

“风险”(误判损失)= 原本为 c_j 的样本误分类成 c_i 产生的期望损失(如下式，概率乘以损失为期望损失)：

$$R(c_i \mid X)=\sum_{j=1}^{N}\lambda_{ij}P(c_j \mid X)$$

为了最小化总体风险，只需在每个样本上选择能够使条件风险 $R(c|X)$最小的类别标记。

$$h^*(x)=\underset{c\cap y}{\arg\min}\,R(c|X)$$

h^* 称为贝叶斯最优分类器，与之对应的总体风险为贝叶斯风险，令 λ 等于 1 时，最优贝叶斯分类器是使后验概率 $P(c|X)$最大。

利用贝叶斯判定准则来最小化决策风险，首先要获得后验概率 $P(c|X)$，机器学习则是基于有限的训练样本集尽可能准确地估计出后验概率 $P(c|X)$。通常有两种模型：

(1) “判别式模型”：通过直接建模 $P(c|X)$来预测(决策树，BP 神经网络，支持向量机)。

(2) “生成式模型”：通过对联合概率模型 $P(X,c)$进行建模，然后再获得 $P(c|X)$。

$$P(c|X)=\frac{P(X,c)}{P(X)}=\frac{P(c)P(X|c)}{P(X)}$$

$P(c)$是类“先验”概述，$P(X|c)$是样本 X 相对于类标记条件概率，或称似然。对同一个似然函数，如果存在一个参数值，使得它的函数值达到最大，那么这个值就是最为“合理”的参数值。

对于 $P(c)$而言，它代表样本空间中各类样本所占的比例，根据大数定理当训练集包含充

足的独立同分布样本时，可通过各类样本出现的频率进行估计。对于 $P(X|c)$而言，涉及关于所有属性的联合概率，无法根据样本出现的频率进行估计。

7.4.3 贝叶斯分类的实现

在机器学习领域，贝叶斯分类器是基于贝叶斯理论并假设各特征相互独立的分类方法，其基本方法为：使用特征向量来表征某个实体，并在该实体上绑定一个标签来代表其所属的类别。下面通过一个实例来演示贝叶斯分类器对给定数据进行分类。

【例 7-5】 利用贝叶斯分类器对表 7-1 中的水果进行分类。

表 7-1 水果

类别	较长	不长	甜	不甜	黄色	不是黄色	总数
香蕉	400	100	350	150	450	50	500
橘子	0	300	150	150	300	0	300
其他水果	100	100	150	50	50	150	200
总数	500	500	650	350	800	200	1000

根据需要，建立一个 bayes_classfier.py 文件，实现叶斯分类器源码。

```
"""
贝叶斯分类器
"""
####训练数据集
datasets = {'banala':{'long':400,'not_long':100,'sweet':350,'not_sweet':150,
            'yellow':450,'not_yellow':50},'orange':{'long':0,'not_long':300,
            'sweet':150,'not_sweet':150,'yellow':300,'not_yellow':0},'other_fruit':
            {'long':100,'not_long':100,'sweet':150,'not_sweet':50,'yellow':50,
            'not_yellow':150}
           }
def count_total(data):
    '''计算各种水果的总数
    return {'banala':500 ...}'''
    count = {}
    total = 0
    for fruit in data:
        '''因为水果要么甜要么不甜,可以用这两种特征来统计总数'''
        count[fruit] = data[fruit]['sweet'] + data[fruit]['not_sweet']
        total += count[fruit]
    return count,total

def cal_base_rates(data):
    '''计算各种水果的先验概率
    return {'banala':0.5 ...}'''
    categories,total = count_total(data)
    cal_base_rates = {}
    for label in categories:
        priori_prob = categories[label]/total
        cal_base_rates[label] = priori_prob
    return cal_base_rates
```

```
def likelihold_prob(data):
    '''计算各个特征值在已知水果下的概率
    {'banala':{'long':0.8}...}'''
    count,_ = count_total(data)
    likelihold = {}
    for fruit in data:
        '''创建一个临时字典,存储各个特征值的概率'''
        attr_prob = {}
        for attr in data[fruit]:
            #计算各个特征值在已知水果下的概率
            attr_prob[attr] = data[fruit][attr]/count[fruit]
        likelihold[fruit] = attr_prob
    return likelihold

def evidence_prob(data):
    '''计算特征的概率对分类结果的影响
    return {'long':50%...}'''
    #水果的所有特征
    attrs = list(data['banala'].keys())
    count,total  = count_total(data)
    evidence_prob = {}
    #计算各种特征的概率
    for attr in attrs:
        attr_total = 0
        for fruit in data:
            attr_total += data[fruit][attr]
        evidence_prob[attr] = attr_total/total
    return evidence_prob

#以上是训练数据用到的函数,即将数据转换为代码计算概率
class navie_bayes_classifier:
    '''初始化贝叶斯分类器,实例化时会调用__init__函数'''
    def __init__(self,data=datasets):
        self._data = datasets
        self._labels = [key for key in self._data.keys()]
        self._priori_prob = cal_base_rates(self._data)
        self._likelihold_prob = likelihold_prob(self._data)
        self._evidence_prob = evidence_prob(self._data)
    #下面的函数可以直接调用上面类中定义的变量
    def get_label(self,length,sweetness,color):
        '''获取某一组特征值的类别'''
        self._attrs = [length,sweetness,color]
        res = {}
        for label in self._labels:
            prob = self._priori_prob[label]#取某水果占比率
            for attr in self._attrs:
            #单个水果的某个特征概率除以总的某个特征概率,再乘以某水果占比率
                prob *=self._likelihold_prob[label][attr]/self._evidence_prob[attr]
            res[label] = prob
        return res
```

建立一个 generate_attires.py 函数,实现产生测试数据集来测试贝叶斯分类器的预测能力:

```
import random
```

```
def random_attr(pair):
    #生成 0-1 之间的随机数
    return pair[random.randint(0,1)]

def gen_attrs():
    #特征值的取值集合
    sets = [('long','not_long'),('sweet','not_sweet'),('yellow','not_yellow')]
    test_datasets = []
    for i in range(20):
        #使用 map 函数生成一组特征值
        test_datasets.append(list(map(random_attr,sets)))
    return test_datasets
print(gen_attrs())
```

建立一个 classfication.py 函数,实现使用贝叶斯分类器对测试结果进行分类:

```
import operator
import bayes_classfier
import generate_attires
def main():
    test_datasets = generate_attires.gen_attrs()
    classfier = bayes_classfier.navie_bayes_classifier()
    for data in test_datasets:
        print("特征值:",end='\t')
        print(data)
        print("预测结果:", end='\t')
        res=classfier.get_label(* data)#表示多参传入
        print(res)#预测属于哪种水果的概率
        print('水果类别:',end='\t')
        #对后验概率排序,输出概率最大的标签
        print(sorted(res.items(),key=operator.itemgetter(1),reverse=True)[0][0])
if __name__ == '__main__':
#表示模块既可以被导入(到 Python shell 或者其他模块中),也可以作为脚本来执行。
#当模块被导入时,模块名称是文件名;当模块作为脚本独立运行时,名称为 __main__。
    main()
```

运行程序,输出如下:

```
预测结果: {'banala': 0.1076923076923077, 'orange': 0.0, 'other_fruit':
0.8653846153846153}
水果类别: other_fruit
特征值: ['long', 'not_sweet', 'yellow']
预测结果: {'banala': 0.7714285714285716, 'orange': 0.0, 'other_fruit':
0.04464285714285715}
水果类别: banala
…
特征值: ['long', 'not_sweet', 'yellow']
预测结果: {'banala': 0.7714285714285716, 'orange': 0.0, 'other_fruit':
0.04464285714285715}
水果类别: banala
```

7.5 决策树

决策树是一种分类方法。决策树基本上是一棵树,其中每个中间节点代表一个决策节点,叶子节点代表所做的决策。

7.5.1 决策树概述

用决策树分类，从根节点开始，对实例的某一特征进行测试，根据测试结果，将实例分配到其子节点(每一个子节点对应着特征的一个取值)。递归地进行测试和分配，直至叶节点，得到分类结果。

我们来举个例子，看一下决策树的决策过程。

假设小文要出门了，需要选择一种出行方式，假设出行方式有以下几种：步行、自行车、驾车、地铁。如果距离很近，那么小文就选择步行；如果不是特别远，就选择自行车；如果特别远的话，就要选择驾车或地铁了。然后考虑今天是不是限号呢，不限号就驾车，限号就只能坐地铁了，现在我们把这个决策过程画出来。

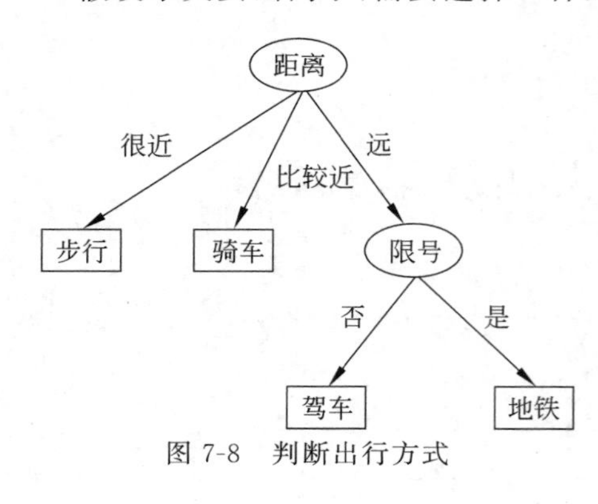

图 7-8 判断出行方式

图 7-8 表示了小文在选择出行方式时的策略，对照上述定义，可以看出这棵决策树有 2 个内部节点(距离、限号)、4 个叶子节点(步行、骑车、驾车、地铁)，也就是说在决策的时候要考虑这 2 个特征，最终的结果可能有 4 种。

1. 决策树的优势

决策树的优势主要表现在：

- 容易向他人解释。不需要任何复杂的数学知识就可以理解。
- 可以处理不相关的属性。
- 可以捕捉数据中的非线性关系。
- 决策树的学习或构建都是快速过程。决策树使用贪心算法来创建树。另外，使用树进行预测的速度也很快。
- 不需要对数据进行标准化和其他清理。
- 不需要基于假设。在线性方法中，构建模型之前需要测试一些假设，但在决策树学习中则不需要。
- 可以处理数字和类别属性。

2. 决策树的缺点

决策树需要停止条件。否则，虽然它们不会在训练数据上出现错误，但是在测试数据上将会出现很高的误差。

决策树主要有以下两种类型。

- 分类树(Classification Tree)：因变量是离散的。例如，通过银行对账单、年龄和性别来预测贷款人是否是违约者。在分类树中，节点处采用少数服从多数原则生成预测。
- 回归树(Regression Tree)：因变量是连续的。例如，预测工龄、经验年数、房屋位置等。在回归树中，节点处采用预测值的均值生成预测。

7.5.2 树的相关术语

在介绍决策树前，先对树的相关术语进行介绍。

- 根节点(Root Node)：树顶部的节点。
- 子节点(Child Node)：如果节点位于节点下方(远离根节点)，则其中一个节点为其他节点的子节点。

- 父节点(Parent Node):如果节点位于节点的上方(靠近根节点),则一个节点是其他节点的父节点。
- 兄弟节点(Siblings):如果两个节点共享相同的父节点,则它们是兄弟节点。
- 叶子节点(Leaf Node):没有任何子节点的节点。
- 边(Edge):两个节点之间的连接。
- 度(Degree):任意节点的子树数。
- 节点的高度(Height of a Node):中间最长边的节点到叶子节点的边数。
- 树的高度(Height of Tree):根节点的高度。

7.5.3 决策树算法

本节将着重讨论用于从训练数据中学习决策树的算法,决策树的学习算法通常从上到下。它会在任意的学习点检查最佳属性,并创建一个决策节点。不同的算法对最佳属性有不同的定义。

基尼系数(Gini Coefficient)是基于任意节点对不同类别属性进行分割。当节点完美地分割数据时,它的最佳值为零(在二分类问题中,第一个类完全被分配到一个分支上,第二个类完全被分配到另一个分支上)。当两个分支以相同比例分类时,其最差值为1。在创建树时只考虑二元分割。

决策树学习的目标是创建一个减少误差的模型。误差被定义为错误预测的数据量除以样例的总数。表7-2中含3个特征和一个目标变量。

表 7-2 数据表

年龄范围	先前是否违约	收入范围	贷款状态
25～30	否	25000～50000	批准
30～35	是	50000～100000	批准
25～30	是	10000～25000	不批准
20～25	否	10000～25000	批准
25～30	是	25000～50000	批准

以上数据包含3个特征(年龄范围、先前是否违约、收入范围)和一个目标变量(贷款状态)。

可以为每个特征创建一个决策树,则树的数量可能会呈指数级增长。这是NP-Hard问题(NP-Hard Problem)。

使用递归算法来构建决策树的步骤如下。

(1) 从空的决策树开始。

(2) 选择最佳特征进行分割。

(3) 根据特征值将数据拆分成不同的组。

(4) 不再有分裂的可能性。

(5) 使用大多数类进行预测。

(6) 递归地分割特征。

这个算法有很多需要解决的问题。一个是如何选择数据将要分裂的最佳特征,另一个是停止递归的标准。

首先从单层决策树(决策树桩)开始。单层决策树包含一个决策并根据该决策对数据进行分类。

以上面的数据为例，给出一个贷款状态决策树的例子，如图7-9所示。已经有1000条记录的数据，其中600条为已批准，400条为未批准。

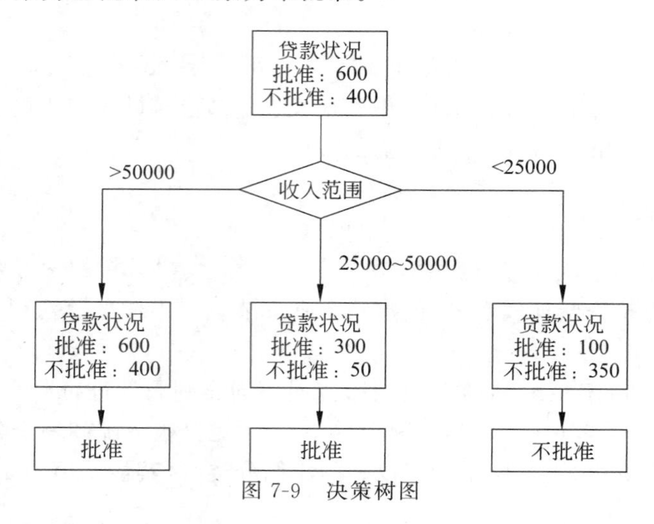

图7-9 决策树图

上面的单层决策树是基于收入范围创建的。根据收入范围将数据分为三组：第一组包含的数据均为批准的状态;第二组包含的数据有300个批准和50个未批准;第三组包含的数据有100个批准和350个未批准。根据该决策树可以作出决策。

现在查看整个数据集，假设有 K 个特征，必须从 K 个特征中决定哪个特征要先分割、再次分割等。

所以，先为每一个特征创建一棵决策树并计算每个单层决策树的总体误差。最低误差的单层决策树被认为是数据分割的最佳选择。在通过该单层决策树分割数据之后，移动到下一层并通过剩余的 $K-1$ 个特征来构建新的单层决策树。这个过程将持续到所有特征都完成或者没有更多特征来分类为止。

为了使用决策树进行预测，从根节点开始向叶子节点移动。也可以用概率进行多类分类，类别的概率是组中该类的样例数量除以组中的总样例数量。

到目前为止，在构建决策树时只考虑了分类特征，其实也可以使用连续特征来构建决策树。一种解决方法是将连续数据分成不同的组，例如将收入分成不同的收入范围。另一个解决方法是使用每个可能的分割。首先按升序对连续值进行排序，然后在每两点之间放置一个标志或点。如果有100个数据点，则必须进行99次分割。为每次分割创建一个单层决策树，并保留最佳分割(最低误差)的单层决策树。

接下来对决策树的几个经典算法介绍进行。

7.5.4 信息熵

信息熵(Information Entropy)指的是一组数据所包含的信息量，使用概率来度量。数据包含的信息越有序，所包含的信息熵越低。数据包含的信息越杂，包含的信息熵越高。例如在极端情况下，如果数据中的信息都是0，或者都是1，那么熵值为0，因为我们从这些数据中得不到任何信息，或者说这组数据给出的信息是确定的。如果数据是均匀分布的，那么它的熵最大，因为我们根据数据不能知晓发生哪种情况的可能性比较大。

假设样本集合 D 中第 k 类样本所占的比例为 $p_k(k=1,2,\cdots,|y|)$，则 D 的信息熵定义为：

$$\text{Ent}(D)=-\sum_{k=1}^{|y|}p_k\log_2 p_k \tag{7-1}$$

其中，$\text{Ent}(D)(0\leqslant\text{Ent}(D)\leqslant\log_2|y|)$越小，$D$ 的信息越有序，纯度越高，值越大，则其信息越混乱。

对于式(7-1)中的 D 取值是一个随机变量取值集合，设其是一个离散的随机变量，对于最简单的 0-1 分布，有 $p(D=1)=p$，则 $p(D=0)=1-p$，此时熵为 $-p\log_2 p-(1-p)\log_2(1-p)$，当 $p=1$ 或 $p=0$ 时，熵最小，取值为 0，此时的随机变量不确定性最小，信息越有序，纯度高。当 $p=0.5$ 时，熵最大，此时随机变量的不确定性最大，信息混乱，纯度低，其熵函数如图 7-10 所示。

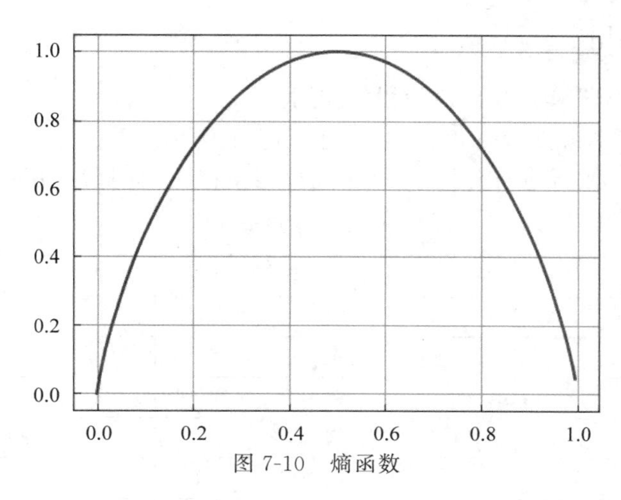

图 7-10　熵函数

7.5.5　信息增益

假定离散属性 a 有 V 个可能的取值$\{a^1,a^2,\cdots,a^V\}$，如果使用 a 来对样本集 D 进行划分，则会产生 V 个节点分支节点，其中第 V 个节点分支节点包含了 D 中所有在属性 a 上取值为 a^v 的样本，即为 D^v。根据式(7-1)计算出 D^v 的信息熵，再考虑到不同的节点分支节点所包含的样本数不同，给节点分支节点赋予权重$\frac{D^v}{|D|}$，即对样本数越多的节点分支节点的影响越大，于是可计算出用属性 a 对样本集 D 进行划分所获得的“信息增益(Information Gain)”。

$$\text{Gain}(D,a)=\text{Ent}(D)-\sum_{v=1}^{V}\frac{D^v}{|D|}\text{Ent}(D^v) \tag{7-2}$$

一般而言，信息增益越大，则意味着使用属性 a 来进行划分所获得的“纯度提升”越大，因此，可用信息增益来进行决策树的划分属性选择，最优划分属性准则为 $a_*=\max\limits_{a\in A}\text{Gain}(D,a)$。

7.5.6　信息增益率

在 ID3 中，信息增益作为标准，容易偏向于取值较多的特征问题。信息增益的一个大问题就是偏向选择分支多的属性导致 overfitting(过拟合)。比如，如果将序号作为一个属性，那么它的每次取值特征都是不同的，如果计算它的信息增益，那么结果为 0.998，其结果按照信息增益划分切割的话，将产生 17 个分支，每个分支有且仅有一个样本，那么这些分支节点的纯度已经达到最大。如果出现这个现象，将无法对新样本进行有效预测，即决策树并不具有泛化能力。那么能想到的解决办法自然就是对分支过多的情况进行惩罚了，于是就有了信息增益比，或者说信息增益率(Gain Ratio)，定义为

$$\text{Gain\_Ratio}(D,a)=\frac{\text{Gain}(D,a)}{\text{IV}(a)}$$

其中，$\text{IV}(a)=-\sum_{v=1}^{V}\frac{|D^v|}{|D|}\log_2\frac{|D^v|}{|D|}$。

IV(a)称为属性 a 的基"固定值"，属性 a 的可能取值数目越多，那么 V 的可能取值就越多，则 IV(a)的值通常会越大。例如对图 7-10 中的数据进行统计计算 IV(Humidity)：

$$\text{IV(Humidity)}=\left(\frac{5}{17}\times\log_2\frac{5}{17}+\frac{12}{17}\times\log_2\frac{12}{17}\right)\approx 0.874$$

7.5.7 决策树的应用

本节将通过一个经典实例演示决策树的应用。

【例 7-6】 怎样只根据头发和声音判断一位同学的性别。

解析：利用简单的统计进行分析，总结了几种相关特征，如表 7-3 所示。

表 7-3 数据表

头发	声音	性别
长	粗	男
短	粗	男
短	粗	男
长	细	女
短	细	女
短	粗	女
长	粗	女
长	粗	女

划分数据集的大原则是：将无序的数据变得更加有序。Claude Shannon 定义了熵和信息增益。用熵来表示信息的复杂度，熵越大，则信息越复杂。公式如下：

$$H=-\sum_{i=1}^{n}p(x_i)\log_2 p(x_i)$$

接下来用 Python 代码来实现 ID3 算法：

```
from math import log
import operator

def calcShannonEnt(dataSet):                        #计算数据的熵(entropy)
    numEntries=len(dataSet)                         #数据条数
    labelCounts={}
    for featVec in dataSet:
        currentLabel=featVec[-1]                    #每行数据的最后一个字(类别)
        if currentLabel not in labelCounts.keys():
            labelCounts[currentLabel]=0
```

```
        labelCounts[currentLabel]+=1                    #统计有多少个类以及每个类的数量
    shannonEnt=0
    for key in labelCounts:
        prob=float(labelCounts[key])/numEntries         #计算单个类的熵值
        shannonEnt-=prob * log(prob,2)                  #累加每个类的熵值
    return shannonEnt

def createDataSet1():                                   #创造示例数据
    dataSet = [['长', '粗', '男'],
               ['短', '粗', '男'],
               ['短', '粗', '男'],
               ['长', '细', '女'],
               ['短', '细', '女'],
               ['短', '粗', '女'],
               ['长', '粗', '女'],
               ['长', '粗', '女']]
    labels = ['头发','声音']                             #两个特征
    return dataSet,labels

def splitDataSet(dataSet,axis,value):                   #按某个特征分类后的数据
    retDataSet=[]
    for featVec in dataSet:
        if featVec[axis]==value:
            reducedFeatVec =featVec[:axis]
            reducedFeatVec.extend(featVec[axis+1:])
            retDataSet.append(reducedFeatVec)
    return retDataSet

def chooseBestFeatureToSplit(dataSet):                  #选择最优的分类特征
    numFeatures = len(dataSet[0])-1
    baseEntropy = calcShannonEnt(dataSet)               #原始的熵
    bestInfoGain = 0
    bestFeature = -1
    for i in range(numFeatures):
        featList = [example[i] for example in dataSet]
        uniqueVals = set(featList)
        newEntropy = 0
        for value in uniqueVals:
            subDataSet = splitDataSet(dataSet,i,value)
            prob =len(subDataSet)/float(len(dataSet))
            newEntropy +=prob * calcShannonEnt(subDataSet)  #按特征分类后的熵
        infoGain = baseEntropy - newEntropy             #原始熵与按特征分类后的熵的差值
        #若按某特征划分后,熵值减少得最多,则此特征为最优分类特征
        if (infoGain>bestInfoGain):
            bestInfoGain=infoGain
            bestFeature = i
    return bestFeature
#按分类后类别数量排序,例如,最后分类为2男1女,则判定为男;
def majorityCnt(classList):
    classCount={}
    for vote in classList:
        if vote not in classCount.keys():
            classCount[vote]=0
```

```
        classCount[vote]+=1
    sortedClassCount = sorted(classCount.items(), key=operator.itemgetter(1),
reverse=True)
    return sortedClassCount[0][0]

def createTree(dataSet,labels):
    classList=[example[-1] for example in dataSet]    #类别:男或女
    if classList.count(classList[0])==len(classList):
        return classList[0]
    if len(dataSet[0])==1:
        return majorityCnt(classList)
    bestFeat=chooseBestFeatureToSplit(dataSet)        #选择最优特征
    bestFeatLabel=labels[bestFeat]
    myTree={bestFeatLabel:{}}                         #分类结果以字典形式保存
    del(labels[bestFeat])
    featValues=[example[bestFeat] for example in dataSet]
    uniqueVals=set(featValues)
    for value in uniqueVals:
        subLabels=labels[:]
        myTree[bestFeatLabel][value]=createTree(splitDataSet\
                            (dataSet,bestFeat,value),subLabels)
    return myTree
if __name__=='__main__':
    dataSet, labels=createDataSet1()                  #创造示例数据
    print(createTree(dataSet, labels))                #输出决策树模型结果
```

运行程序,输出如下:

```
{'声音': {'细': '女', '粗': {'头发': {'短': '男', '长': '女'}}}}
```

结果表明:首先按声音分类,声音细为女生;然后再按头发分类:声音粗,头发短为男生;声音粗,头发长为女生。

判定分类结束的依据是,如果按某特征分类后出现了最终类(男或女),则判定分类结束。使用这种方法,在数据比较大,特征比较多的情况下,很容易造成过拟合,于是需进行决策树枝剪,一般枝剪方法是当按某一特征分类后的熵小于设定值时,停止分类。

7.6 随机森林

随机森林(Random Forest)是一种有监督学习算法,是以决策树为基学习器的集成学习算法。随机森林非常简单,易于实现,计算开销也很小,但是它在分类和回归上表现出非常惊人的性能,因此,随机森林被誉为"代表集成学习技术水平的方法"。

7.6.1 随机森林概述

使用贪心算法在数据上创建一个单独的决策树,使用交叉验证技术来训练算法以避免过拟合。在决策树中,模型由一棵树的形式给出,通过从上到下遍历树来完成预测,并在叶子节点做出决策。随机森林,顾名思义就是树林,它包含大量的决策树并以此来辅助做出决定。随机森林中的每棵树的制作策略与单一决策相同。在做出决定时,所有小的决策树进行投票,并以多数票决定类别。例如,在二元分类问题中,使用不同的设置可以创建数百个决策树。进行预测时,如果有80%的树决策为A类(从根节点移动到叶子节点),20%的树决策为B类,则最终决策为A类。

使用随机森林而不是决策树是有优点的。随机森林可以处理丢失的数据。它们可以用于监督学习任务，同时也可以处理数据中的高维度数据。同样，使用多棵树而不是单一树减少了过拟合的可能性。

但随机森林也有一些缺点，其对模型几乎没有控制权。由于模型是树的组合，因此与单个决策树相比，随机森林的模型非常复杂；同时由于它是由数百或数千棵树组成的，因此难以解释。

因此，随机森林算法的主要流程为：

(1) 假设训练数据集中有 N 个记录。使用替换法从该数据集中选择 N 个记录创建样本。这意味着首先从 N 条记录中随机选择一条记录，然后再次从 N 条记录中选择一条记录。在这个策略中，记录可能会重复。

(2) 选择一个数字 m，该数字小于属性数量 K。它是在构建小型树时($m<K$)，从总属性中随机选择的属性数量。

(3) 使用不同样本，并且随机选择 m 个属性来建立 p 棵树。

(4) 在不剪枝的情况下，决策树增长直到所有属性完成或没有更多分割的可能性(只剩下一个类)为止。

(5) 通过对所有树进行多数表决来做出预测。

随机森林也称为集成方法。这些方法分而治之，它使用少量弱学习者来产生强学习者。在随机森林中，弱学习者是小树，加上多数投票的力量，使其成为强学习者。

7.6.2 特征重要评估

现实情况下，一个数据集中往往有成百上千个特征，如何在其中选择对结果影响最大的那几个特征，以此来缩减建立模型时的特征数是我们比较关心的问题。这样的方法其实很多，比如主成分分析，Lasso 等。不过这里我们学习的是用随机森林来进行特征筛选。

用随机森林进行特征重要性评估的思想就是看每个特征在随机森林中的每棵树上做了多大的贡献，然后取个平均值，最后比一比特征之间的贡献大小。

贡献大小通常使用基尼指数(Gini Index)或者袋外数据(Out of Band，OOB)错误率作为评估指标来衡量。下面来学习一下基尼指数来评价的方法。

将变量重要性评分(Variable Importance Measures)用 VIM 来表示，将 Gini 指数用 GI 来表示，假设 m 个特征 $x_1, x_2, \cdots, x_m$，现在要计算出每个特征 x_j 的 Gini 指数评分 $\mathrm{VIM}_j^{(\mathrm{Gini})}$，亦即第 j 个特征在 RF 所有决策树中节点分裂不纯度的平均改变量。

Gini 指数的计算公式为

$$\mathrm{GI}_m = \sum_{k=1}^{|K|}\sum_{k'\neq k} p_{mk} p_{mk'} = 1 - \sum_{k=1}^{|K|} p_{mk}^2$$

其中，K 表示有 K 个类别。p_{mk} 表示节点 m 中类别 k 所占的比例。

直观地说，就是随机从节点 m 中抽取两个样本，其类别标记不一致的概率。

特征 x_j 在节点 m 中的重要性，即节点 m 分支前后的 Gini 指数变化量为

$$VIM_{jm}^{(\mathrm{Gini})} = \mathrm{GI}_m = \mathrm{GI}_l - \mathrm{GI}_r$$

其中，GI_l 和 GI_r 分别表示分支后两个新节点的 Gini 指数。

如果特征 x_j 在决策树 i 中出现的节点在集合 M 中，那么 x_j 在第 i 棵树的重要性为

$$\mathrm{VIM}_{ij}^{(\mathrm{Gini})} = \sum_{m\in M} \mathrm{VIM}_{jm}^{(\mathrm{Gini})}$$

假设 RF 中共有 n 棵树，那么

$$\mathrm{VIM}_j^{(\mathrm{Gini})}=\sum_{i=1}^{n}\mathrm{VIM}_{ij}^{(\mathrm{Gini})}$$

最后，把所有求得的重要性评分做归一化处理即可：

$$\mathrm{VIM}_j=\frac{\mathrm{VIM}_j}{\sum_{i=1}^{c}\mathrm{VIM}_i}$$

7.6.3 随机森林的实现

前面几节介绍了随机森林的相关算法、特征选择等内容，下面直接通过实例来演示随机森林的应用。

【例 7-7】 利用随机森林进行特征选择。

```
import numpy as np
import pandas as pd
from sklearn.ensemble import RandomForestClassifier
#matplotlib inline
#url = 'http://archive.ics.uci.edu/ml/machine-learning-databases/wine/wine.
data'
url1 = pd.read_csv(r'wine.data', header=None)
url1.columns = ['Class label', 'Alcohol', 'Malic acid', 'Ash',
                'Alcalinity of ash', 'Magnesium', 'Total phenols',
                'Flavanoids', 'Nonflavanoid phenols', 'Proanthocyanins',
                'Color intensity', 'Hue', 'OD280/OD315 of diluted wines', 'Proline']
#除去标签之外,共有 13 个特征,数据集的大小为 178
#下面将数据集分为训练集和测试集
from sklearn.model_selection import train_test_split

print(type(url1))
x, y = url1.iloc[:, 1:].values, url1.iloc[:, 0].values
x_train, x_test, y_train, y_test = train_test_split(x, y, test_size=0.3, random_
state=0)
feat_labels = url1.columns[1:]
#n_estimators:森林中树的数量
#n_jobs 为整数,可选(默认=1),适合和预测并行运行的作业数,如果为-1,则将作业数设置为核心数
forest = RandomForestClassifier(n_estimators=10000, random_state=0, n_jobs=-1)
forest.fit(x_train, y_train)
#下面对训练好的随机森林,完成重要性评估
#feature_importances_  可以调取关于特征重要程度
importances = forest.feature_importances_
print("重要性:", importances)
x_columns = url1.columns[1:]
indices = np.argsort(importances)[::-1]
x_columns_indices = []
for f in range(x_train.shape[1]):
    #对于最后需要逆序排序,做了类似决策树回溯的取值,从叶子收敛
    #到根,根部重要程度高于叶子
    print("%2d) %-*s %f" % (f + 1, 30, feat_labels[indices[f]], importances
```

```
[indices[f]]))
    x_columns_indices.append(feat_labels[indices[f]])
print(x_columns_indices)
print(x_columns.shape[0])
print(x_columns)
print(np.arange(x_columns.shape[0]))

#筛选变量(选择重要性比较高的变量)
threshold = 0.15
x_selected = x_train[:, importances > threshold]
#可视化
import matplotlib.pyplot as plt
plt.figure(figsize=(10, 6))
plt.title("红酒的数据集中各个特征的重要程度", fontsize=18)
plt.ylabel("重要程度", fontsize=15, rotation=90)
plt.rcParams['font.sans-serif'] = ["SimHei"]
plt.rcParams['axes.unicode_minus'] = False
for i in range(x_columns.shape[0]):
    plt.bar(i, importances[indices[i]], color='orange', align='center')
    plt.xticks(np.arange(x_columns.shape[0]), x_columns_indices, rotation=90,
fontsize=15)
plt.show()
```

运行程序,输出如下,效果如图7-11所示。

```
<class 'pandas.core.frame.DataFrame'>
重要性: [0.10658906 0.02539968 0.01391619 0.03203319 0.02207807 0.0607176
 0.15094795 0.01464516 0.02235112 0.18248262 0.07824279 0.1319868
 0.15860977]
 1) Color intensity              0.182483
 2) Proline                      0.158610
 3) Flavanoids                   0.150948
 4) OD280/OD315 of diluted wines 0.131987
 5) Alcohol                      0.106589
 6) Hue                          0.078243
 7) Total phenols                0.060718
 8) Alcalinity of ash            0.032033
 9) Malic acid                   0.025400
10) Proanthocyanins              0.022351
11) Magnesium                    0.022078
12) Nonflavanoid phenols         0.014645
13) Ash                          0.013916
['Color intensity', 'Proline', 'Flavanoids', 'OD280/OD315 of diluted wines',
'Alcohol', 'Hue', 'Total phenols', 'Alcalinity of ash', 'Malic acid',
'Proanthocyanins', 'Magnesium', 'Nonflavanoid phenols', 'Ash']
13
Index(['Alcohol', 'Malic acid', 'Ash', 'Alcalinity of ash', 'Magnesium',
       'Total phenols', 'Flavanoids', 'Nonflavanoid phenols',
       'Proanthocyanins', 'Color intensity', 'Hue',
       'OD280/OD315 of diluted wines', 'Proline'],
```

```
      dtype='object')
[ 0  1  2  3  4  5  6  7  8  9 10 11 12]
```

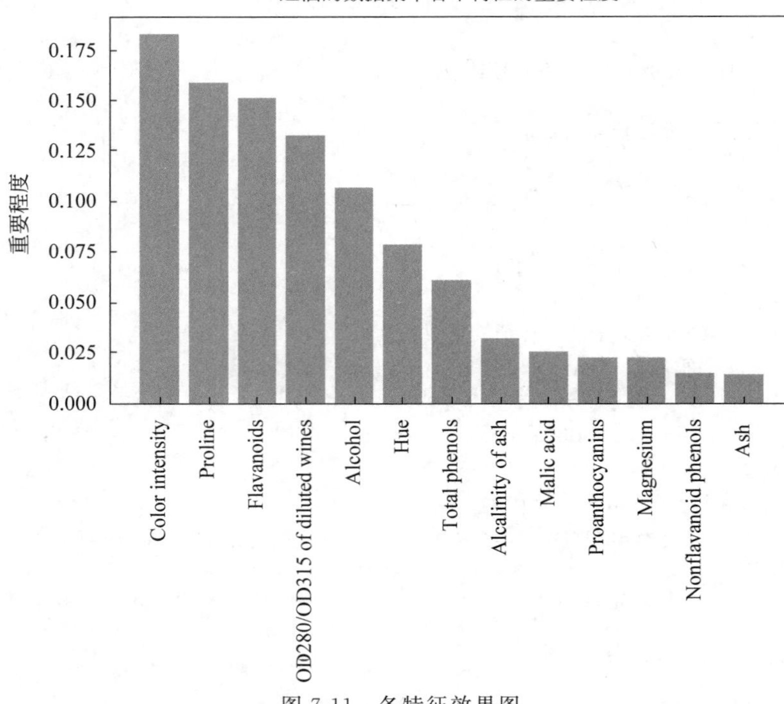

图 7-11 各特征效果图

【例 7-8】 利用 SVR 进行训练。

```
from sklearn.svm import SVR          #SVM 中的回归算法
import pandas as pd
from sklearn.model_selection import train_test_split
import matplotlib.pyplot as plt
import numpy as np
#数据预处理,使得数据更加有效地被模型或者评估器识别
from sklearn import preprocessing
from sklearn.externals import joblib

#获取数据
origin_data = pd.read_csv('wine.data',header=None)
X = origin_data.iloc[:,1:].values
Y = origin_data.iloc[:,0].values
print(type(Y))
#print(type(Y.values))
#总特征。按照特征的重要性排序的所有特征
all_feature = [ 9, 12,  6, 11,  0, 10,  5,  3,  1,  8,  4,  7,  2]
#此处选取前三个特征
topN_feature = all_feature[:3]
print(topN_feature)
#获取重要特征的数据
data_X = X[:,topN_feature]
#将每个特征值归一化到一个固定范围
```

```
#原始数据标准化,为了加速收敛,最小最大规范化对原始数据进行线性变换,变换到[0,1]区间
data_X = preprocessing.MinMaxScaler().fit_transform(data_X)
#利用 train_test_split 将训练集和测试集分开
X_train,X_test,y_train,y_test  = train_test_split(data_X,Y,test_size=0.3)
#通过多种模型预测
model_svr1 = SVR(kernel='rbf',C=50,max_iter=10000)
#训练
model_svr1.fit(X_train,y_train)
#得分
score = model_svr1.score(X_test,y_test)
print(score)
```

运行程序,输出如下:

```
<class 'numpy.ndarray'>
[9, 12, 6]
0.9293427463178472
```

第 8 章

基于聚类的数据分析

聚类(Clustering)能够将相似对象归于同一个组别中,它是一种将对象分组的方式。组数的大小是根据要求决定的,可能会有所不同。聚类的目标是使同一类对象的相似度尽可能地大;不同类对象之间的相似度尽可能地小。

第 7 章介绍了分类,那么分类与聚类有什么区别呢?

聚类技术通常又称为无监督学习,因为与监督学习不同,在聚类中那些表示数据类别的分类或者分组信息是没有的。

聚类,简单地说就是把相似的东西分到一组,聚类的时候,我们并不关心某一类是什么,我们需要实现的目标只是把相似的东西聚到一起。因此,一个聚类算法通常只需要知道如何计算相似度就可以开始工作了,因此聚类通常并不需要使用训练数据进行学习,这在机器学习中被称作无监督学习(Unsupervised Learning)。

分类,对于一个分类器(classifier),通常需要你告诉它"这个东西被分为某某类"这样一些例子,理想情况下,一个分类器会从它得到的训练集中进行"学习",从而具备对未知数据进行分类的能力,这种提供训练数据的过程通常叫作监督学习(Supervised Learning)。

8.1 聚类的分类

传统的聚类分析计算方法主要有如下几种:

1. 划分方法(Partitioning Methods)

划分方法的原理简单来说就是,想象有一堆散点需要聚类,想要的聚类效果就是"类内的点都足够近,类间的点都足够远"。首先要确定这堆散点最后聚成几类,然后挑选几个点作为初始中心点,再给数据点做迭代重置(Iterative Relocation),直到最后到达"类内的点都足够近,类间的点都足够远"的目标效果。也正是根据所谓的"启发式算法",形成了 k-means 算法及其变体,包括 k-medoids、k-modes、k-medians、kernel k-means 等算法。

大部分划分方法是基于距离的。给定要构建的分区数 k,划分方法是首先创建一个初始化划分。然后,它采用一种迭代的重定位技术,通过把对象从一个组移动到另一个组来进行划分。一个好的划分的一般准备是:同一个簇中的对象尽可能相互接近或相关,而不同的簇中的对象尽可能远离或不同。传统的划分方法可以扩展到子空间聚类,而不是搜索整个数据空间。为了达到全局最优,基于划分的聚类可能需要穷举所有可能的划分,计算量极大。实际上，大多数应用都采用了流行的启发式方法，如 k-均值(k-means)和 k-中心(k-medoids)算法，渐近地提高聚类质量，逼近局部最优解。为了发现具有复杂形状的簇和对超大型数据集进行聚类，需要进一步扩展基于划分的方法。

2. 层次方法(Hierarchical Methods)

层次聚类主要有两种类型：合并的层次聚类和分裂的层次聚类。前者是一种自底向上的层次聚类算法，从最底层开始，每一次通过合并最相似的聚类来形成上一层次中的聚类，当全部数据点都合并到一个聚类的时候停止或者达到某个终止条件而结束，大部分层次聚类都是采用这种方法处理。后者是采用自顶向下的方法，从一个包含全部数据点的聚类开始，然后把根节点分裂为一些子聚类，每个子聚类再递归地继续往下分裂，直到出现只包含一个数据点的单节点聚类出现，即每个聚类中仅包含一个数据点。

层次聚类方法可以是基于距离的或基于密度的或连通性的。层次聚类方法的一些扩展也考虑了子空间聚类。层次方法的缺陷在于，一旦一个步骤(合并或分裂)完成，它就不能被撤销。这个严格规定是有用的，因为不用担心不同选择的组合数目，它将产生较小的计算开销。然而这种技术不能更正错误的决定。现今已经提出了一些提高层次聚类质量的方法。

3. 基于密度的方法(Density-based Methods)

k-means 解决不了不规则形状的聚类。于是就有了基于密度的方法来系统解决这个问题。该方法同时也对噪声数据处理得比较好。其原理简单地说类似画圈儿，其中要定义两个参数，一个是圈儿的最大半径，另一个是一个圈儿里最少应容纳几个点。只要邻近区域的密度(对象或数据点的数目)超过某个阈值，就继续聚类，最后在一个圈里的，就是一个类。这个方法的指导思想是，只要一个区域中的点的密度大于某个阈值，就把它加到与之相近的聚类中去。DBSCAN(Density-Based Spatial Clustering of Applications with Noise)就是其中的典型。

4. 基于网格的方法(Grid-based Methods)

这种方法首先将数据空间划分成为有限个单元(cell)的网格结构，所有的处理都是以单个的单元为对象的。这样处理的一个突出的优点就是处理速度很快，通常这是与目标数据库中记录的个数无关的，它只与把数据空间分为多少个单元有关。代表算法有 STING 算法、CLIQUE 算法、WAVE-CLUSTER 算法。

这些算法用不同的网格划分方法，将数据空间划分成为有限个单元(cell)的网格结构，并对网格数据结构进行了不同的处理，但核心步骤是相同的：

(1) 划分网格。

(2) 使用网格单元内数据的统计信息对数据进行压缩表达。

(3) 基于这些统计信息判断高密度网格单元。

(4) 最后将相连的高密度网格单元识别为簇。

5. 基于模型的方法(Model-based Methods)

基于模型的方法给每一个聚类假定一个模型，然后去寻找能够很好地满足这个模型的数据集。这样一个模型可能是数据点在空间中的密度分布函数或者其他。它的一个潜在的假定就是：目标数据集是由一系列的概率分布所决定的。其中最典型、也最常用的方法就是高斯混合模型(Gaussian Mixture Model，GMM)。基于神经网络模型的方法主要就是指 SOM(Self Organized Maps)，也是唯一一个非监督学习的神经网络。

6. 基于模糊的聚类(FCM 模糊聚类)

基于模糊集理论的聚类方法，样本以一定的概率属于某个类。比较典型的有基于目标函数的模糊聚类方法、基于相似性关系和模糊关系的方法、基于模糊等价关系的传递闭包方法、基于模糊图论的最小支撑树方法，以及基于数据集的凸分解、动态规划和难以辨别关系等方法。FCM(Fuzzy C-Means)算法是一种以隶属度来确定每个数据点属于某个聚类程度的算法。该聚类算法是传统硬聚类算法的一种改进。

8.2 k-means 聚类

k-means(k-均值)聚类根据数据点与聚类中心的距离将数据点分配给 k 个簇中的一个。它首先在空间中随机分配聚类质心。然后，根据每个数据点与聚类质心的距离，将其分配到一个簇中。将每个点分配给一个簇后，再分配新的聚类质心。这个过程迭代运行，直到找到适当的聚类。假设簇的数量是已知的，并将数据点放入到一个簇中。

8.2.1 k-means 聚类的基本原理

假定给定数据样本 X，包含了 n 个对象 $X=\{X_1,X_2,\cdots,X_n\}$，其中每个对象都具有 m 个维度的属性。k-means 算法的目标是将 n 个对象依据对象间的相似性聚集到指定的 k 个类簇中，每个对象属于且仅属于一个其到类簇中心距离最小的类簇中。对于 k-means，首先需要初始化 k 个聚类中心 $\{C_1,C_2,\cdots,C_k\}$，$1<k\leqslant n$，然后通过计算每一个对象到第一个聚类中心的欧几里得距离：

$$\mathrm{dis}(X_i,C_j)=\sqrt{\sum_{t=1}^{m}(X_{it}-C_{jt})^2}$$

式中，X_i 表示第 i 个对象，$1\leqslant i\leqslant n$；C_j 表示第 j 个聚类中心，$1\leqslant j\leqslant k$；X_{it} 表示第 i 个对象的第 t 个属性，$1\leqslant t\leqslant m$；C_{jt} 表示第 j 个聚类中心的第 t 个属性。

依次比较每一个对象到每一个聚类中心的距离，将对象分配到距离最近的聚类中心的类簇中，得到 k 个类簇 $\{S_1,S_2,\cdots,S_k\}$。

k-means 算法用中心定义了类簇的原理，类簇中心就是类簇内所有对象在各个维度的均值，其公式为

$$C_t=\frac{\sum_{X_i\in S_t}X_i}{|S_t|}$$

式中，C_t 表示第 t 个聚类中心，$1\leqslant t\leqslant K$，$|S_t|$ 表示第 t 个类簇中对象的个数，X_i 表示第 t 个类簇中第 i 个对象，$1\leqslant i\leqslant|S_t|$。

8.2.2 算法流程

k-means 聚类适合分离的数据。当数据点重叠时，此聚类并不适用。与其他聚类技术相比，k-means 聚类速度更快，它提供了数据点之间的强大耦合。k-means 聚类在许多应用中都很有用。如基于客户的使用情况来放置移动式塔楼；在城市的不同地方开设食品店；可根据犯罪率和人口分布将警察分配到不同的地点；可以根据覆盖最大城市范围的方式建立医院；等等。

将聚类质心移到每个簇的数据中心，因此，可以使用训练数据集来生成聚类。当从测试数据中获取实例时，可以将它们分配到相应的簇中。

在某些情况下，K 没有明确定义，所以必须考虑 K 的最佳数量(将在 8.2.3 节讨论选取 K 值的解决方法)。当解决监督学习问题时，要考虑成本函数，并且会尽量最小化任务的成本。

k-means 是一个反复迭代的过程，其算法分为以下 4 个步骤。

（1）选取数据空间中的 K 个对象作为初始中心，每个对象代表一个聚类中心。

（2）对于样本中的数据对象，根据它们与这些聚类中心的欧氏距离，按距离最近的准则将它们分到距离它们最近的聚类中心（最相似）所对应的类。

（3）更新聚类中心，将每个类别中所有对象所对应的均值作为该类别的聚类中心，计算目标函数的值。

（4）判断聚类中心和目标函数的值是否发生改变，若不变，则输出结果，若改变，则返回步骤（2）。

8.2.3　随机分配聚类质心

下面通过一个例子来实现利用 Python 为随机数据分配聚类质心。

【例 8-1】 利用 k-means 聚类法为随机数据分配质心。

首先我们随机生成 200 个点，就取（0,2000）范围内的，并确定质心个数，这里就取 3 个质心，也是随机生成（可以根据需求改变）如下：

```
import random
import matplotlib.pyplot as plt
random_x = [random.randint(0,2000) for _ in range(200)]
random_y = [random.randint(0,2000) for _ in range(200)]
random_poinsts = [(x, y) for x, y in zip(random_x, random_y)]

def generate_random_point(min_,max_):
    return random.randint(min_,max_),random.randint(min_,max_)
k1,k2,k3 = generate_random_point(-100,100),generate_random_point(-100,100),
generate_random_point(-100,100)

plt.scatter(k1[0],k1[1],color = 'red',s=100)
plt.scatter(k2[0],k2[1],color = 'blue',s=100)
plt.scatter(k3[0],k3[1],color = 'green',s=100)
plt.scatter(random_x,random_y)    #效果如图 8-1 所示
```

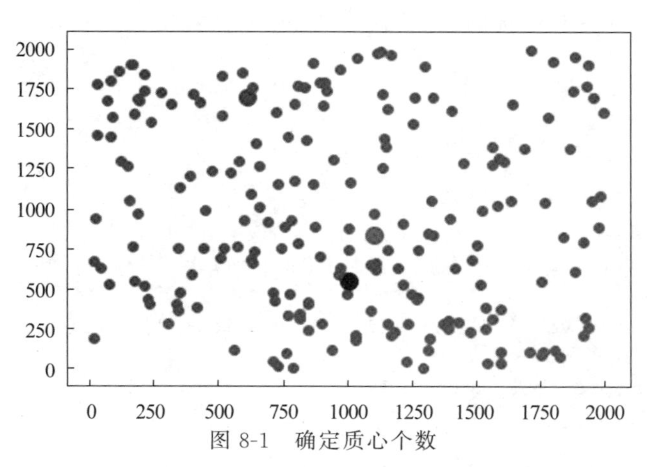

图 8-1　确定质心个数

接着导入 numpy 来计算各个点与质心的距离，并根据每个点与质心的距离分类，与第一个点近则分配在列表的第一个位置，离第二个近则分配到第二个位置，以此类推，如下代码所示：

```
import numpy as np
def dis(p1,p2):                    #这里的 p1,p2 是一个列表[number1,number2]的距离计算
    return np.sqrt((p1[0] - p2[0])**2 + (p1[1]-p2[1])**2)
random_poinsts = [(x, y) for x, y in zip(random_x, random_y)]  #将 100 个随机点塞进列表
groups = [[],[],[]]                                               #100 个点分成三类
for p in random_poinsts:                                       #k1,k2,k3 是随机生成的三个点
    distances = [dis(p,k) for k in [k1,k2,k3]]
    min_index = np.argmin(distances)                            #取距离最近质心的下标
    groups[min_index].append(p)
groups
```

运行程序,输出如下:

```
[[(285, 1802),
  (1320, 1267),
  (828, 1232),
  (884, 1937),
  (247, 1345),
  (688, 206),
  (1998, 430),
  (1146, 327),
  (1755, 571),
  (1944, 1503),
  (1149, 511),
  (361, 1929),
  (259, 1),
  …
  (862, 1866),
  (1011, 1427),
  (15, 230)],
 [],
 []]
```

可以看到,这 200 个点根据与三个质心的距离远近不同,已经被分成了三类,此时 groups 里面有三个列表,这三个列表里分别是分配给三个质心的点的位置,接着我们将其可视化,并且加入循环来迭代找到相对最优的质点,代码如下:

```
previous_kernels = [k1,k2,k3]
circle_number = 10
for n in range(circle_number):
    plt.close()                                                 #将之前生成的图片关闭
    kernel_colors = ['red','yellow','green']
    new_kernels =[]
    plt.scatter(previous_kernels[0][0],previous_kernels[0][1],color = kernel_
colors[0],s=200)
    plt.scatter(previous_kernels[1][0],previous_kernels[1][1],color = kernel_
colors[1],s=200)
    plt.scatter(previous_kernels[2][0],previous_kernels[2][1],color = kernel_
colors[2],s=200)

    groups = [[],[],[]]                                         #100 个点分成三类
    for p in random_poinsts:                                 #k1,k2,k3 是随机生成的三个点
        distances = [dis(p,k) for k in previous_kernels]
        min_index = np.argmin(distances)                        #取距离最近质心的下标
```

```
            groups[min_index].append(p)
        print('第{}次'.format(n+1))
        for i,g in enumerate(groups):
            g_x = [_x for _x,_y in g]
            g_y = [_y for _x,_y in g]
            n_k_x,n_k_y = np.mean(g_x),np.mean(g_y)
            new_kernels.append([n_k_x,n_k_y])
            print('三个点之前的质心和现在的质心距离:{}'.format(dis(previous_kernels[i],
[n_k_x,n_k_y])))
            plt.scatter(g_x,g_y,color = kernel_colors[i])
            plt.scatter(n_k_x,n_k_y,color = kernel_colors[i],alpha= 0.5,s=200)
        previous_kernels = new_kernels
```

运行程序,输出如下,效果如图 8-2 所示。

```
第 1 次
三个点之前的质心和现在的质心距离:344.046783724601
三个点之前的质心和现在的质心距离:178.67567512699137
三个点之前的质心和现在的质心距离:85.51258602308063
第 2 次
三个点之前的质心和现在的质心距离:223.75162213961798
三个点之前的质心和现在的质心距离:41.23571511332308
三个点之前的质心和现在的质心距离:132.0752155320645
...
第 9 次
三个点之前的质心和现在的质心距离:0.0
三个点之前的质心和现在的质心距离:0.0
三个点之前的质心和现在的质心距离:0.0
第 10 次
三个点之前的质心和现在的质心距离:0.0
三个点之前的质心和现在的质心距离:0.0
三个点之前的质心和现在的质心距离:0.0
```

这里设置了总共迭代 10 次,可以看到在迭代到第 8 次的时候就找到了最优的质点,如图 8-2 所示。

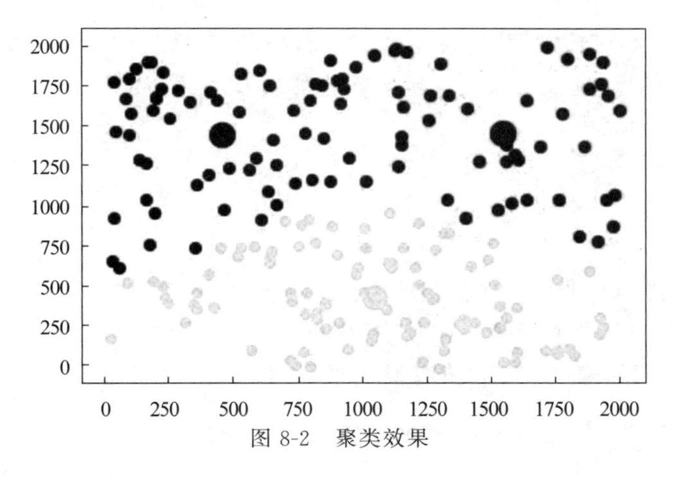

图 8-2 聚类效果

8.2.4 k-means 算法的优缺点

在 Python 中,k-means 算法的优点主要有:

- 在处理大数据集时，该算法是相对可扩展性的，并且具有较高的效率。
- 算法复杂度为 $O(nkt)$。其中，n 为数据集中对象的数目，k 为期望得到的簇的数目，t 为迭代的次数。

k-means 算法的应用局限性表现在：

- 用户必须事先指定聚类簇的个数；
- 常常终止于局部最优；
- 只适用于数值属性聚类(计算均值有意义)；
- 对噪声和异常数据也很敏感；
- 不适合用于发现非凸形状的聚类簇。

8.2.5 k-means 算法的变体

k-means 算法的变体包括 k-medoids、k-modes、k-medians、kernel k-means 等算法。

1. k-medoids 算法

medoid 在英文中的意思为“中心点”，所以，k-medoids 算法又叫 k-中心点聚类算法。与 k-means 有所不同的是，k-medoids 算法不采用簇中对象的平均值作为参照点，而是选用簇中位置最中心的对象，即中心点作为参照点。

1) k-medoids 算法的基本思想

对于给定聚类数目 k，首先随机选择 k 个代表对象作为初始聚类中心，计算各剩余对象与代表对象的距离并将其分配给最近的一个簇，产生相应的聚类结果。然后开始迭代过程：对于每一次迭代，将随机选择的一个非中心点替代原始中心点中的一个，重新计算聚类结果。如果聚类效果有所提高，保留此次替换，否则恢复原中心点。当替换对聚类效果不再有所提高时，迭代停止。用代价函数来衡量聚类结果的质量，该函数用来度量对象与中心点之间的平均相异度，具体定义如下：

$$E=\sum_{i=1}^{k}\sum_{p\in C_i}|p-o_i|^2$$

其中，p 是空间中的点，即为给定对象，o_i 代表簇 C_i 的中心点，E 则表示数据集中所有对象的离差平方和。

在进行新一轮中心点替换后，以 ${}_{\text{new}}C_i, i=1,2,\cdots,k$ 表示新中心集划分的簇，以 ${}_{\text{old}}C_i, i=1,2,\cdots,k$ 代表原来的簇，它们的聚类评价函数分别为 $E_{\text{new}}, E_{\text{old}}$，则

$$E_{\text{new}}=\sum_{i=1}^{k}\sum_{p\in {}_{\text{new}}C_i}|p-o_i|^2$$

$$E_{\text{old}}=\sum_{i=1}^{k}\sum_{p\in {}_{\text{old}}C_i}|p-o_i|^2$$

由 $E_{\text{new}}, E_{\text{old}}$ 定义中心替换的代价函数为：$\text{Cost}=E_{\text{new}}-E_{\text{old}}$。

聚类所要达到的目标是使得簇内各个对象之间的差异尽可能小，因此，如果要判定一个非代表对象 o_{random} 是否是对当前中心点 o_i 的更优替换点，对于每一个非中心点对象 p，每当重新分配时，平方-误差 $E=\sum_{i=1}^{k}\sum_{p\in C_i}|p-o_i|^2$ 所产生的差别会对代价函数产生影响，替换所产生的总代价是所有非中心点对象的代价之和。如果总代价的值小于零，即实际平方-误差减小，表明经过替换后，簇内对象之间的差异变得更小了，此时，可用 o_{random} 替换 o_i 作为新的中心点对象。反之，如果替换所产生的总代价一直大于或等于零，则未能产生一个有效的替换，此时算法收敛。

2）k-medoids 聚类算法步骤

k-medoids 聚类算法的基本思想为：

输入：期望聚类数目 k，包含 n 个数据对象的数据集。

输出：k 个簇，使得所有点与其最近中心点的相异度总和最小。

k-medoids 聚类算法的具体步骤为：

(1) 在 n 个数据对象中随机选择 k 个点，作为初始中心集。

(2) 计算每个非代表对象到各中心点的距离，将其分配给离其最近的簇中。

(3) 对于每个非中心对象，依次执行以下过程：用当前点替换其中一个中心点，并计算替换所产生的代价函数，若为负，则替换，否则不替换且还原中心点。

(4) 得到一个最终的较优 k 个中心点集合，根据最小距离原则重新将所有对象划分到离其最近的簇中。

提示：k-medoids 聚类初始中心的选择仍可采用最大距离法、最大最小距离法和 Huffman 树。

3）k-medoids 算法的实现

上面对 k-medoids 算法的基本思想及步骤进行了介绍，下面通过一个实例来演示 k-medoids 算法的应用。

【例 8-2】 利用 k-medoids 算法对随机数据点进行聚类。

```
from sklearn.datasets import make_blobs
from matplotlib import pyplot
import numpy as np
import random
#matplotlib inline
class KMediod():
    """
    实现简单的 k-medoid 算法
    """
    def __init__(self, n_points, k_num_center):
        self.n_points = n_points
        self.k_num_center = k_num_center
        self.data = None

    def get_test_data(self):
        """
        产生测试数据, n_samples 表示多少个点, n_features 表示几维, centers
        得到的 data 是 n 个点的各自坐标;target 是每个坐标的分类
            target 长度为 n,范围为 0-3,主要是画图颜色区别
        :return: none
        """
        self.data, target = make_blobs(n_samples=self.n_points, n_features=2,
centers=self.n_points)
        np.put(self.data, [self.n_points, 0], 500, mode='clip')
        np.put(self.data, [self.n_points, 1], 500, mode='clip')
        pyplot.scatter(self.data[:, 0], self.data[:, 1], c=target)
        #画图
        pyplot.show()

    def ou_distance(self, x, y):
        #定义欧氏距离的计算
```

```
        return np.sqrt(sum(np.square(x - y)))

    def run_k_center(self, func_of_dis):
        """
        选定好距离公式开始训练
        """
        print('初始化', self.k_num_center, '个中心点')
        indexs = list(range(len(self.data)))
        random.shuffle(indexs)                                  #随机选择质心
        init_centroids_index = indexs[:self.k_num_center]
        centroids = self.data[init_centroids_index, :]   #初始中心点
        #确定种类编号
        levels = list(range(self.k_num_center))
        print('开始迭代')
        sample_target = []
        if_stop = False
        while(not if_stop):
            if_stop = True
            classify_points = [[centroid] for centroid in centroids]
            sample_target = []
            #遍历数据
            for sample in self.data:
                #计算距离,由距离该数据最近的核心,确定该点所属类别
                distances = [func_of_dis(sample, centroid) for centroid in centroids]
                cur_level = np.argmin(distances)
                sample_target.append(cur_level)
                #统计,方便迭代完成后重新计算中间点
                classify_points[cur_level].append(sample)
            #重新划分质心
            for i in range(self.k_num_center):                  #几类中分别寻找一个最优点
                 distances = [func_of_dis(point_1, centroids[i]) for point_1 in
classify_points[i]]
                #首先计算出现在中心点和其他所有点的距离总和
                now_distances = sum(distances)
                for point in classify_points[i]:
                    distances= [func_of_dis(point_1, point) for point_1 in classify_
points[i]]
                    new_distance = sum(distances)
#计算出该聚簇中各个点与其他所有点距离的总和,若是有小于当前中心点的距离总和的,中心点去掉
                    if new_distance < now_distances:
                        now_distances = new_distance
                        centroids[i] = point                    #换成该点
                        if_stop = False
        print('结束')
        return sample_target

    def run(self):
        """
        先获得数据,由传入参数得到杂乱的 n 个点,然后由这 n 个点,分为 m 个类
        """
        self.get_test_data()
        predict = self.run_k_center(self.ou_distance)
        pyplot.scatter(self.data[:, 0], self.data[:, 1], c=predict)
        pyplot.show()
```

```
test_one = KMediod(n_points=1000, k_num_center=3)
test_one.run()
```

运行程序，得到聚类效果如图 8-3 所示。

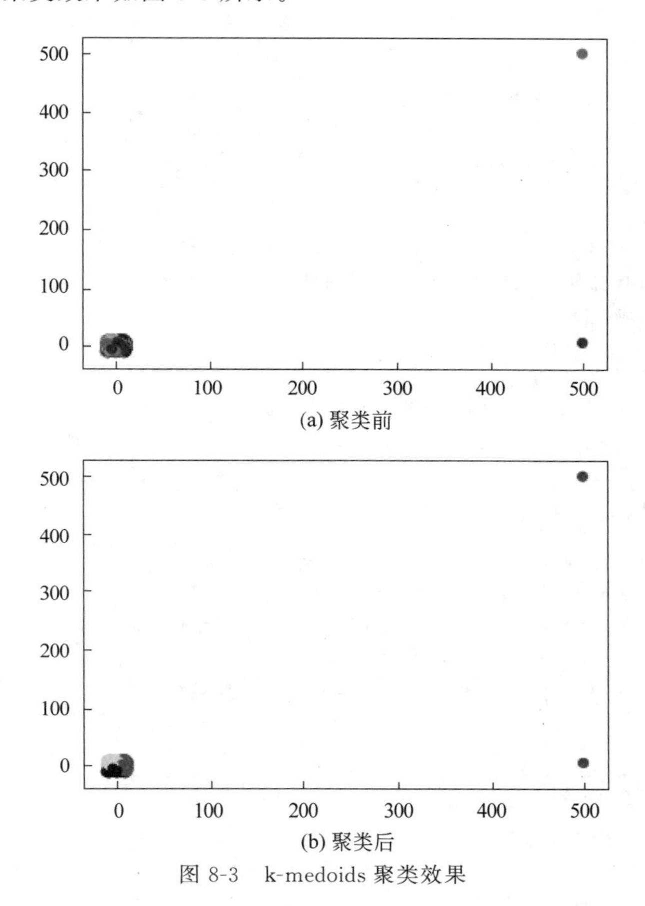

(a) 聚类前

(b) 聚类后

图 8-3　k-medoids 聚类效果

2. k-modes 算法

k-means 算法是一种简单且实用的聚类算法，但是传统的 k-means 算法只适用于连续属性的数据集，而对于离散属性的数据集，计算簇的均值以及点之间的欧氏距离就变得不合适了。k-modes 作为 k-means 的一种扩展，适用于离散属性的数据集。

假设有 N 个样本，M 个属性且全是离散的，簇的个数为 k，其实现步骤为：

(1) 随机确定 k 个聚类中心 $\boldsymbol{C}_1,\boldsymbol{C}_2,\cdots,\boldsymbol{C}_k$ 是长度为 M 的向量，$\boldsymbol{C}_i=[\boldsymbol{C}_i^1,\boldsymbol{C}_i^2,\cdots,\boldsymbol{C}_i^M]$。

(2) 对于样本 $\boldsymbol{x}_j(j=1,2,\cdots,N)$，分别比较其与 k 个中心之间的距离(此处的距离为不同属性值的个数，假如 $\boldsymbol{x}_1=[1,2,1,3]$，$\boldsymbol{C}_1=[1,2,3,4]$，那么 $\boldsymbol{x}_1$ 与 $\boldsymbol{C}_1$ 之间的距离为 2)。

(3) 将 $\boldsymbol{x}_j$ 划分到距离最小的簇，在全部的样本都被划分完毕后，重新确定簇中心，向量 $\boldsymbol{C}_i$ 中的每一个分量都更新为簇 i 中的众数。

(4) 重复步骤(2)和(3)，直到总距离(各个簇中样本与各自簇中心距离之和)不再降低，返回最后的聚类结果。

【例 8-3】 利用 k-modes 算法对给定的数据进行聚类。

```
import numpy as np
if __name__ == '__main__':
```

```
#导入数据
datas = np.array([[1,2,3,4],
                  [1,6,8,8],
                  [1,2,3,3],
                  [2,4,5,5],
                  [4,7,8,7],
                  [7,6,8,9],
                  [4,4,3,3],
                  [2,2,5,5],
                  [7,5,5,5],
                  [5,6,8,9]])
#选取聚类中心
centers = np.array([datas[1],datas[6],datas[2]])
#初始化各类中到中心的距离总和,但是由于距离总和不减少时,停止聚类,所以设置一个尽量大
#的数,以免影响过程
distance1 = 1000000
distance2 = 1000000
distance3 = 1000000
n = 0                                                    #记录聚类次数
#开始聚类循环
while(True):
    n+=1
    #使用 numpy 的 array 作为两个类的容器
    cluster1 = np.array([centers[0]])
    cluster2 = np.array([centers[1]])
    cluster3 = np.array([centers[2]])
    #使用 list 存放聚类中每个点到聚类中心的汉明距离
    hanming1 = []
    hanming2 = []
    hanming3 = []

    #遍历所有数据
    for i in datas:
        #用于记录汉明距离
        n1=0
        n2=0
        n3=0
        #循环每个位置,但有位置与聚类中心有相同属性时,n1/n2 加 1
        for j in range(4):
            if(i[j]!=centers[0][j]):
                n1+=1
            if(i[j]!=centers[1][j]):
                n2+=1
            if(i[j]!=centers[2][j]):
                n3+=1
        #将每个汉明距离存储到 list
        hanming1.append(n1)
        hanming2.append(n2)
        hanming3.append(n3)

        #将每个数据添加到其对应的类里面
        if(n1!=0 and n2!=0 and n3!=0):
            if(n1<n2 and n1<n3):
```

```
                cluster1 = np.vstack([cluster1,i])
            if(n2<n1 and n2<n3):
                cluster2 = np.vstack([cluster2,i])
            if(n3<n2 and n3<n1):
                cluster3 = np.vstack([cluster3,i])
        #将两个类别转置,方便求每个属性的众数。因为 NumPy 中没有直接求每一列众数的函数,所
        #以这样操作后使用 list 的求众数操作
        cluster1_t = np.transpose(cluster1)
        cluster2_t = np.transpose(cluster2)
        cluster3_t = np.transpose(cluster3)
        list1=[]
        list2=[]
        list3=[]
        #将每一行的众数分别存储到两个列表中,作为下一次聚类的新中心。因为转置了,所以现在
        #行的众数,就是之前列的众数
        for i in range(4):
            counts1 = np.bincount(cluster1_t[i])
            list1.append(np.argmax(counts1))
            counts2 = np.bincount(cluster2_t[i])
            list2.append(np.argmax(counts2))
            counts3 = np.bincount(cluster3_t[i])
            list3.append(np.argmax(counts3))
        #print(f"第{n}次聚类 新中心{list1}")
        #将新中心作为下一次聚类的中心
        centers = np.array([list1,list2,list3])
        #判断汉明距离和上一次聚类的差别,如果总的汉明距离没有减小,那么聚类结束
        if(sum(hanming1)>=distance1 and sum(hanming2) >= distance2 and sum
(hanming3)>=distance3):
            print(f"聚类{n}次后结束")
            break;
        else:
            distance1 = sum(hanming1)
            distance2 = sum(hanming2)
            distance3 = sum(hanming3)

    print(f"第一类\n{cluster1}")
    print(f"中心{centers[0]}")
    print(f"第二类\n{cluster2}")
    print(f"中心{centers[1]}")
    print(f"第三类\n{cluster3}")
    print(f"中心{centers[2]}")
```

运行程序,输出如下:

```
聚类 3 次后结束
第一类
[[1 6 8 9]
 [1 6 8 8]
 [4 7 8 7]
 [7 6 8 9]
 [5 6 8 9]]
中心[1 6 8 9]
第二类
[[2 4 3 3]
```

```
 [2 4 5 5]
 [4 4 3 3]]
中心[2 4 3 3]
第三类
[[1 2 3 3]
 [1 2 3 4]]
中心[1 2 3 3]
```

3. kernel k-means 算法

"kernel"方法是一类用于模式分析或识别的算法,其最知名的使用是在支持向量机(Support Vector Machine,SVM)中。模式分析的一般任务是在一般类型的数据(例如序列、文本文档、点集、向量、图像等)中找到并研究一般类型的关系(例如聚类、排名、主成分、相关性、分类、图表等)。内核方法将数据映射到更高维的空间,希望在这个更高维的空间中,数据可以变得更容易分离或更好地结构化。对这种映射的形式也没有约束,甚至可能导致无限维空间。然而,这种映射函数几乎不需要计算,所以可以说成是在低维空间计算高维空间内积的一个工具。

1) kernel k-means 算法原理

k-means 聚类算法所解决的问题为线性可分的问题,那么对于图 8-4 所示数据该如何进行聚类呢?

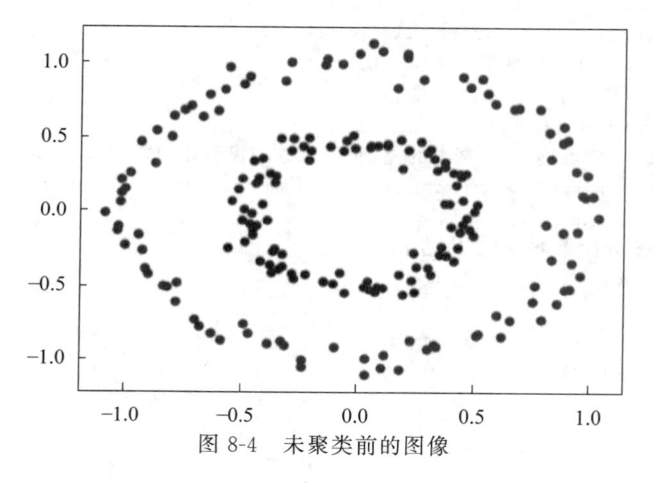

图 8-4 未聚类前的图像

如果使用 k-means 进行聚类,得到如图 8-5 所示的结果。可以看出与想要的结果有很大的差距。

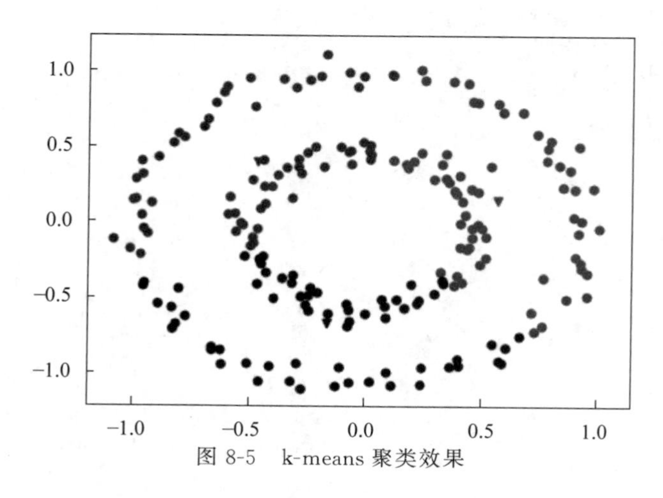

图 8-5 k-means 聚类效果

kernel k-means 的原理为将二维数据转换为三维数据，如图 8-6 所示。

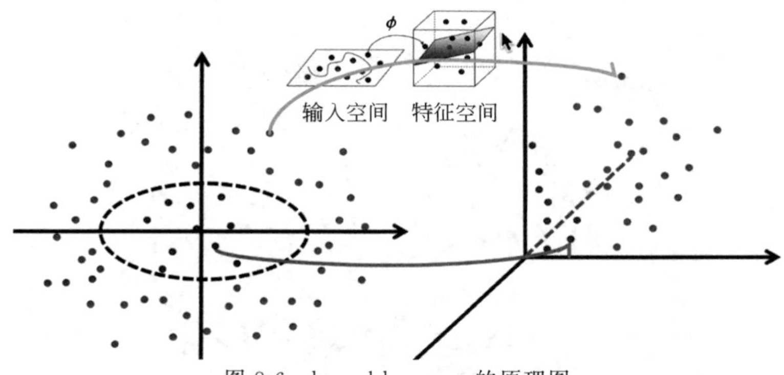

图 8-6 kernel k-means 的原理图

2）坐标变换方式

此处的变换方式为使用 $2\times d[0]^2+2\times d[1]^2$ 作为第三个维度，实际中可以根据需求设计不同的维度变换法则。

$$(x,y)\text{转换为}(x,2\times d[0]^2+2\times d[1]^2,y)(x,y,2\times d[0]^2+2\times d[1]^2)(2\times d[0]^2+2\times d[1]^2,x,y)$$

为什么选择 $2\times d[0]^2+2\times d[1]^2$ 作为第三个维度呢？在选择第三个维度时，尽量选取区分度较大的一种变换作为第三个维度，这样可以防止出现如图 8-7～图 8-10 所示的情况。

（1）选择$(x,y,\sqrt{2\times d[0]^2+2\times d[1]^2})$变换时，效果如图 8-7 所示。

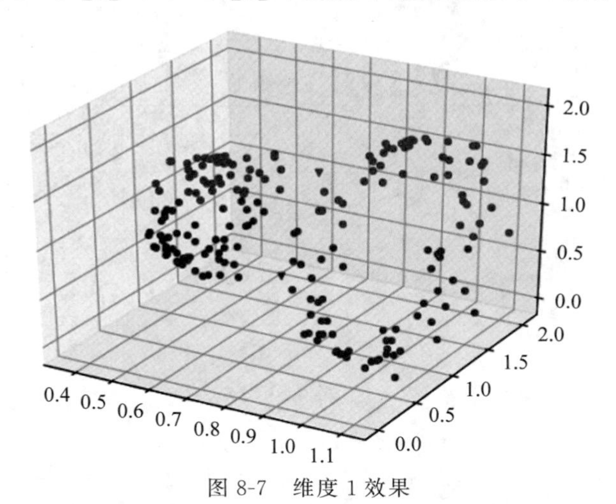

图 8-7 维度 1 效果

很显然，图 8-7 并没有很好地区分不同的簇，不能达到聚类效果。

（2）选择$(\sqrt{2\times d[0]^2+2\times d[1]^2},x,y)$变换，效果如图 8-8 所示。

（3）选择$(x,\sqrt{2\times d[0]^2+2\times d[1]^2},y)$变换，效果如图 8-9 所示。

（4）选择$(x,y,\sqrt{2\times d[0]^2+2\times d[1]^2})$变换，效果如图 8-10 所示。

由图 8-7～图 8-10 可以看到，原本在二维空间中非线性可分的数据集在转换为三维后线性可分（可以被一个平面分为两个部分）。同时也可以看到，在图 8-7～图 8-10 中，虽然数据点被明显地分为了两个部分，但是观察坐标轴会发现，在坐标轴刻度上用于区分两个类块距离的那一条轴距离很近，在进行聚类任务时就会出现如图 8-11 所示的情况。

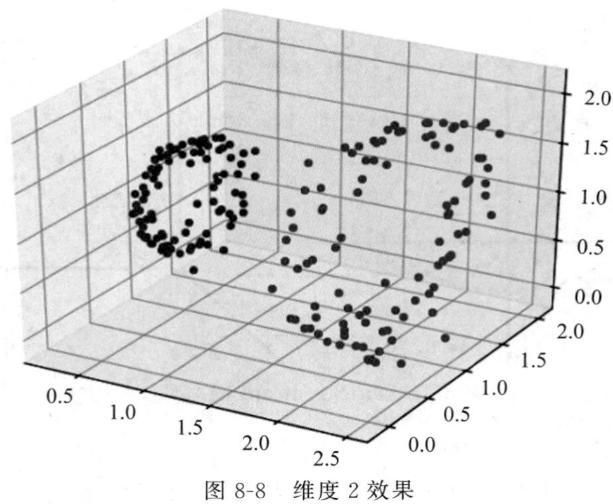

图 8-8　维度 2 效果

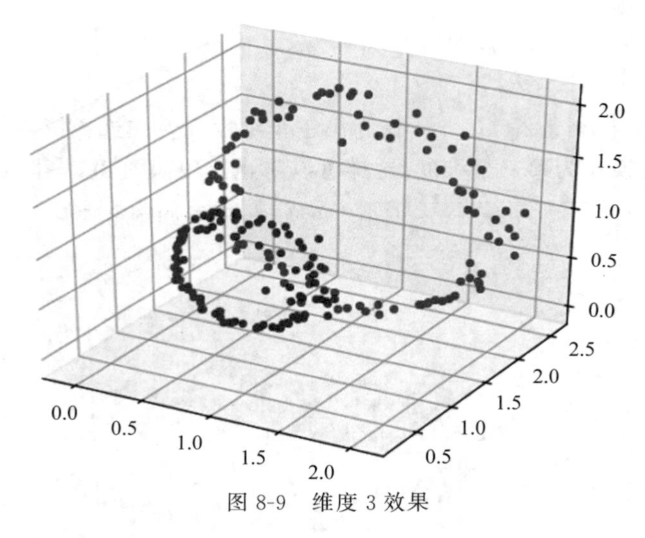

图 8-9　维度 3 效果

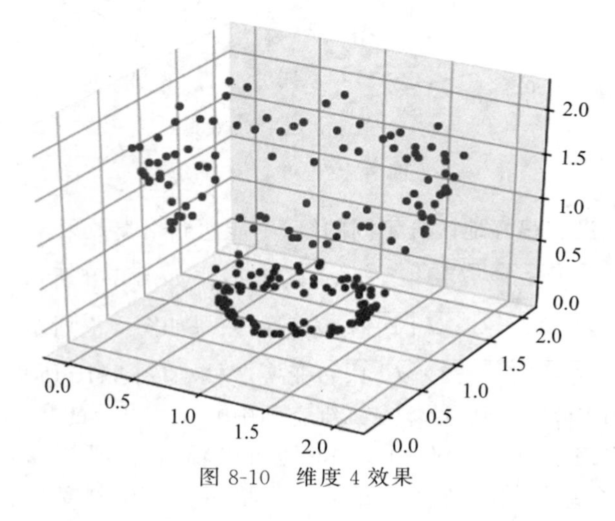

图 8-10　维度 4 效果

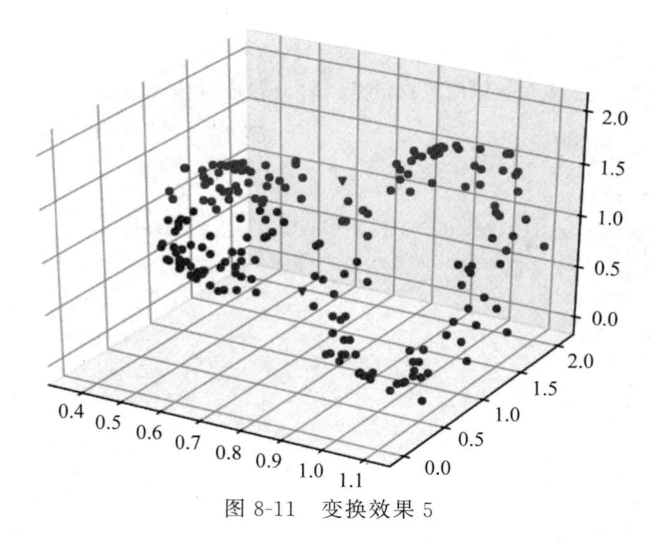

图 8-11　变换效果 5

为防止这种情况的发生，我们要尽可能地去扩大新加入维度对聚类结果的影响，所以采用 (x,y)转换为$(x,2\times d[0]^2+2\times d[1]^2,y)(x,y,2\times d[0]^2+2\times d[1]^2)(2\times d[0]^2+2\times d[1]^2,x,y)$作为维度变换。

3）kernel k-means 算法的实现

【例 8-4】 利用 kernel k-means 算法对创建的数据集进行聚类。

```
from sklearn import datasets
import matplotlib.pyplot as plt
from mpl_toolkits.mplot3d import Axes3D
import numpy as np
from sklearn import metrics
#matplotlib inline
#生成数据集
def make_data():
    return datasets.make_circles(n_samples=200, factor=0.5, noise=0.05)

#数据集处理
def data_processing(data):
    data_ = list(data[0])
    data_list = []
    for d in data_:
        data_list.append(list(d))
    result = list(data[1])
    return data_list, result

#数据集展示
def show_data(data, result):
    for d in data:
        if result[data.index(d)] == 0:
            plt.scatter(d[0], d[1], c="r")
        if result[data.index(d)] == 1:
            plt.scatter(d[0], d[1], c="g")
    plt.show()
```

```
#将原始二维数据点映射到三维
#引入一个新的维度,数据点与远点的距离转换:(x,y)转换为(x,sqrt(x**2+y**2),y)
def axes3d(data):
    new_data_list = []
    for d in data:
        new_data = [2 * d[0]**2+2 * d[1]**2, d[0]+1, d[1]+1]
        new_data_list.append(new_data)
    return new_data_list

#三维图像绘制
def show_data_3d(data, result):
    fig = plt.figure()
    ax = fig.add_subplot(111, projection='3d')
    for d in data:
        if result[data.index(d)] == 0:
            ax.scatter(d[0], d[1], d[2], c="r", marker="8")
        if result[data.index(d)] == 1:
            ax.scatter(d[0], d[1], d[2], c="g", marker="8")
    plt.show()

#三维迭代图像绘制
def show_data_iter_3d(data, center):
    fig = plt.figure()
    ax = fig.add_subplot(111, projection='3d')
    for cls_d in data:
        for d in cls_d:
            if data.index(cls_d) == 0:
                ax.scatter(d[0], d[1], d[2], c="r", marker="8")
            if data.index(cls_d) == 1:
                ax.scatter(d[0], d[1], d[2], c="g", marker="8")
    for c in center:
        if center.index(c) == 0:
            ax.scatter(c[0], c[1], c[2], c="r", marker="v")
        if center.index(c) == 1:
            ax.scatter(c[0], c[1], c[2], c="g", marker="v")
    plt.show()

#k-means 类中心的选择
def select_centre(data, k):
    center_list = []
    for i in range(k):
        ran = np.random.randint(len(data))
        center_list.append(data[ran])
    return center_list

#k-means 聚类
def k_means(data, center):
    new_center = []
```

```
    cluster_result = []
    class_result = [[] for i in range(len(center))]
    for d in data:
        dis_list = []
        for c in center:
            #欧氏距离进行距离度量
            dis = np.sqrt(np.sum(np.square(np.array(d)-np.array(c))))
            dis_list.append(dis)
        cluster_result.append(dis_list.index(min(dis_list)))
        class_result[dis_list.index(min(dis_list))].append(d)

  #更新类中心
    for cls in class_result:
        x = 0
        y = 0
        z = 0
        for c in cls:
            x += c[0]
            y += c[1]
            z += c[2]
        if len(cls) == 0:
            new_center.append(center[class_result.index(cls)])
        else:
            new_center.append([round(x/len(cls), 4), round(y/len(cls), 4), round(z/
len(cls), 4)])
    print(new_center)
    return cluster_result, class_result, new_center
#迭代
def iter_(data, center, iter):
    cluster_result, class_result, new_center = k_means(data, center)
    for i in range(iter-1):
        cluster_result, class_result, new_center = k_means(data, new_center)
        show_data_iter_3d(class_result, new_center)
    return cluster_result, class_result, new_center
if __name__ == '__main__':
    #生成数据集
    datas = make_data()
    #print(datas)
    #数据处理
    data, result = data_processing(datas)
    #print(data, result)
    #展示数据正确的聚类图
    show_data(data, result)
    #进行 kernel 坐标变换
    data_3d = axes3d(data)
    #print(data_3d)
    #绘制三维图像
    show_data_3d(data_3d, result)
    #选择 k-means 的类中心点
    centers = select_centre(data_3d, 2)
    cluster_results, class_results, new_centers = iter_(data_3d, centers, 5)
```

运行程序，得到聚类效果如图 8-12 所示。

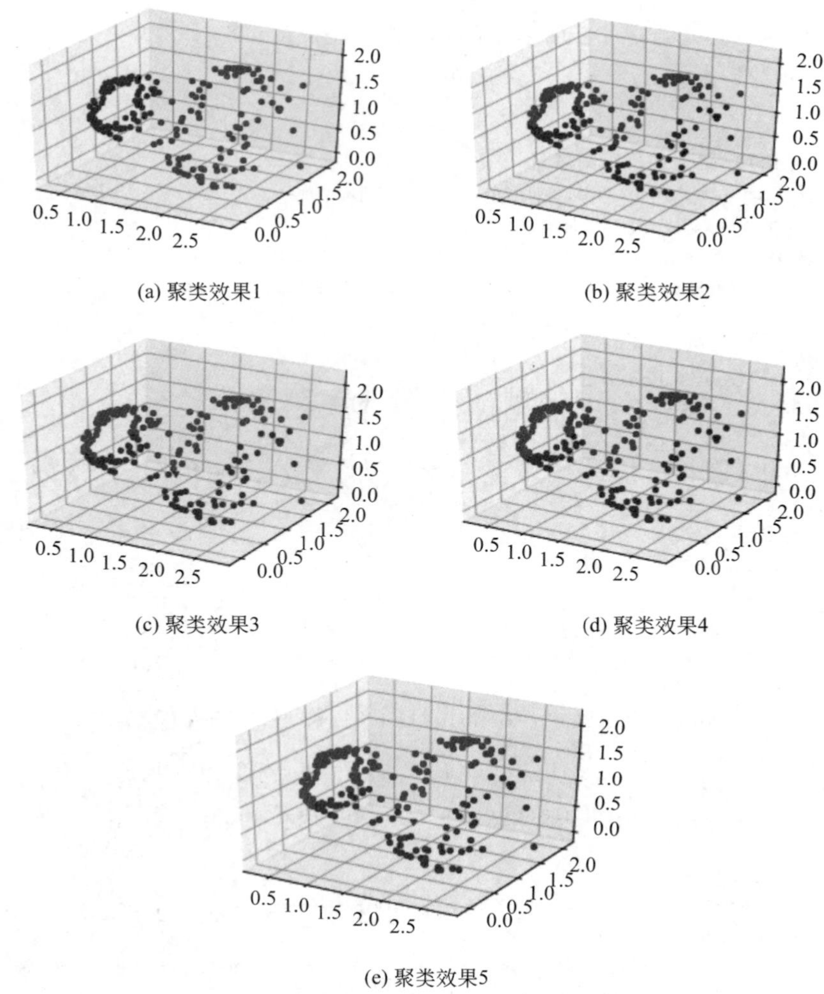

(a) 聚类效果1

(b) 聚类效果2

(c) 聚类效果3

(d) 聚类效果4

(e) 聚类效果5

图 8-12 kernel k-means 聚类效果

8.3 Mean Shift 聚类

Mean Shift 算法，又称为均值漂移算法。Mean Shift 的概念最早是由 Fukunage 在 1975 年提出的，后来由 Yizong Cheng 对其进行扩充，主要提出了以下两点改进：

- 定义了核函数；
- 增加了权重系数。

核函数的定义使得偏移值对偏移向量的贡献随样本与被偏移点的距离的不同而不同。权重系数使得不同样本的权重不同。均值漂移算法在聚类、图像平滑、图像分割以及视频跟踪等方面有广泛的应用。

8.3.1 Mean Shift 算法介绍

1. 核函数

核函数是机器学习中常用的一种方式，其定义为：

X 表示一个 d 维的欧氏空间，$\boldsymbol{x}$ 是该空间中的一个点 $\boldsymbol{x}=\{x_1,x_2,\cdots,x_d\}$，其中，$\boldsymbol{x}$ 的模为 $\|\boldsymbol{x}\|^2=\boldsymbol{x}\boldsymbol{x}^{\mathrm{T}}$，$\mathbf{R}$ 表示实数域，如果一个函数 $K: X\to\mathbf{R}$ 存在一个剖面函数 $k:[0,\infty]\to\mathbf{R}$，即

$$K(\boldsymbol{x})=k(\|\boldsymbol{x}\|^2)$$

并且满足：

(1) k 是非负的。

(2) k 是非增的。

(3) k 是分段连续的。

那么，函数 $K(\boldsymbol{x})$就称为核函数。常用的核函数有：

- 线性核：$k(\boldsymbol{x},\boldsymbol{y})=\boldsymbol{x}^{\mathrm{T}}\boldsymbol{y}$。
- 多项式核：$k(\boldsymbol{x},\boldsymbol{y})=(\boldsymbol{x}^{\mathrm{T}}\boldsymbol{y})^d$，$d\geqslant 1$ 为多项式次数。
- 高斯核：$k(\boldsymbol{x},\boldsymbol{y})=\exp\left(-\frac{\|\boldsymbol{x}-\boldsymbol{y}\|^2}{2\sigma^2}\right)$，$\sigma>0$ 为高斯核的带宽。
- 拉普拉斯核：$k(\boldsymbol{x},\boldsymbol{y})=\exp\left(-\frac{\|\boldsymbol{x}-\boldsymbol{y}\|}{\sigma}\right)$。
- Sigmoid 核：$k(\boldsymbol{x},\boldsymbol{y})=\tanh(\beta\boldsymbol{x}^{\mathrm{T}}\boldsymbol{y}+0)$，tanh 为双曲正切函数，$\beta>0$，$\theta<0$。

2. 核密度估计

核密度估计是指根据样本分布估计在样本空间中的每一点的密度。估计某点的密度时，核密度估计方法会考虑该点 x 邻近区域的样本点 x'的影响，邻近区域大小由带宽 h 决定，该参数对最终密度估计的影响非常大。通常采用高斯核：

$$N(x,x')=\frac{1}{\sqrt{2\pi}h}\mathrm{e}^{\frac{\|x-x'\|^2}{2h^2}}$$

x'为核函数中心，$\|x-x'\|^2$ 为向量 $\boldsymbol{x}$ 和向量 $\boldsymbol{x}'$的欧氏距离。

3. 均值漂移

算法初始化一个质心(向量表示)，每一步迭代都会朝着当前质心邻域内密度极值方向漂移，方向就是密度上升最大的方向，即梯度方向。求导即得漂移向量的终点就是下一个质心：

$$x_k^{i+1}=\frac{\sum_{x_j\in N}K(x_j-x_k^i)x_j}{\sum_{x_j\in N}K(x_j-x_k^i)}$$

N 是当前质心的邻域内的样本集合。

【例 8-5】 绘制不同带宽的核函数。

```
import matplotlib.pyplot as plt
import math

def cal_Gaussian(x, h=1):
    molecule = x * x
    denominator = 2 * h * h
    left = 1 / (math.sqrt(2 * math.pi) * h)
    return left * math.exp(-molecule / denominator)

x = []
for i in range(-20,20):
    x.append(i * 0.5);
score_1 = []
score_2 = []
score_3 = []
```

```
    for i in x:
        score_1.append(cal_Gaussian(i,1))
        score_2.append(cal_Gaussian(i,2))
        score_3.append(cal_Gaussian(i,3))
    plt.figure(figsize=(10,8), dpi=80)
    plt.plot(x, score_1, 'r--', label="h=1")
    plt.plot(x, score_2, 'b--', label="h=2")
    plt.plot(x, score_3, 'g--', label="h=3")

    #显示中文标题
    plt.rcParams['font.sans-serif']=['SimHei']
    plt.rcParams['axes.unicode_minus'] = False
    plt.legend(loc="upper right")
    plt.title("高斯核函数")
    plt.xlabel("x")
    plt.ylabel("K")
    plt.show()
```

运行程序,效果如图 8-13 所示。

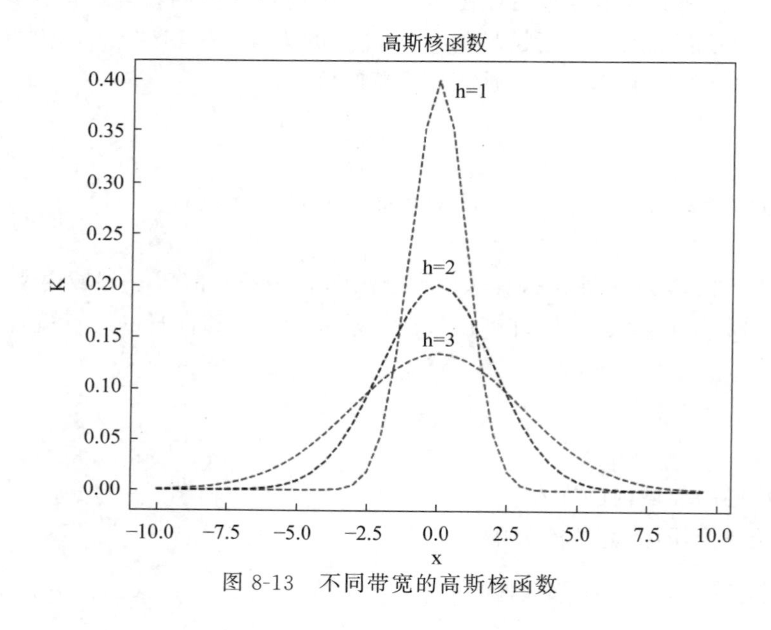

图 8-13 不同带宽的高斯核函数

8.3.2 Mean Shift 算法的思想

1. 基本原理

对于 Mean Shift 算法,是一个迭代的过程,即先算出当前点的偏移均值,将该点移动到此偏移均值,然后以此为新的起始点,继续移动,直到满足最终的条件。具体过程如下。

步骤 1:在指定的区域内计算偏移均值(如图 8-14 所示的圆圈)。

步骤 2:移动该点到偏移均值点处,如图 8-15 所示。

步骤 3:重复上述过程(计算新的偏移均值,移动,如图 8-16 所示)。

步骤 4:满足了最终的条件,即退出,如图 8-17 所示。

从上述过程(图 8-14～图 8-17)可以看出,在 Mean Shift 算法中,最关键的就是计算每个点的偏移均值,然后根据新计算的偏移均值更新点的位置。

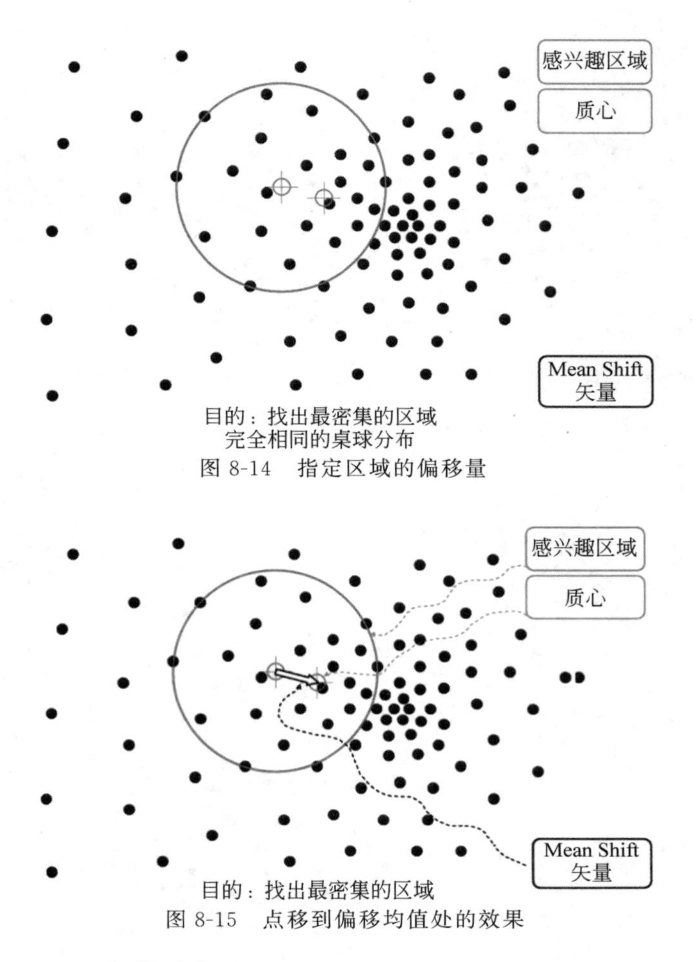

图 8-14 指定区域的偏移量

图 8-15 点移到偏移均值处的效果

2. 基本的 Mean Shift 向量形式

对于给定的 d 维空间 $\mathbf{R}^d$ 中的 n 个样本点 $\boldsymbol{x}_i, i=1,2,\cdots,n$，则对于 $\boldsymbol{x}$ 点，其 Mean Shift 向量的基本形式为

$$M_h(\boldsymbol{x})=\frac{1}{k}\sum_{\boldsymbol{x}_i\in S_h}(\boldsymbol{x}_i-\boldsymbol{x})$$

其中，S_h 指的是一个半径为 h 的高维球区域，S_h 的定义为

$$S_h(\boldsymbol{x})=(\boldsymbol{y}\mid(\boldsymbol{y}-\boldsymbol{x})(\boldsymbol{y}-\boldsymbol{x})^{\mathrm{T}}\leqslant h^2)$$

这样的一种基本的 Mean Shift 形式存在一个问题：在 S_h 的区域内，每一个点对 $\boldsymbol{x}$ 的贡献是一样的。而实际上，这种贡献与 $\boldsymbol{x}$ 到每一个点之间的距离是相关的。同时，对于每一个样本，其重要程度也是不一样的。

3. 改进的 Mean Shift 向量形式

基于以上的考虑，对基本的 Mean Shift 向量形式中增加核函数和样本权重，得到如下改进的 Mean Shift 向量形式：

$$M_h(\boldsymbol{x})=\frac{\sum_{i=1}^{n}G_{\boldsymbol{H}}(\boldsymbol{x}_i-\boldsymbol{x})w(\boldsymbol{x}_i)(\boldsymbol{x}_i-\boldsymbol{x})}{\sum_{i=1}^{n}G_{\boldsymbol{H}}(\boldsymbol{x}_i-\boldsymbol{x})w(\boldsymbol{x}_i)}$$

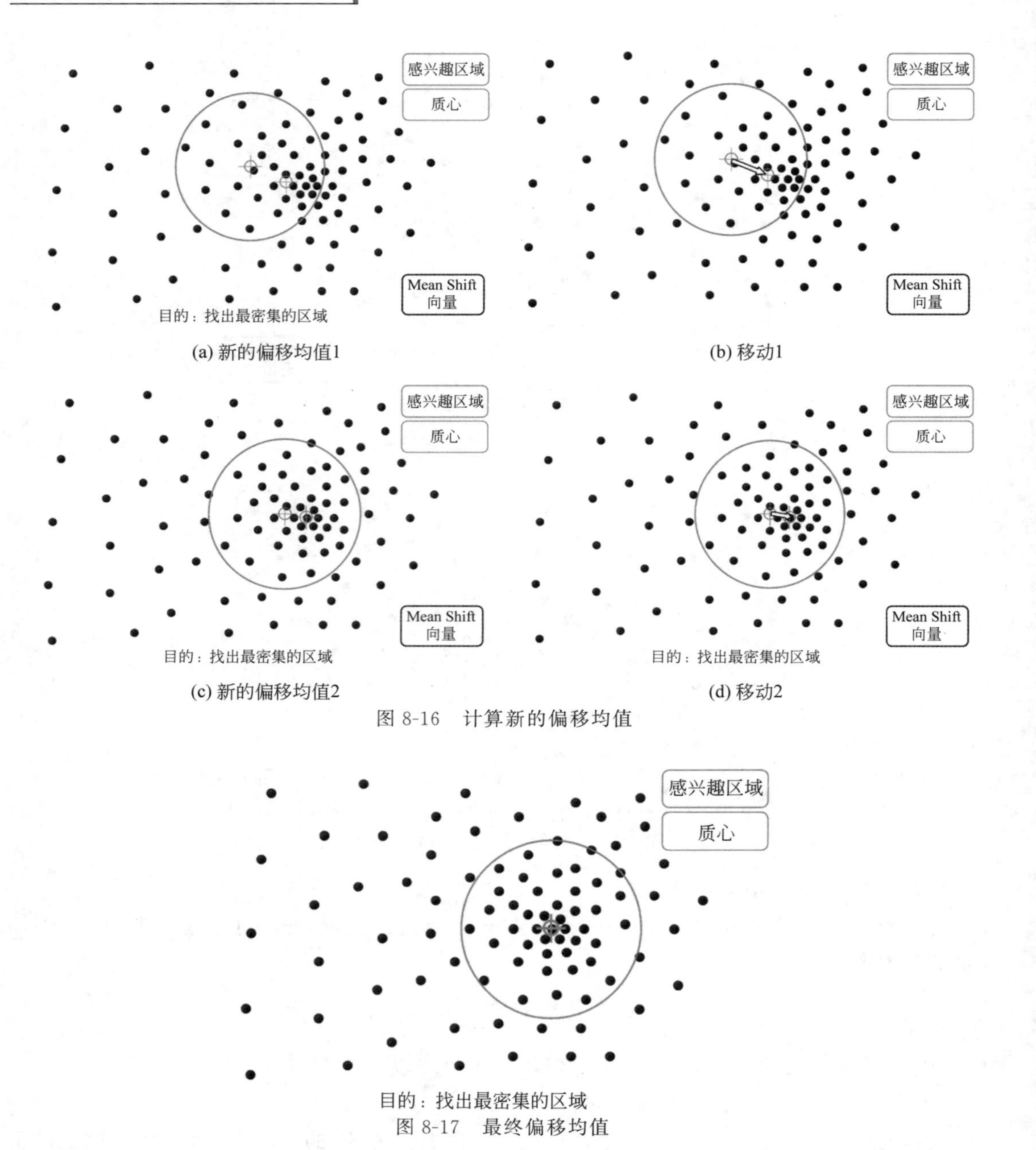

(a) 新的偏移均值1　(b) 移动1

(c) 新的偏移均值2　(d) 移动2

图 8-16　计算新的偏移均值

图 8-17　最终偏移均值

其中，

$$G_{\boldsymbol{H}}(\boldsymbol{x}_i-\boldsymbol{x})=|\boldsymbol{H}|^{-\frac{1}{2}}G(\boldsymbol{H}^{-\frac{1}{2}}(\boldsymbol{x}_i-\boldsymbol{x}))$$

$G(x)$是一个单位的核函数。$\boldsymbol{H}$ 是一个正定的对称 $d\times d$ 矩阵，称为带宽矩阵，其是一个对角阵。$w(\boldsymbol{x}_i)\geqslant 0$ 是每一个样本的权重。对角阵 $\boldsymbol{H}$ 的形式为

$$\boldsymbol{H}=\begin{pmatrix} h_1^2 & 0 & \cdots & 0 \\ 0 & h_2^2 & \cdots & 0 \\ \vdots & \vdots & \ddots & \vdots \\ 0 & 0 & \cdots & h_d^2 \end{pmatrix}_{d\times d}$$

上述的 Mean Shift 向量可以改写成

$$M_h(\boldsymbol{x})=\frac{\sum_{i=1}^{n}G\left(\frac{\boldsymbol{x}_i-\boldsymbol{x}}{h_i}\right)w(\boldsymbol{x}_i)(\boldsymbol{x}_i-\boldsymbol{x})}{\sum_{i=1}^{n}G\left(\frac{\boldsymbol{x}_i-\boldsymbol{x}}{h_i}\right)w(\boldsymbol{x}_i)}$$

Mean Shift 向量 $M_h(\boldsymbol{x})$是归一化的概率密度梯度。在 Mean Shift 算法中,实际上是利用了概率密度,求得概率密度的局部最优解。

8.3.3 概率密度梯度

对一个概率密度函数 $f(\boldsymbol{x})$,已知 d 维空间中 n 个采样点 $\boldsymbol{x}_i$, $i=1,2,\cdots,n$, $f(\boldsymbol{x})$的核函数估计(也称为 Parzen 窗估计)为

$$\hat{f}(\boldsymbol{x})=\frac{\sum_{i=1}^{n}K\left(\frac{\boldsymbol{x}_i-\boldsymbol{x}}{h}\right)w(\boldsymbol{x}_i)}{h^d\sum_{i=1}^{n}w(\boldsymbol{x}_i)}$$

其中,$w(\boldsymbol{x}_i)\geqslant 0$ 是一个赋给采样点 $\boldsymbol{x}_i$ 的权重。$K(\boldsymbol{x})$是一个核函数。

概率密度函数 $f(\boldsymbol{x})$的梯度$\nabla f(\boldsymbol{x})$的估计为

$$\nabla\hat{f}(\boldsymbol{x})=\frac{2\sum_{i=1}^{n}(\boldsymbol{x}-\boldsymbol{x}_i)k'\left(\left\|\frac{\boldsymbol{x}_i-\boldsymbol{x}}{h}\right\|^2\right)w(\boldsymbol{x}_i)}{h^{d+2}\sum_{i=1}^{n}w(\boldsymbol{x}_i)}$$

令 $g(\boldsymbol{x})=-k'(\boldsymbol{x})$,$G(\boldsymbol{x})=g(\|\boldsymbol{x}\|)^2$,则有

$$\nabla\hat{f}(\boldsymbol{x})=\frac{2\sum_{i=1}^{n}(\boldsymbol{x}-\boldsymbol{x}_i)G\left(\left\|\frac{\boldsymbol{x}_i-\boldsymbol{x}}{h}\right\|^2\right)w(\boldsymbol{x}_i)}{h^{d+2}\sum_{i=1}^{n}w(\boldsymbol{x}_i)}$$

$$=\frac{2}{h^2}\left[\frac{\sum_{i=1}^{n}G\left(\frac{\boldsymbol{x}_i-\boldsymbol{x}}{h}\right)w(\boldsymbol{x}_i)}{h^d\sum_{i=1}^{n}w(\boldsymbol{x}_i)}\right]\left[\frac{\sum_{i=1}^{n}(\boldsymbol{x}_i-\boldsymbol{x})G\left(\left\|\frac{\boldsymbol{x}_i-\boldsymbol{x}}{h}\right\|^2\right)w(\boldsymbol{x}_i)}{\sum_{i=1}^{n}G\left(\frac{\boldsymbol{x}_i-\boldsymbol{x}}{h}\right)w(\boldsymbol{x}_i)}\right]$$

其中,第二个方括号中就是 Mean Shift 向量,其与概率密度梯度成正比。

8.3.4 Mean Shift 向量的修正

已知 Mean Shift 向量为

$$M_h(\boldsymbol{x})=\frac{\sum_{i=1}^{n}G\left(\frac{\boldsymbol{x}_i-\boldsymbol{x}}{h}\right)w(\boldsymbol{x}_i)\boldsymbol{x}_i}{\sum_{i=1}^{n}G\left(\frac{\boldsymbol{x}_i-\boldsymbol{x}}{h}\right)w(\boldsymbol{x}_i)}-\boldsymbol{x}$$

记 $m_h(\boldsymbol{x})=\dfrac{\sum_{i=1}^{n}G\left(\left\|\frac{\boldsymbol{x}_i-\boldsymbol{x}}{h}\right\|^2\right)w(\boldsymbol{x}_i)\boldsymbol{x}_i}{\sum_{i=1}^{n}G\left(\frac{\boldsymbol{x}_i-\boldsymbol{x}}{h}\right)w(\boldsymbol{x}_i)}$,由上式变成

$$M_h(\boldsymbol{x})=m_h(\boldsymbol{x})+\boldsymbol{x}$$

这与梯度上升的过程一致。

8.3.5 Mean Shift 算法流程

Mean Shift 算法的流程如下：

- 计算 $m_h(\boldsymbol{x})$；
- 令 $\boldsymbol{x}=m_h(\boldsymbol{x})$；
- 如果 $\| m_h(\boldsymbol{x})-\boldsymbol{x} \| < \varepsilon$，结束循环，否则，重复上述步骤。

下面通过一个实例来演示 Mean Shift 算法的聚类效果。

【例 8-6】 利用 Mean Shift 算法对给定数据实现聚类。

```
import matplotlib.pyplot as plt
import math
import numpy as np

MIN_DISTANCE = 0.000001                                    #微小误差
def load_data(path, feature_num=2):
    '''导入数据
    input:  path(string)文件的存储位置
            feature_num(int)特征的个数
    output: data(array)特征
    '''
    f = open(path)                                         #打开文件
    data = []
    for line in f.readlines():
        lines = line.strip().split("\t")
        data_tmp = []
        if len(lines) != feature_num:                      #判断特征的个数是否正确
            continue
        for i in range(feature_num):
            data_tmp.append(float(lines[i]))
        data.append(data_tmp)
    f.close()                                              #关闭文件
    return data

def gaussian_kernel(distance, bandwidth):
    '''高斯核函数
    input:  distance(mat):欧氏距离
            bandwidth(int):核函数的带宽
    output: gaussian_val(mat):高斯函数值
    '''
    m = np.shape(distance)[0]                              #样本个数
    right = np.mat(np.zeros((m, 1)))                       #m×1 的矩阵
    for i in range(m):
        right[i, 0] = (-0.5 * distance[i] * distance[i].T) / (bandwidth * bandwidth)
        right[i, 0] = np.exp(right[i, 0])
    left = 1 / (bandwidth * math.sqrt(2 * math.pi))

    gaussian_val = left * right
    return gaussian_val

def shift_point(point, points, kernel_bandwidth):
    '''计算均值漂移点
```

```
    input:  point(mat)需要计算的点
            points(array)所有的样本点
            kernel_bandwidth(int)核函数的带宽
    output: point_shifted(mat)漂移后的点
    '''
    points = np.mat(points)
    m = np.shape(points)[0]                                     #样本的个数
    #计算距离
    point_distances = np.mat(np.zeros((m, 1)))
    for i in range(m):
        point_distances[i, 0] = euclidean_dist(point, points[i])
    #计算高斯核
    point_weights = gaussian_kernel(point_distances, kernel_bandwidth) #m×1的矩阵
    #计算分母
    all_sum = 0.0
    for i in range(m):
        all_sum += point_weights[i, 0]
    #均值偏移
    point_shifted = point_weights.T * points / all_sum
    return point_shifted

def euclidean_dist(pointA, pointB):
    '''计算欧氏距离
    input:  pointA(mat):A点的坐标
            pointB(mat):B点的坐标
    output: math.sqrt(total):两点之间的欧氏距离
    '''
    #计算pointA和pointB之间的欧氏距离
    total = (pointA - pointB) * (pointA - pointB).T
    return math.sqrt(total)                                     #欧氏距离

def group_points(mean_shift_points):
    '''计算所属的类别
    input:  mean_shift_points(mat):漂移向量
    output: group_assignment(array):所属类别
    '''
    group_assignment = []
    m, n = np.shape(mean_shift_points)
    index = 0
    index_dict = {}
    for i in range(m):
        item = []
        for j in range(n):
            item.append(str(("%5.2f" % mean_shift_points[i, j])))
        item_1 = "_".join(item)
        if item_1 not in index_dict:
            index_dict[item_1] = index
            index += 1
    for i in range(m):
        item = []
        for j in range(n):
            item.append(str(("%5.2f" % mean_shift_points[i, j])))
        item_1 = "_".join(item)
```

```
            group_assignment.append(index_dict[item_1])
    return group_assignment

def train_mean_shift(points, kenel_bandwidth=2):
    '''训练 Mean Shift 模型
    input:  points(array):特征数据
            kenel_bandwidth(int):核函数的带宽
    output: points(mat):特征点
            mean_shift_points(mat):均值漂移点
            group(array):类别
    '''
    mean_shift_points = np.mat(points)
    max_min_dist = 1
    iteration = 0                                          #训练的代数
    m = np.shape(mean_shift_points)[0]                     #样本的个数
    need_shift = [True] * m                                #标记是否需要漂移

    #计算均值漂移向量
    while max_min_dist > MIN_DISTANCE:
        max_min_dist = 0
        iteration += 1
        print ("\titeration : " + str(iteration))
        for i in range(0, m):
            #判断每一个样本点是否需要计算偏移均值
            if not need_shift[i]:
                continue
            p_new = mean_shift_points[i]
            p_new_start = p_new
            p_new = shift_point(p_new, points, kenel_bandwidth)  #对样本点进行漂移
            #计算该点与漂移后的点之间的距离
            dist = euclidean_dist(p_new, p_new_start)
            if dist > max_min_dist:
                max_min_dist = dist
            if dist < MIN_DISTANCE:                        #不需要移动
                need_shift[i] = False
            mean_shift_points[i] = p_new

    #计算最终的 group
    group = group_points(mean_shift_points)                #计算所属的类别
    return np.mat(points), mean_shift_points, group

def save_result(file_name, data):
    '''保存最终的计算结果
    input:  file_name(string):存储的文件名
            data(mat):需要保存的文件
    '''
    f = open(file_name, "w")
    m, n = np.shape(data)
    for i in range(m):
        tmp = []
        for j in range(n):
            tmp.append(str(data[i, j]))
        f.write("\t".join(tmp) + "\n")
```

```
    f.close()

if __name__ == "__main__":
    #导入数据集
    print ("----------1.load data ------------")
    data = load_data("data.txt", 2)
    #训练,h=2
    print ("----------2.training ------------")
    points, shift_points, cluster = train_mean_shift(data, 2)
    #保存所属的类别文件
    print ("----------3.1.save sub ------------")
    save_result("sub_1", np.mat(cluster))
    print ("----------3.2.save center ------------")
    #保存聚类中心
    save_result("center", shift_points)
f = open("data.txt")
x = []
y = []
for line in f.readlines():
    lines = line.strip().split("\t")
    if len(lines) == 2:
        x.append(float(lines[0]))
        y.append(float(lines[1]))
f.close()

#显示中文标题
plt.rcParams['font.sans-serif']=['SimHei']
plt.rcParams['axes.unicode_minus'] = False
plt.figure(figsize=(10,8), dpi=80)
plt.plot(x, y, 'b.', label="原始数据")
plt.title('未使用聚类算法')
plt.legend(loc="upper right")
plt.show()

cluster_x_0 = []
cluster_x_1 = []
cluster_x_2 = []
cluster_y_0 = []
cluster_y_1 = []
cluster_y_2 = []
N = len(data)
data = np.array(data)

f = open("ex0.txt")
center_x = []
center_y = []
for line in f.readlines():
    lines = line.strip().split("\t")
    if len(lines) == 2:
        center_x.append(lines[0])
        center_y.append(lines[1])
f.close()
for i in range(N):
```

```
    if cluster[i]==0:
        cluster_x_0.append(data[i, 0])
        cluster_y_0.append(data[i, 1])
    elif cluster[i]==1:
        cluster_x_1.append(data[i, 0])
        cluster_y_1.append(data[i, 1])
    elif cluster[i]==2:
        cluster_x_2.append(data[i, 0])
        cluster_y_2.append(data[i, 1])

plt.figure(figsize=(10,8), dpi=80)
plt.plot(cluster_x_0, cluster_y_0,'y.',label="cluster_0")
plt.plot(cluster_x_1, cluster_y_1,'g.',label="cluster_1")
plt.plot(cluster_x_2, cluster_y_2,'b.',label="cluster_2")
plt.plot(center_x, center_y, '+m', label="mean point")
plt.title('使用聚类算法')
plt.legend(loc="best")
plt.show()
```

运行程序,效果如图 8-18 所示。

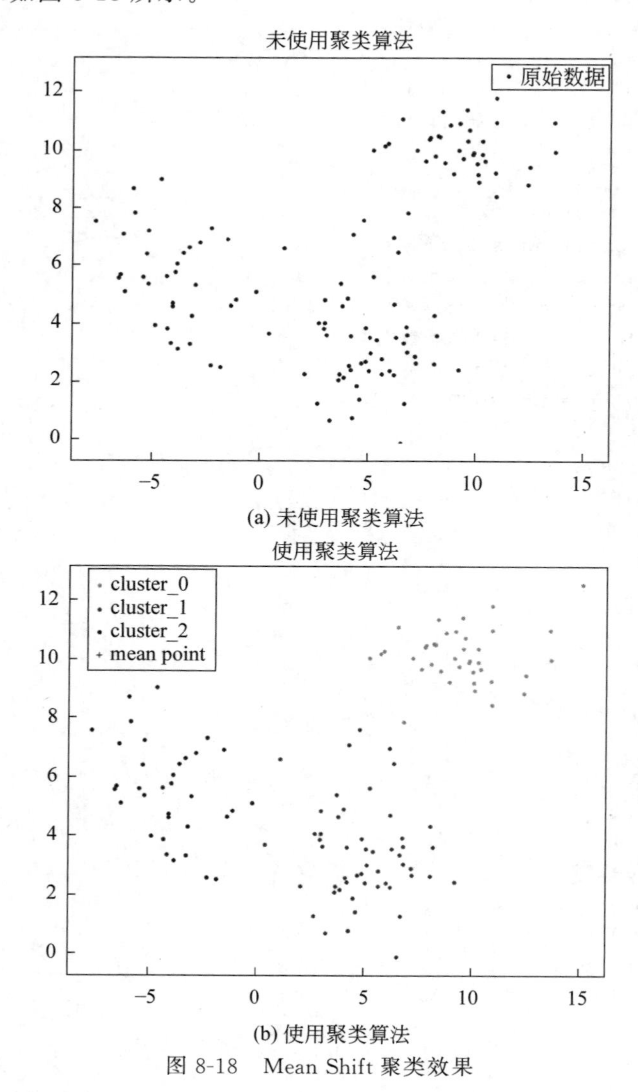

(a) 未使用聚类算法

(b) 使用聚类算法

图 8-18 Mean Shift 聚类效果

```
----------1.load data ------------
----------2.training ------------
   iteration : 1
   iteration : 2
   iteration : 3
   ...
   iteration : 25
   iteration : 26
   iteration : 27
   iteration : 28
----------3.1.save sub ------------
----------3.2.save center ------------
```

8.4 谱聚类

谱聚类(Spectral Clustering,SC)是一种基于图论的聚类方法——将带权无向图划分为两个或两个以上的最优子图,使子图内部尽量相似,而子图间距离尽量较远,以达到常见的聚类的目的。其中的最优是指最优目标函数不同,可以是割边最小分割——如图 8-19 中的 Smallest cut,也可以是分割规模差不多且割边最小的分割——如图 8-19 中的 Best cut。

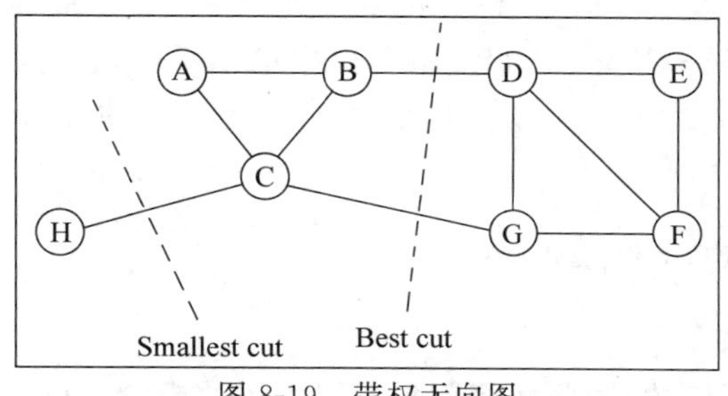

图 8-19 带权无向图

这样,谱聚类能够识别任意形状的样本空间且收敛于全局最优解,其基本思想是利用样本数据的相似矩阵(拉普拉斯矩阵)进行特征分解后得到的特征向量进行聚类。

8.4.1 谱聚类的原理

1. 谱

方阵作为线性算子,它的所有特征值的全体统称为方阵的谱。方阵的谱半径为最大的特征值。矩阵 $\mathbf{A}$ 的谱半径是矩阵 $\mathbf{A}^{\mathrm{T}}\mathbf{A}$ 的最大特征值。

2. 谱聚类

谱聚类是一种基于图论的聚类方法,通过对样本数据的拉普拉斯矩阵的特征向量进行聚类,从而达到对样本数据聚类的目的。谱聚类可以理解为将高维空间的数据映射到低维空间,然后在低维空间用其他聚类算法(如 k-means)进行聚类。

8.4.2 谱聚类算法描述

下面对谱聚类算法进行简单的描述。

输入:n 个样本点 $X=\{\boldsymbol{x}_1,\boldsymbol{x}_2,\cdots,\boldsymbol{x}_n\}$和聚类簇的数目 k。

输出:聚类族 $A_1,A_2,\cdots,A_k$。

(1) 使用下面公式计算 $n\times n$ 的相似度矩阵 $\boldsymbol{W}$。

$$s_{ij}=s(\boldsymbol{x}_i,\boldsymbol{x}_j)=\sum_{i=1,j=1}^{n}\exp\frac{-\parallel \boldsymbol{x}_i-\boldsymbol{x}_j\parallel^2}{2\sigma^2}$$

$\boldsymbol{W}$ 为 s_{ij} 组成的相似度矩阵。

(2) 使用下面公式计算度矩阵 $\boldsymbol{D}$：

$$d_i=\sum_{j=1}^{n}w_{ij}$$

即相似度矩阵 $\boldsymbol{W}$ 的每一行元素之和。$\boldsymbol{D}$ 为 d_i 组成的 $n\times n$ 对角阵。

(3) 计算拉普拉斯矩阵 $\boldsymbol{L}=\boldsymbol{D}-\boldsymbol{W}$。

(4) 计算 $\boldsymbol{L}$ 的特征值，将特征值从小到大排序，取前 k 个特征值，并计算前 k 个特征值的特征向量 $\boldsymbol{u}_1,\boldsymbol{u}_2,\cdots,\boldsymbol{u}_k$。

(5) 将上述 k 个列向量组成矩阵 $\boldsymbol{U}=\{\boldsymbol{u}_1,\boldsymbol{u}_2,\cdots,\boldsymbol{u}_k\}$，$\boldsymbol{U}\in\mathbf{R}^{n\times k}$。

(6) 令 $\boldsymbol{y}_i\in\mathbf{R}^k$ 是 $\boldsymbol{U}$ 的第 i 行的向量，其中 $i=1,2,\cdots,n$。

(7) 使用 k-means 算法将新样本点 $Y=\{y_1,y_2,\cdots,y_n\}$ 聚类成簇 $C_1,C_2,\cdots,C_k$。

(8) 输出簇 $A_1,A_2,\cdots,A_k$，其中 $A_i=\{j\mid \boldsymbol{y}_j\in C_i\}$。

以上就是未标准化的谱聚类算法的描述。也就是先根据样本点计算相似度矩阵，然后计算度矩阵和拉普拉斯矩阵，接着计算拉普拉斯矩阵前 k 个特征值对应的特征向量，最后将这 k 个特征值对应的特征向量组成矩阵 $\boldsymbol{U}$，$\boldsymbol{U}$ 的每一行成为一个新生成的样本点，对这些新生成的样本点进行 k-means 聚类，聚成 k 类，最后输出聚类的结果。这就是谱聚类算法的基本思想。相比较 PCA 降维中取前 k 大的特征值对应的特征向量，这里取的是前 k 小的特征值对应的特征向量。

8.4.3 谱聚类算法中的重要属性

1. 无向权重图

由于谱聚类是基于图论的，因此我们首先温习下图的概念。对于一个图 G，我们一般用点的集合 V 和边的集合 E 来描述，即为 $G(V,E)$。其中 V 即为数据集中所有的点($\boldsymbol{v}_1,\boldsymbol{v}_2,\cdots,\boldsymbol{v}_n$)。对于 V 中的任意两个点，可以有边连接，也可以没有边连接。定义权重 w_{ij} 为点 v_i 和 v_j 之间的权重。由于是无向量图，所以 $w_{ij}=w_{ji}$。

对于有边连接的两个点 $\boldsymbol{v}_i$ 和 $\boldsymbol{v}_j$，$w_{ij}>0$，对于没有边连接的两个点 $\boldsymbol{v}_i$ 和 $\boldsymbol{v}_j$，$w_{ij}=0$。对于图中的任意一个点 $\boldsymbol{v}_i$，它的度 d_i 定义为和它相连的所有边的权重之和，即

$$d_i=\sum_{j=1}^{n}w_{ij}$$

利用每个点度的定义，可以得到一个 $n\times n$ 的度矩阵，它是一个对角矩阵，只有主对角线有值，对应第 i 行的第 i 个点的度数，定义如下：

$$\boldsymbol{D}=\begin{pmatrix} d_1 & & & \\ & d_2 & & \\ & & \ddots & \\ & & & d_n \end{pmatrix}$$

利用所有点之间的权重值，可以得到图的邻接矩阵 $\boldsymbol{W}$，它也是一个 $n\times n$ 的矩阵，第 i 行的第 j 个值对应的权重为 w_{ij}。除此之外，对于点集 V 的一个子集 $A\subset V$，定义：

$$|A|:=\text{子集 }A\text{ 中点的个数}$$

$$\text{vol}(A):=\sum_{i\in A}d_i$$

2. 相似矩阵

在前面我们讲到了邻接矩阵 $\boldsymbol{W}$，它是由任意两点之间的权重值 w_{ij} 组成的矩阵。通常可以自己输入权重，但是在谱聚类中，只有数据点的定义，并没有直接给出这个邻接矩阵，那么怎么得到这个邻接矩阵呢？

其基本思想是，距离较远的两个点之间的边权重值较低，而距离较近的两个点之间的边权重值较高，不过这仅仅是定性。一般来说，我们可以通过样本点距离度量的相似矩阵 $\boldsymbol{S}$ 来获得邻接矩阵 $\boldsymbol{W}$。

构建邻接矩阵 $\boldsymbol{W}$ 的方法有三类，即 ε-邻近法，k-邻近法和全连接法。

对于 ε-邻近法，它设置了一个距离阈值 ε，用欧氏距离 s_{ij} 度量任意两点 $\boldsymbol{x}_i$ 和 $\boldsymbol{x}_j$ 的距离。$\boldsymbol{s}_{ij}=\|\boldsymbol{x}_i-\boldsymbol{x}_j\|_2^2$，然后根据 s_{ij} 和 ε 的大小关系，来定义邻接矩阵 $\boldsymbol{W}$ 如下：

$$w_{ij}=\begin{cases}0, & s_{ij}>\varepsilon \\ \varepsilon, & s_{ij}\leqslant\varepsilon\end{cases}$$

从上式可见，两点之间的权重要不是 ε，要不就是 0，没有其他的信息了。距离远近度量很不精确，因此在实际应用中，很少使用 ε-邻近法。

第二种定义邻接矩阵 $\boldsymbol{W}$ 的方法是 k-邻近法，利用 KNN 算法遍历所有的样本点，取每个样本最近的 k 个点作为近邻，只有和样本距离最近的 k 个点之间的 $w_{ij}>0$。但是这种方法会造成重构之后的邻接矩阵 $\boldsymbol{W}$ 非对称，我们后面的算法需要对称邻接矩阵。为了解决这个问题，一般采取下面的方法。

第一种 k-近邻法是只要一个点在另一个点的 k 近邻中，则保留 s_{ij}：

$$w_{ij}=w_{ji}=\begin{cases}0, & \boldsymbol{x}_i\notin \mathrm{KNN}(\boldsymbol{x}_j)\text{和}\boldsymbol{x}_j\notin \mathrm{KNN}(\boldsymbol{x}_i) \\ \exp\left(-\dfrac{\|\boldsymbol{x}_i-\boldsymbol{x}_j\|_2^2}{2\sigma^2}\right), & \boldsymbol{x}_i\in \mathrm{KNN}(\boldsymbol{x}_j)\text{或}\boldsymbol{x}_j\in \mathrm{KNN}(\boldsymbol{x}_i)\end{cases}$$

第二种 k-邻近法是必须两个点互为 k 近邻中，才能保留 s_{ij}：

$$w_{ij}=w_{ji}=\begin{cases}0, & \boldsymbol{x}_i\notin \mathrm{KNN}(\boldsymbol{x}_j)\text{或}\boldsymbol{x}_j\notin \mathrm{KNN}(\boldsymbol{x}_i) \\ \exp\left(-\dfrac{\|\boldsymbol{x}_i-\boldsymbol{x}_j\|_2^2}{2\sigma^2}\right), & \boldsymbol{x}_i\in \mathrm{KNN}(\boldsymbol{x}_j)\text{和}\boldsymbol{x}_j\in \mathrm{KNN}(\boldsymbol{x}_i)\end{cases}$$

第三种定义邻接矩阵 $\boldsymbol{W}$ 的方法是全连接法，相比前两种方法，这种方法所有的点之间的权重值都大于 0，因此称为全连接法。可以选择不同的核函数来定义边权重，常用的有多项式核函数、高斯核函数和 Sigmoid 核函数。最常用的是高斯核函数 RBF，此时相似矩阵和邻接矩阵相同：

$$w_{ij}=s_{ij}=\exp\exp\left(-\frac{\|\boldsymbol{x}_i-\boldsymbol{x}_j\|_2^2}{2\sigma^2}\right)$$

在实际的应用中，使用第三种全连接法来建立邻接矩阵是最普遍的，而在全连接法中使用高斯核函数 RBF 是最普遍的。

3. 拉普拉斯矩阵

单独对拉普拉斯矩阵进行介绍是因为后面的算法和这个矩阵的性质息息相关。它的定义很简单，拉普拉斯矩阵 $\boldsymbol{L}=\boldsymbol{D}-\boldsymbol{W}$。$\boldsymbol{D}$ 即为度矩阵，它是一个对角阵。而 $\boldsymbol{W}$ 即为邻接矩阵，它可以由相似矩阵构建出来。

拉普拉斯矩阵的一些特性表现为：

(1) 拉普拉斯矩阵是对称矩阵，这可以由 $\boldsymbol{D}$ 和 $\boldsymbol{W}$ 都是对称矩阵而得。

(2) 由于拉普拉斯矩阵是对称矩阵，所以它的所有特征值都是实数。

(3) 对于任意的向量 $\boldsymbol{f}$，有

$$\boldsymbol{f}^{\mathrm{T}}\boldsymbol{L}\boldsymbol{f}=\frac{1}{2}\sum_{i,j=1}^{n}w_{ij}\ (f_i-f_j)^2$$

这个利用拉普拉斯矩阵的定义很容易得到

$$\begin{aligned}\boldsymbol{f}^{\mathrm{T}}\boldsymbol{L}\boldsymbol{f}&=\boldsymbol{f}^{\mathrm{T}}\boldsymbol{D}\boldsymbol{f}-\boldsymbol{f}^{\mathrm{T}}\boldsymbol{W}\boldsymbol{f}=\sum_{i=1}^{n}d_if_i^2-\sum_{i,j=1}^{n}w_{ij}f_if_j\\&=\frac{1}{2}\Big(\sum_{i=1}^{n}d_if_i^2-2\sum_{i,j=1}^{n}w_{ij}f_if_j+\sum_{j=1}^{n}d_jf_j^2\Big)\\&=\frac{1}{2}\sum_{i,j=1}^{n}w_{ij}(f_i-f_j)^2\end{aligned}$$

(4) 拉普拉斯矩阵是半正定的，且对应的 n 个实数特征值都大于或等于 0，即 $0=\lambda_1\leqslant\lambda_2\leqslant\cdots\leqslant\lambda_n$，且最小的特征值为 0。

4. 无向图切图

对于无向图 G 的切图，我们的目标是将图 $G(V,E)$ 切成相互没有连接的 k 个子图，每个子图点的集合为 $A_1,A_2,\cdots,A_k$，它们满足 $A_i\cap A_j=\varnothing$，且 $A_1\cup A_2\cup\cdots\cup A_k=V$。

对于任意两个子图点的集合 $A,B\subset V,A\cap B=\varnothing$，定义 A 和 B 之间的切图权重为

$$W(A,B)=\sum_{i\in A,j\in B}w_{ij}$$

那么对于 k 个子图点的集合：$A_1,A_2,\cdots,A_k$，定义切图 cut 为

$$\mathrm{cut}(A_1,A_2,\cdots,A_k)=\frac{1}{2}\sum_{i=1}^{k}W(A_i,\bar{A}_i)$$

其中，$\bar{A}_i$ 为 A_i 的补集，意为除 A_i 子集外其他 V 的子集的并集。

那么如何切图可以让子图内的点权重和高，子图间的点权重和低呢？一个想法就是最小化$(A_1,A_2,\cdots,A_k)$，但是可以发现，这种最小化的切图存在问题，如图 8-19 所示。

选择一个权重最小的边缘的点，比如 C 和 H 之间进行 cut，这样可以最小化 $\mathrm{cut}(A_1,A_2,\cdots,A_k)$，但是却不是最优的切图。如何避免这种切图，并且找到类似图中“Best cut”这样的最优切图呢？下面就来看看谱聚类使用的切图方法。

5. 切图聚类

为了避免最小切图导致的切图效果不佳，我们需要对每个子图的规模做出限定，一般来说，有两种切图方式，第一种是 RatioCut，第二种是 Ncut。

1) RatioCut 切图

RatioCut 切图为了避免最小切图，对每个切图，不仅考虑最小化 $\mathrm{cut}(A_1,A_2,\cdots,A_k)$，它还同时考虑最大化每个子图点的个数，即

$$\mathrm{RatioCut}(A_1,A_2,\cdots,A_k)=\frac{1}{2}\sum_{i=1}^{k}\frac{W(A_i,\bar{A}_i)}{|A_i|}$$

RatioCut 函数可以通过如下方式表示。引入指示向量 $\boldsymbol{h}_j\in\{\boldsymbol{h}_1,\boldsymbol{h}_2,\cdots,\boldsymbol{h}_k\},j=1,2,\cdots,k$，对于任意一个向量 $\boldsymbol{h}_j$，它是一个 n 维向量(n 为样本数)，定义 h_{ij} 为：

$$h_{ij}=\begin{cases}0, & v_i\notin A_j\\ \dfrac{1}{\sqrt{|A_j|}}, & v_i\in A_j\end{cases}$$

对于 $\boldsymbol{h}_i^{\mathrm{T}}\boldsymbol{L}\boldsymbol{h}_i$，有

$$\begin{aligned}
\boldsymbol{h}_i^{\mathrm{T}}\boldsymbol{L}\boldsymbol{h}_i &= \frac{1}{2}\sum_{m=1}\sum_{n=1} w_{mm}\,(h_{im}-h_{in})^2 \\
&= \frac{1}{2}\left(\sum_{m\in A_i,n\notin A_i} w_{mm}\frac{1}{\sqrt{|A_i|}}-0\right)^2+\sum_{m\notin A_i,n\notin A_i} w_{mm}\left(0-\frac{1}{\sqrt{|A_i|}}\right)^2 \\
&= \frac{1}{2}\left(\sum_{m\in A_i,n\notin A_i} w_{mm}\frac{1}{|A_i|}+\sum_{m\notin A_i,n\in A_i} w_{mm}\frac{1}{|A_i|}\right) \\
&= \frac{1}{2}\left(\mathrm{cut}(A_i,\bar{A}_i)\frac{1}{|A_i|}+\mathrm{cut}(\bar{A}_i,A_i)\frac{1}{|A_i|}\right) \\
&= \frac{\mathrm{cut}(A_i,\bar{A}_i)}{|A_i|}
\end{aligned}$$

由上式可以看出，对于某一个子图 i，它的 RatioCut 对应于 $\boldsymbol{h}_i^{\mathrm{T}}\boldsymbol{L}\boldsymbol{h}_i$，即对应 k 个子图的 RatioCut 函数表达式为

$$\mathrm{RatioCut}(A_1,A_2,\cdots,A_k)=\sum_{i=1}^{k}\boldsymbol{h}_i^{\mathrm{T}}\boldsymbol{L}\boldsymbol{h}_i=\sum_{i=1}^{k}(\boldsymbol{H}^{\mathrm{T}}\boldsymbol{L}\boldsymbol{H})_{ii}=\mathrm{tr}(\boldsymbol{H}^{\mathrm{T}}\boldsymbol{L}\boldsymbol{H})$$

其中，$\mathrm{tr}(\boldsymbol{H}^{\mathrm{T}}\boldsymbol{L}\boldsymbol{H})$ 为矩阵的迹。也就是说，我们的 RatioCut 切图，实际上就是最小化的 $\mathrm{tr}(\boldsymbol{H}^{\mathrm{T}}\boldsymbol{L}\boldsymbol{H})$。注意到 $\boldsymbol{H}^{\mathrm{T}}\boldsymbol{H}=\mathbf{I}$，则切图优化目标为

$$\underbrace{\mathrm{argmin}}_{H}\ \mathrm{tr}(\boldsymbol{H}^{\mathrm{T}}\boldsymbol{L}\boldsymbol{H})\quad \text{s.t.}\quad \boldsymbol{H}^{\mathrm{T}}\boldsymbol{H}=\mathbf{I}$$

注意到 $\boldsymbol{H}$ 矩阵里面的每一个指示向量都是 n 维的，向量中每个变量的取值为 0 或者 $\frac{1}{\sqrt{|A_j|}}$，就有 2^n 种取值，有 k 个子图就有 k 个指示向量，共有 $2^n k$ 种 $\boldsymbol{H}$，因此找到满足上面优化目标的 $\boldsymbol{H}$ 是一个 NP 难的问题。

注意观察 $\mathrm{tr}(\boldsymbol{H}^{\mathrm{T}}\boldsymbol{L}\boldsymbol{H})$ 中每一个优化子目标 $\boldsymbol{h}_i^{\mathrm{T}}\boldsymbol{L}\boldsymbol{h}_i$，其中 $\boldsymbol{h}_i$ 是单位正交基，$\boldsymbol{L}$ 为对称矩阵，此时 $\boldsymbol{h}_i^{\mathrm{T}}\boldsymbol{L}\boldsymbol{h}_i$ 的最大值为 $\boldsymbol{L}$ 的最大特征值，最小值是 $\boldsymbol{L}$ 的最小特征值。在 PCA（主成分分析）中，我们的目标是找到协方差矩阵（对应此处的拉普拉斯矩阵 $\boldsymbol{L}$）的最大特征值，而在谱聚类中，目标是找到最小的特征值，得到对应的特征向量，此时对应的二分切图效果最佳。也就是说，要用到维度规约的思想来近似去解决这个 NP 难的问题。

对于 $\boldsymbol{h}_i^{\mathrm{T}}\boldsymbol{L}\boldsymbol{h}_i$，目标是找到最小的 $\boldsymbol{L}$ 特征值，而对于 $\mathrm{tr}(\boldsymbol{H}^{\mathrm{T}}\boldsymbol{L}\boldsymbol{H})=\sum_{i=1}^{k}\boldsymbol{h}_i^{\mathrm{T}}\boldsymbol{L}\boldsymbol{h}_i$，则目标就是找到 k 个最小的特征值，一般来说，k 远远小于 n，也就是说，此时进行了维度规约，将维度从 n 降到了 k，从而近似可以解决这个 NP 难的问题。

通过找到 $\boldsymbol{L}$ 的最小的 k 个特征值，可以得到对应的 k 个特征向量，这 k 个特征向量组成一个 $n\times k$ 维度的矩阵，即为我们的 $\boldsymbol{H}$。一般需要对 $\boldsymbol{H}$ 矩阵按行标准化，即

$$h_{ij}^{*}=\frac{h_{ij}}{\left(\sum_{i=1}^{k}h_{it}^{2}\right)^{1/2}}$$

由于在使用维度规约的时候损失了少量信息，导致得到的优化后的指示向量 $\boldsymbol{h}$ 对应的 $\boldsymbol{H}$ 现在不能完全指示各样本的归属，因此一般在得到 $n\times k$ 维度的矩阵 $\boldsymbol{H}$ 后还需要对每一行进行一次传统的聚类，比如使用 k-means 聚类。

2）Ncut 切图

Ncut 切图和 RatioCut 切图类似，但是把 RatioCut 的分母 $|A_i|$ 换成 $\mathrm{vol}(A_i)$。由于子图样本的个数多并不一定权重就大，切图时基于权重也更切合目标，因此一般来说 Ncut 切图优

于 RatioCut 切图。Ncut 切图定义如下：

$$\mathrm{Ncut}(A_1,A_2,\cdots,A_k)=\frac{1}{2}\sum_{i=1}^{k}\frac{W(A_i,\bar{A}_i)}{\mathrm{vol}(A_i)}$$

对应地，Ncut 切图对指示向量 $\boldsymbol{h}$ 做了改进。注意到 RatioCut 切图的指示向量使用的是 $\frac{1}{\sqrt{|A_j|}}$ 标识样本归属，而 Ncut 切图使用了子图权重 $\frac{1}{\sqrt{\mathrm{vol}(A_j)}}$ 来标识指示向量 $\boldsymbol{h}$，定义如下：

$$h_{ij}=\begin{cases}0, & v_i\notin A_j\\ \dfrac{1}{\sqrt{\mathrm{vol}(A_j)}}, & v_i\in A_j\end{cases}$$

那么对于 $\boldsymbol{h}_i^{\mathrm{T}}\boldsymbol{L}\boldsymbol{h}_i$，有

$$\begin{aligned}\boldsymbol{h}_i^{\mathrm{T}}\boldsymbol{L}\boldsymbol{h}_i&=\frac{1}{2}\sum_{m=1}\sum_{n=1}w_{mm}(h_{im}-h_{in})^2\\&=\frac{1}{2}\left(\sum_{m\in A_i,n\notin A_i}w_{mm}\frac{1}{\sqrt{\mathrm{vol}(A_i)}}-0\right)^2+\sum_{m\notin A_i,n\notin A_i}w_{mm}\left(0-\frac{1}{\sqrt{\mathrm{vol}(A_i)}}\right)^2\\&=\frac{1}{2}\left(\sum_{m\in A_i,n\notin A_i}w_{mm}\frac{1}{\mathrm{vol}(A_i)}+\sum_{m\notin A_i,n\in A_i}w_{mm}\frac{1}{\mathrm{vol}(A_i)}\right)\\&=\frac{1}{2}\left(\mathrm{cut}(A_i,\bar{A}_i)\frac{1}{\mathrm{vol}(A_i)}+\mathrm{cut}(\bar{A}_i,A_i)\frac{1}{\mathrm{vol}(A_i)}\right)\\&=\frac{\mathrm{cut}(A_i,\bar{A}_i)}{\mathrm{vol}(A_i)}\end{aligned}$$

推导的方式与 RatioCut 完全一致。也就是说，优化目标仍然是

$$\mathrm{Ncut}(A_1,A_2,\cdots,A_k)=\sum_{i=1}^{k}\boldsymbol{h}_i^{\mathrm{T}}\boldsymbol{L}\boldsymbol{h}_i=\sum_{i=1}^{k}(\boldsymbol{H}^{\mathrm{T}}\boldsymbol{L}\boldsymbol{H})_{ii}=\mathrm{tr}(\boldsymbol{H}^{\mathrm{T}}\boldsymbol{L}\boldsymbol{H})$$

但是此时的 $\boldsymbol{H}^{\mathrm{T}}\boldsymbol{H}\neq\mathbf{I}$，而是 $\boldsymbol{H}^{\mathrm{T}}\boldsymbol{D}\boldsymbol{H}\neq\mathbf{I}$。推导如下：

$$\boldsymbol{h}_i^{\mathrm{T}}\boldsymbol{D}\boldsymbol{h}_i=\sum_{j=1}^{n}h_{ij}^2d_j=\frac{1}{\mathrm{vol}(A_i)}\sum_{j\in A_i}d_j=\frac{1}{\mathrm{vol}(A_i)}\mathrm{vol}(A_i)=1$$

也就是说，此时的优化目标最优为

$$\underbrace{\mathrm{argmin}}_{H}\ \mathrm{tr}(\boldsymbol{H}^{\mathrm{T}}\boldsymbol{L}\boldsymbol{H})\quad \mathrm{s.t.}\quad \boldsymbol{H}^{\mathrm{T}}\boldsymbol{D}\boldsymbol{H}=\mathbf{I}$$

此时的 $\boldsymbol{H}$ 中的指示向量 $\boldsymbol{h}$ 并不是标准正交基，所以在 RatioCut 中的降维思想不能直接用。因此令 $\boldsymbol{H}=\boldsymbol{D}^{-1/2}\boldsymbol{F}$，则 $\boldsymbol{H}^{\mathrm{T}}\boldsymbol{L}\boldsymbol{H}=\boldsymbol{F}^{\mathrm{T}}\boldsymbol{D}^{-1/2}\boldsymbol{L}\boldsymbol{D}^{-1/2}\boldsymbol{F}$，$\boldsymbol{H}^{\mathrm{T}}\boldsymbol{D}\boldsymbol{H}=\boldsymbol{F}^{\mathrm{T}}\boldsymbol{F}=\mathbf{I}$，也就是说优化目标变成了

$$\underbrace{\mathrm{argmin}}_{H}\ \mathrm{tr}(\boldsymbol{F}^{\mathrm{T}}\boldsymbol{D}^{-1/2}\boldsymbol{L}\boldsymbol{D}^{-1/2}\boldsymbol{F})\quad \mathrm{s.t.}\quad \boldsymbol{F}^{\mathrm{T}}\boldsymbol{F}=\mathbf{I}$$

可以发现这个式子和 RatioCut 基本一致，只是中间的 $\boldsymbol{L}$ 变成 $\boldsymbol{D}^{-1/2}\boldsymbol{L}\boldsymbol{D}^{-1/2}$。这样就可以继续按照 RatioCut 的思想，求出 $\boldsymbol{D}^{-1/2}\boldsymbol{L}\boldsymbol{D}^{-1/2}$ 的最小的前 k 个特征值，然后求出对应的特征向量，并标准化，得到最后的特征矩阵 $\boldsymbol{F}$，再对 $\boldsymbol{F}$ 进行一次传统的聚类（比如 k-means）即可。

一般来说，$\boldsymbol{D}^{-1/2}\boldsymbol{L}\boldsymbol{D}^{-1/2}$ 相当于对拉普拉斯矩阵 $\boldsymbol{L}$ 做一次标准化，即 $\frac{L_{ij}}{\sqrt{d_i\times d_j}}$。

6. 谱聚类算法流程

最常用的相似矩阵的生成方式是基于高斯核距离的全连接方式，最常用的切图方式是 Ncut。而到最后常用的聚类方法为 k-means。下面以 Ncut 总结谱聚类算法流程。

- 输入：样本集 $D=(x_1,x_2,\cdots,x_n)$，相似矩阵的生成方式，降维后的维度 k_1，聚类方法，聚类后的维度 k_2。
- 输出：簇划分 $C(c_1,c_2,\cdots,c_{k2})$。

(1) 根据输入的相似矩阵的生成方式构建样本的相似矩阵 $\boldsymbol{S}$。

(2) 根据相似矩阵 $\boldsymbol{S}$ 构建邻接矩阵 $\boldsymbol{W}$，构建度矩阵 $\boldsymbol{D}$。

(3) 计算出拉普拉斯矩阵 $\boldsymbol{L}$。

(4) 构建标准化后的拉普拉斯矩阵 $\boldsymbol{D}^{-1/2}\boldsymbol{L}\boldsymbol{D}^{-1/2}$。

(5) 计算 $\boldsymbol{D}^{-1/2}\boldsymbol{L}\boldsymbol{D}^{-1/2}$ 最小的 k_1 个特征值所有各自对应的特征向量 $\boldsymbol{f}$。

(6) 将各自对应的特征向量 $\boldsymbol{f}$ 组成的矩阵按行标准化，最终组成 $n\times k_1$ 维的特征矩阵 $\boldsymbol{F}$。

(7) 对 $\boldsymbol{F}$ 中的每一行作为一个 k_1 维的样本，共 n 个样本，用输入的聚类方法进行聚类，聚类维数为 k_2。

(8) 得到簇划分 $C(c_1,c_2,\cdots,c_{k2})$。

8.4.4 谱聚类的实现

前面已经对谱聚类的原理、重要性质、算法等相关知识进行了介绍，下面通过两个实例来演示。

【例 8-7】 使用谱聚类从噪声背景中分割目标。

提示：在实例中，我们感兴趣的是将对象彼此分离，而不是将对象与背景分离。

```
import numpy as np
import matplotlib.pyplot as plt
from sklearn.feature_extraction import image      #构造图像的函数
from sklearn.cluster import spectral_clustering #导入光谱聚类方法
l = 100
x, y = np.indices((l, l))
center1 = (10, 10)
center2 = (40, 50)
center3 = (67, 58)
center4 = (24, 70)
radius1, radius2, radius3, radius4 = 16, 14, 15, 14
circle1 = (x - center1[0]) ** 2 + (y - center1[1]) ** 2 < radius1 ** 2
circle2 = (x - center2[0]) ** 2 + (y - center2[1]) ** 2 < radius2 ** 2
circle3 = (x - center3[0]) ** 2 + (y - center3[1]) ** 2 < radius3 ** 2
circle4 = (x - center4[0]) ** 2 + (y - center4[1]) ** 2 < radius4 ** 2
img = circle1 + circle2 + circle3 + circle4
print(img)

mask = img.astype(bool)                              #将数组转换成布尔类型
img = img.astype(float)                              #将数组转换为浮点类型
img += 1 + 0.2 * np.random.randn( * img.shape)      #np.random.randn()构建一个正态分布
graph = image.img_to_graph(img, mask=mask)
graph.data = np.exp(-graph.data / graph.data.std())
#eigen_solver 特征分解策略
labels = spectral_clustering(graph, n_clusters=4, eigen_solver='arpack')
label_im = np.full(mask.shape, -1.)                  #构建一个维度相同的数组,填充-1
print(label_im)
label_im[mask] = labels
plt.matshow(img)
```

```
plt.matshow(label_im)
```

运行程序，效果如图 8-20 所示。

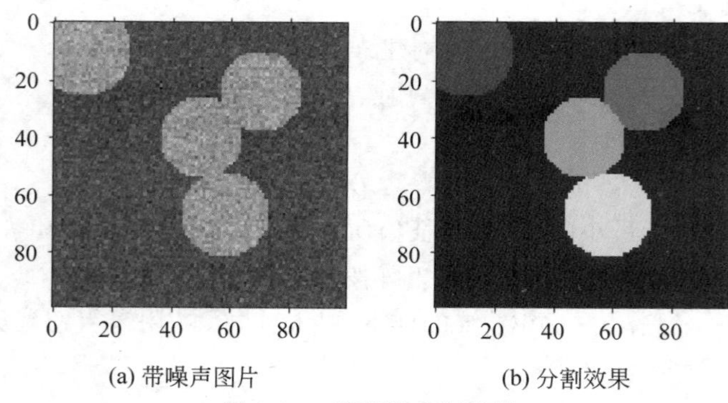

(a) 带噪声图片　(b) 分割效果

图 8-20　谱聚类分割效果

【例 8-8】 利用谱聚类对给定数据进行分类。

```
import numpy as np
from sklearn.cluster import KMeans
import math
import matplotlib.pyplot as plt

def load_data(filename):
    """
    载入数据
    """
    data = np.loadtxt(filename, delimiter='\t')
    return data

def distance(x1, x2):
    """
    获得两个样本点之间的距离
    :param x1: 样本点 1
    :param x2: 样本点 2
    """
    dist = np.sqrt(np.power(x1-x2,2).sum())
    return dist

def get_dist_matrix(data):
    """
    获取距离矩阵
    :param data: 样本集合
    :return: 距离矩阵
    """
    n = len(data)                                 #样本总数
    dist_matrix = np.zeros((n, n))                #初始化邻接矩阵为 n×n 的全 0 矩阵
    for i in range(n):
        for j in range(i+1, n):
            dist_matrix[i][j] = dist_matrix[j][i] = distance(data[i], data[j])
    return dist_matrix

def getW(data, k):
```

```
    """
    获得邻接矩阵 W
    :param data: 样本集合
    :param k : KNN 参数
    :return: W
    """
    n = len(data)
    dist_matrix = get_dist_matrix(data)
    W = np.zeros((n, n))
    for idx, item in enumerate(dist_matrix):
        idx_array = np.argsort(item)      #对每一行距离列表进行排序,得到对应的索引列表
        W[idx][idx_array[1:k+1]] = 1
    transpW =np.transpose(W)
    return (W+transpW)/2

def getD(W):
    """
    获得度矩阵
    :param W: 邻接矩阵
    :return: D
    """
    D = np.diag(sum(W))
    return D

def getL(D,W):
    """
    获得拉普拉斯矩阵
    :param W: 邻接矩阵
    :param D: 度矩阵
    :return: L
    """
    return D-W

def getEigen(L, cluster_num):
    """
    获得拉普拉斯矩阵的特征矩阵
    :param cluter_num: 聚类数目
    """
    eigval, eigvec = np.linalg.eig(L)
    ix = np.argsort(eigval)[0:cluster_num]
    return eigvec[:, ix]

def plotRes(data, clusterResult, clusterNum):
    """
    结果可视化
    :param data:  样本集
    :param clusterResult: 聚类结果
    :param clusterNum: 聚类个数
    """
    n = len(data)
    scatterColors = ['black', 'blue', 'green', 'yellow', 'red', 'purple', 'orange']
    for i in range(clusterNum):
        color = scatterColors[i % len(scatterColors)]
```

```
            x1= []; y1= []
            for j in range(n):
                if clusterResult[j] == i:
                    x1.append(data[j,0])
                    y1.append(data[j, 1])
            plt.scatter(x1, y1, c=color, marker='+')
        plt.show()

    def cluster(data, cluster_num, k):
        data = np.array(data)
        W = getW(data, k)
        D = getD(W)
        L = getL(D,W)
        eigvec = getEigen(L, cluster_num)
        clf = KMeans(n_clusters=cluster_num)
        s = clf.fit(eigvec)                              #聚类
        label = s.labels_
        return  label

    if __name__ == '__main__':
        cluster_num = 7
        knn_k = 5
        filename = 'testSet.txt'
        data = load_data(filename=filename)
        data = data[0:-1]                                #最后一列为标签列
        label = cluster(data, cluster_num, knn_k)
        plotRes(data, label, cluster_num)
```

运行程序,效果如图 8-21 所示。

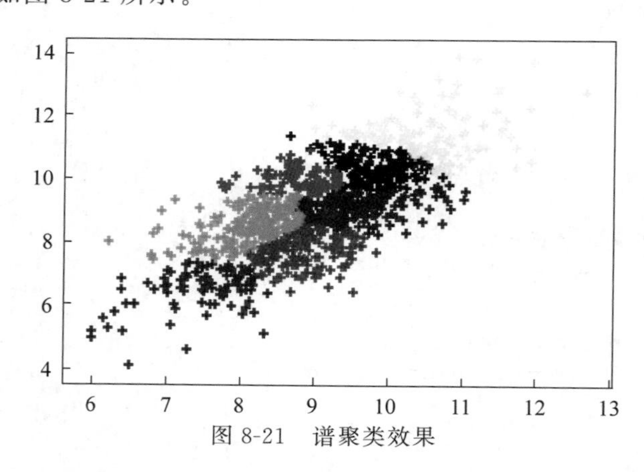

图 8-21　谱聚类效果

8.5　层次聚类算法

层次聚类算法(Hierarchical Clustering Method)又称为系统聚类法、分级聚类法。层次聚类算法又分为以下两种形式。

- 凝聚(agglomerative)层次聚类:又称自底向上(bottom-up)的层次聚类,首先将每个对象作为一个簇(cluster),然后合并这些原子簇为越来越大的簇,直到某个终结条件被满足。
- 分裂(divisive)层次聚类:又称自顶向下(top-down)的层次聚类,首先将所有对象置于一个簇中，然后逐渐细分为越来越小的簇，直到某终结条件被满足。

图 8-22 直观地给出了层次聚类的思想以及以上两种聚类策略的异同。

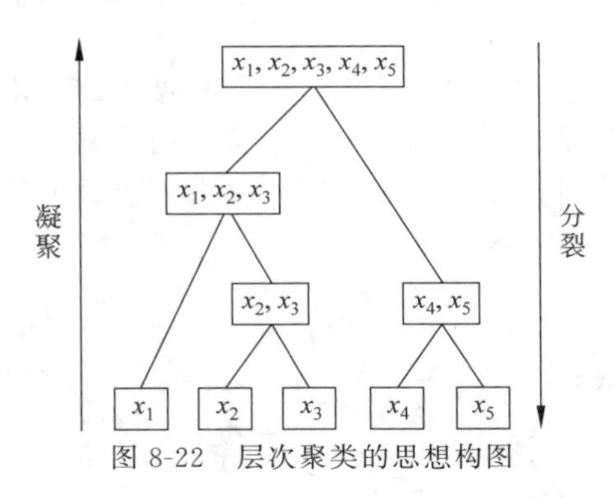

图 8-22　层次聚类的思想构图

层次聚类算法是一种贪心算法(Greedy Algorithm)，因其每一次合并或划分都是基于某种局部最优的选择。

8.5.1　自顶向下的层次聚类算法

分层 k-means 算法是“自顶向下”的层次聚类算法，用到了基于划分的聚类算法 k-means，算法思路如下：

(1) 把原始数据集放到一个簇 C，这个簇形成了层次结构的最顶层。

(2) 使用 k-means 算法把簇 C 划分成指定的 k 个子簇 C_i，$i=1,2,\cdots,k$，形成一个新的层。

对于步骤(2)所生成的 k 个簇，递归使用 k-means 算法划分成更小的子簇，直到每个簇不能再划分(只包含一个数据对象)或者满足设定的终止条件。

如图 8-23 所示展示了一组数据进行了二次 k-means 算法的过程。

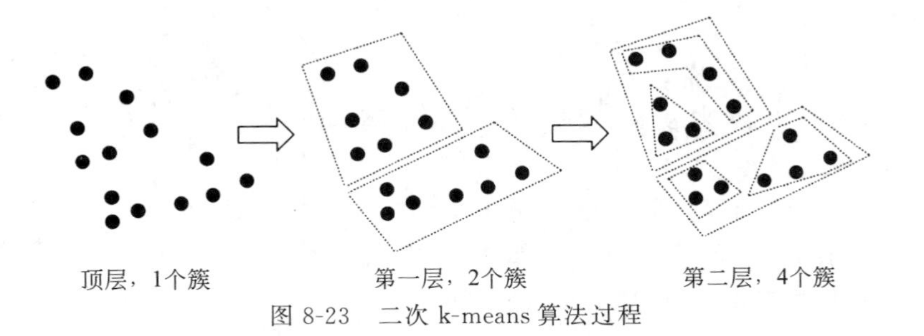

图 8-23　二次 k-means 算法过程

分层 k-means 算法一个很大的问题是，一旦两个点在最开始被划分到了不同的簇，即使这两个点距离很近，在后面的过程中也不会被聚类到一起。

如图 8-24 所示的例子，椭圆框中的对象聚类成一个簇，可能是更优的聚类结果，但是由于三角框橙色对象和平行四边形绿色对象在第一次 k-means 就被划分到不同的簇，之后也不再可能被聚类到同一个簇。

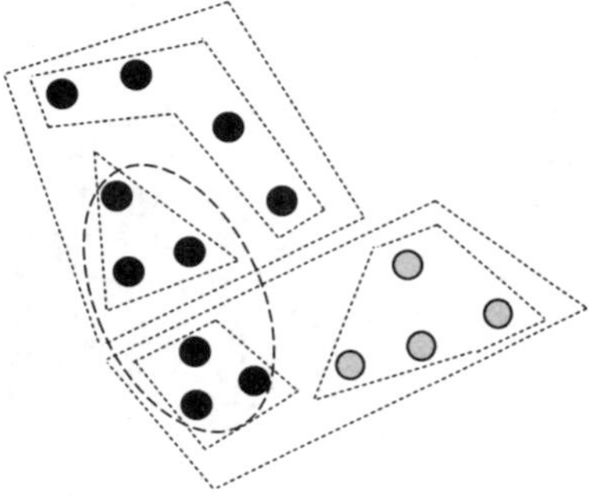

图 8-24　聚类效果

平分 k-means 聚类算法，即二分 k-means 算法，是分层聚类(Hierarchical Clustering)的一种。

8.5.2 自底向上的层次聚类算法

层次聚类的合并算法(agglomeratie)通过计算两类
数据点间的相似度,对所有数据点中最为相似的两个数据点进行组合,并反复迭代这一过程。简单地说,层次聚类的合并算法是通过计算每一个类别的数据点与所有数据点之间的距离来确定它们之间的相似度,距离越小,相似度越高。并将距离最近的两个数据点或类别进行组合,生成聚类树,过程如图 8-25 所示。

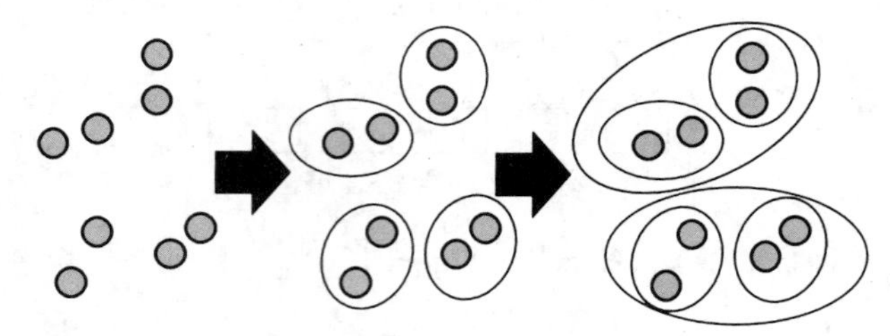

图 8-25 层次聚类生成聚类树的过程

8.5.3 簇间相似度的计算方法

由于合并或拆分层次聚类算法都是基于簇间相似度进行的,每个簇类包含了一个或多个样本点,通常用距离评价簇间或样本间的相似度,即距离越小相似度越高,距离越大相似度越低。因此首先假设样本间的距离为 dist($\boldsymbol{P}_i$,$\boldsymbol{P}_j$),其中 $\boldsymbol{P}_i$,$\boldsymbol{P}_j$ 为任意两个样本,下面介绍常用的簇间相似度计算方法。

1. 最小距离

最小距离也称为单链接算法(Single Linkage Algorithm),含义为簇类 C_1 和 C_2 的距离由该两个簇的最近样本决定,表达式为

$$\text{dist}(C_1,C_2)=\min_{P_i\in C_1,P_j\in C_2}\text{dist}(\boldsymbol{P}_i,\boldsymbol{P}_j)$$

算法也可以用图 8-26 来表示,其中红色线表示簇类 C_1 和 C_2 的距离。

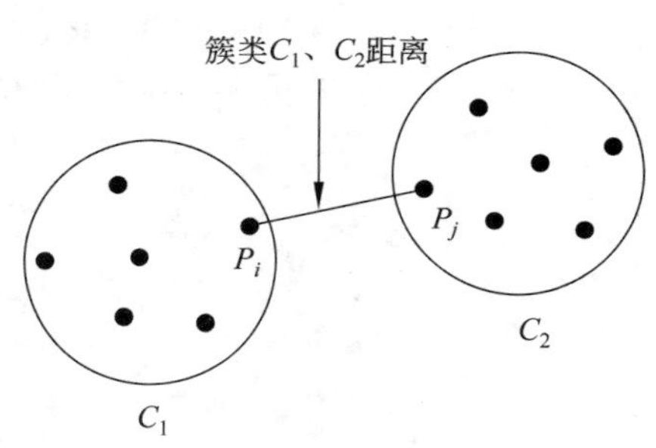

图 8-26 最小距离

单链接算法只要两个簇类的间隔不是很小,它可以很好地分离非椭圆形状的样本分布。如图 8-27 所示的两个聚类例子,其中不同颜色表示不同的簇类。

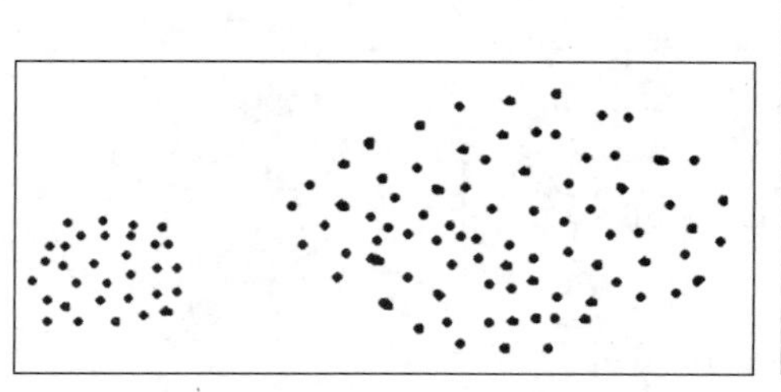

(a) 聚类例子 1

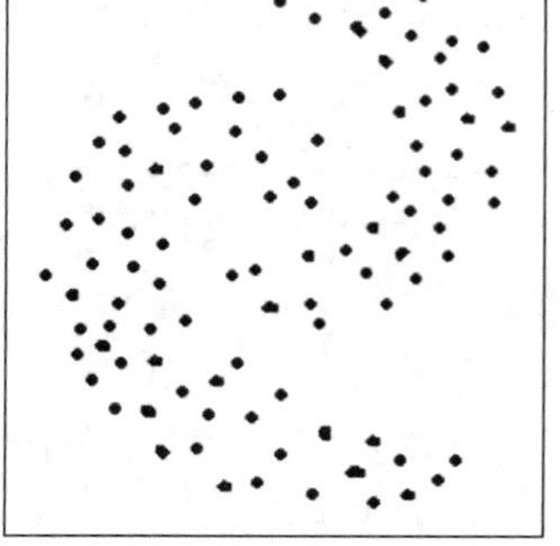

(b) 聚类例子 2

图 8-27 最小距离很好实现样本聚类

但单链接算法不能很好地分离簇类间含有噪声的数据集，如图 8-28 所示。

图 8-28　最小距离不能很好地实现样本聚类

2. 最大距离

最大距离也称为全链接算法(Complete Linkage Algorithm)，含义为簇类 C_1 和 C_2 的距离由该两个簇的最远样本决定，与单链接算法的含义相反，表达式为

$$\text{dist}(C_1, C_2) = \max_{P_i \in C_1, P_j \in C_2} \text{dist}(\boldsymbol{P}_i, \boldsymbol{P}_j)$$

算法也可用图 8-29 表示，其中红色线表示簇类 C_1 和 C_2 的距离。

全链接算法可以很好地分离簇类间含有噪声的数据集，但对球形数据集的分离会产生偏差。

3. 平均距离

平均距离也称为均链接算法(Average-Linkage Algorithm)，含义为簇类 C_1 和 C_2 的距离等于两个簇类所有样本对的距离的平均值，表达式为

$$\text{dist}(C_1, C_2) = \frac{1}{|C_1| \cdot |C_2|} \sum_{P_i \in C_1, P_j \in C_2} \text{dist}(\boldsymbol{P}_i, \boldsymbol{P}_j)$$

其中，$|C_1|$，$|C_2|$分别表示簇类的样本个数。均链接算法可用图 8-30 来表示。

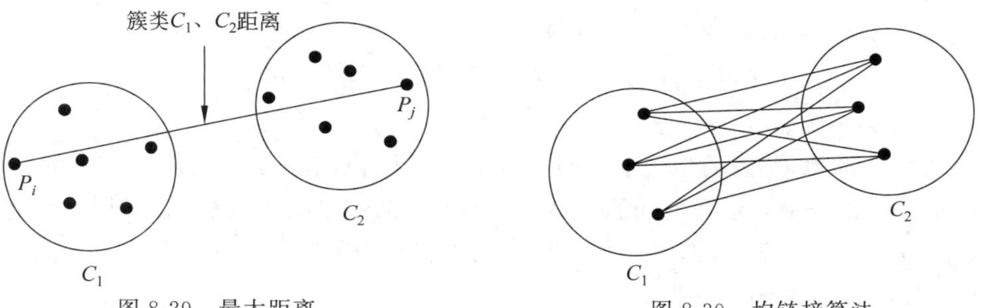

图 8-29　最大距离　　　　图 8-30　均链接算法

所有连线的距离求和的平均即为簇类 C_1 和 C_2 的距离。均链接算法可以很好地分离簇类间有噪声的数据集，但对球形数据集的分离会产生偏差。

4. 中心距离

中心距离表示簇类 C_1 和 C_2 的距离等于该两个簇类中心间的距离，如图 8-31 所示。

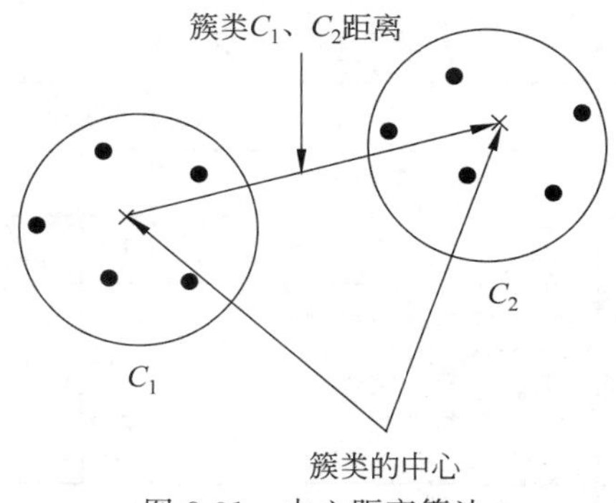

图 8-31　中心距离算法

图 8-31 中的红色点表示簇类的中心，红色线表示簇类 C_1 和 C_2 的距离。

5. 离差平方和

离差平方和表示簇类 C_1 和 C_2 的距离等于两个簇类所有样本对距离平方和的平均，与均链接算法相似，表达式为

$$\text{dist}(C_1,C_2)=\frac{1}{|C_1|\cdot|C_2|}\sum_{P_i\in C_1,P_j\in C_2}(\text{dist}(P_i,P_j))^2$$

离差平方和可以很好地分离簇间有噪声的数据集。但它对球形数据集的分离会产生偏差。

那如何计算样本间的距离，假设样本是 n 维，常用的距离计算方法有：

(1) 欧氏距离(Euclidean Distance)：

$$\text{dist}(\boldsymbol{P}_i,\boldsymbol{P}_j)=\sqrt{\sum_{k=1}^{n}(P_{ik}-P_{jk})^2}$$

(2) 平方欧氏距离(Squared Euclidean Distance)：

$$\text{dist}(\boldsymbol{P}_i,\boldsymbol{P}_j)=\sum_{k=1}^{n}(P_{ik}-P_{jk})^2$$

(3) 曼哈顿距离(Manhattan Distance)：

$$\text{dist}(\boldsymbol{P}_i,\boldsymbol{P}_j)=\sum_{k=1}^{n}|P_{ik}-P_{jk}|$$

(4) 切比雪夫距离(Chebyshev Distance)：

$$\text{dist}(\boldsymbol{P}_i,\boldsymbol{P}_j)=\max_{k=1,2,\cdots,n}|P_{ik}-P_{jk}|$$

(5) 马氏距离(Mahalanobis Distance)：

$$\text{dist}(\boldsymbol{P}_i,\boldsymbol{P}_j)=\sqrt{(\boldsymbol{P}_i,\boldsymbol{P}_j)^{\mathrm{T}}\boldsymbol{S}^{-1}(\boldsymbol{P}_i-\boldsymbol{P}_j)}$$

其中，$\boldsymbol{S}$ 为协方差矩阵。

对于文本或非数值型的数据，我们常用汉明距离(Hamming Distance)和编辑距离(Levenshtein Distance)表示样本间的距离。不同的距离度量会影响簇类的形状，因为样本距离因距离度量的不同而不同，如点(1.1)和(0,0)的曼哈顿距离是 2，欧氏距离是 sqrt(2)，切比雪夫距离是 1。

8.5.4 层次聚类算法的实现

前面已经对层次聚类的定义、算法、相似度的计算等内容进行了介绍，下面利用层次聚类算法实现数据的聚类。

【例 8-9】 对表 8-1 的 5 个点进行凝聚层次聚类。

表 8-1 5 个点

点类	x	y
点 0	1	2
点 1	2	3
点 2	−3	3
点 3	−2	−1
点 4	5	−1

在坐标轴上的位置如图 8-32 所示。

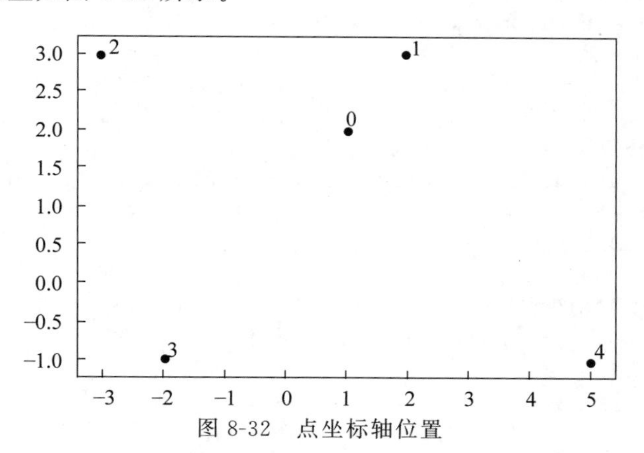

图 8-32　点坐标轴位置

层次聚类结果的聚类树如图 8-33 所示。

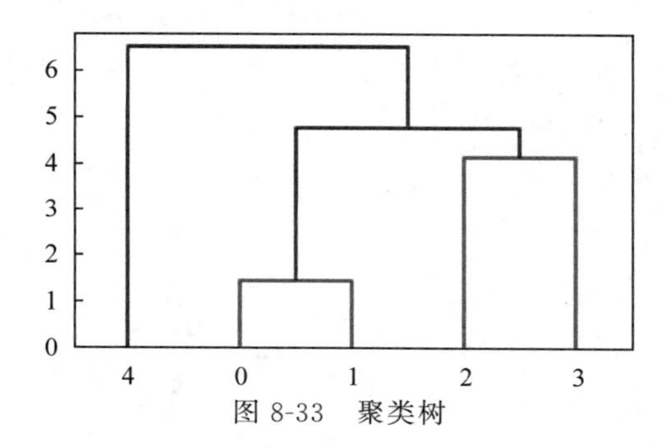

图 8-33　聚类树

```
import numpy as np
from matplotlib import pyplot as plt
from sklearn.cluster import AgglomerativeClustering
from sklearn.metrics.pairwise import euclidean_distances
import scipy.spatial.distance as dist
from scipy.cluster.hierarchy import dendrogram, linkage

d8-34ata = np.array([[1, 2], [2, 3], [-3, 3], [-2, -1], [5, -1]])
#画点
plt.scatter(x=data[:, 0:1], y=data[:, 1:2], marker='.', color='red')
n = np.arange(data.shape[0])
for i, txt in enumerate(n):
    plt.annotate(txt, (data[i:i + 1, 0:1], data[i:i + 1, 1:2]))
plt.show()
#聚类方式一:训练模型
ac = AgglomerativeClustering(n_clusters=3, affinity='euclidean', linkage=
'average')
clustering = ac.fit(data)
print("每个数据所属的簇编号:", clustering.labels_)
print("每个簇的成员:", clustering.children_)

#聚类方式二:自定义距离矩阵
num = data.shape[0]
dist_matrix = np.mat(np.zeros((num, num)))
for i in range(num):
```

```
        for j in range(i, num):
            distence = euclidean_distances(data[i:i + 1], data[j:j + 1])
            dist_matrix[i:i + 1, j:j + 1] = distence
            dist_matrix[j:j + 1, i:i + 1] = dist_matrix[i:i + 1, j:j + 1]

#基于自定义的聚类矩阵进行聚类
model = AgglomerativeClustering(n_clusters=3, affinity='precomputed', linkage=
'average')
clustering2 = model.fit(dist_matrix)
print("自定义距离矩阵聚类方式:")
print("每个数据所属的簇编号:", clustering2.labels_)
print("每个簇的成员:", clustering2.children_)
#调整距离矩阵的形状
dist_matrix = dist.squareform(dist_matrix)
#linkage方法用于计算两个聚类簇s和t之间的距离d(s,t)
#层次聚类编码为一个linkage矩阵
Z = linkage(dist_matrix, 'average')
print("聚类过程:", Z)
#将层级聚类结果以树状图表示出来
fig = plt.figure(figsize=(5, 3))
dn = dendrogram(Z)
plt.show()
```

运行程序,输出如下:

```
每个数据所属的簇编号: [2 2 0 0 1]
每个簇的成员:
[[0 1]
 [2 3]
 [5 6]
 [4 7]]
自定义距离矩阵聚类方式:
每个数据所属的簇编号: [2 2 0 0 1]
每个簇的成员:
[[0 1]
 [2 3]
 [5 6]
 [4 7]]
聚类过程:
[[0.         1.         1.41421356 2.        ]
 [2.         3.         4.12310563 2.        ]
 [5.         6.         4.75565014 4.        ]
 [4.         7.         6.48606798 5.        ]]
```

8.6 密度聚类

DBSCAN(Density-Based Spatial Clustering of Applications with Noise,具有噪声的基于密度的聚类方法)是一种很典型的密度聚类算法,和k-means、BIRCH这些一般只适用于凸样本集的聚类相比,DBSCAN既适用于凸样本集,也适用于非凸样本集。

8.6.1 密度聚类的原理

DBSCAN是一种基于密度的聚类算法,这类密度聚类算法一般假定类别可以通过样本分布的紧密程度决定。同一类别的样本，它们之间是紧密相连的，也就是说，在该类别任意样本周围不远处一定有同类别的样本存在。

通过将紧密相连的样本划为一类，就得到了一个聚类类别。通过将所有各组紧密相连的样本划为各个不同的类别，就得到了最终的所有聚类类别结果。

8.6.2　DBSCAN 密度定义

在 8.6.1 节描述了密度聚类的基本思想，本节就演示 DBSCAN 是如何描述密度聚类的。DBSCAN 是基于一组邻域来描述样本集的紧密程度的，参数(ε，MinPts)用来描述邻域的样本分布紧密程度。其中，ε 描述了某一样本的邻域距离阈值，MinPts 描述了某一样本的距离为 ε 的邻域中样本个数的阈值。

假设样本集是 $D(x_1,x_2,\cdots,x_m)$，则 DBSCAN 具体的密度描述定义如下：

(1) ε-邻域：对于 $x_j\in D$，其 ε-邻域包含样本集 D 中与 x_j 的距离不大于 ε 的子样本集，即 $N_\varepsilon(x_j)=\{x_i\in D\mid \text{distance}(x_i,x_j)\leqslant\varepsilon\}$，这个子样本集的个数记为 $|N_\varepsilon(x_j)|$。

(2) 核心对象：对于任一样本 $x_j\in D$，如果其 ε-邻域对应的 $N_\varepsilon(x_j)$ 至少包含 MinPts 个样本，即如果 $|N_\varepsilon(x_j)|\geqslant \text{MinPts}$，则 x_j 是核心对象。

(3) 密度直达：如果 x_i 位于 x_j 的 ε-邻域中，且 x_j 是核心对象，则称 x_i 由 x_j 密度直达。注意反之不一定成立，即此时不能说 x_j 由 x_i 密度直达，除非且 x_i 也是核心对象。

(4) 密度可达：对于 x_i 和 x_j，如果存在样本序列 $p_1,p_2,\cdots,p_t$ 满足 $p_1=x_i,p_t=x_j$，且 p_{t+1} 由 p_t 密度直达，则称 x_j 由 x_i 密度可达。也就是说，密度可达满足传递性。此时序列中的传递样本 $p_1,p_2,\cdots,p_{t-1}$ 均为核心对象，因为只有核心对象才能使其他样本密度直达。注意密度可达也不满足对称性，这个可以由密度直达的不对称性得出。

(5) 密度相连：对于 x_i 和 x_j，如果存在核心对象样本 x_k，使 x_i 和 x_j 均由 x_k 密度可达，则称 x_i 和一x_j 密度相连。注意密度相连关系是满足对称性的。

借助图 8-34 可以很容易理解上述定义，图中 MinPts=5，用箭头连起的点都是核心对象，因为其 ε-邻域至少有 5 个样本。其他的样本是非核心对象。所有核心对象密度直达的样本在以箭头连起来的对象为中心的超球体内，如果不在超球体内，则不能密度直达。图中用箭头连起来的核心对象组成了密度可达的样本序列。在这些密度可达的样本序列的 ε-邻域内所有的样本相互都是密度相连的。

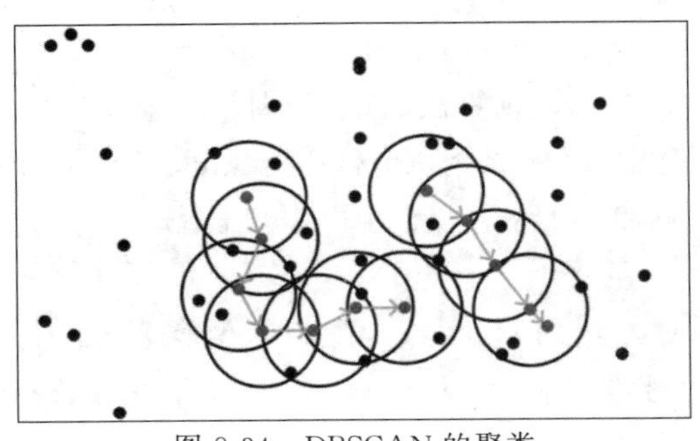

图 8-34　DBSCAN 的聚类

8.6.3　DBSCAN 密度聚类的思想

DBSCAN 的聚类定义很简单：由密度可达关系导出的最大密度相连的样本集合，即为最终聚类的一个类别，或者说一个簇。

DBSCAN的簇里面可以有一个或者多个核心对象。如果只有一个核心对象，则簇里其他的非核心对象样本都在这个核心对象的ε-邻域里；如果有多个核心对象，则簇里的任意一个核心对象的ε-邻域中一定有一个其他的核心对象，否则这两个核心对象无法密度可达。这些核心对象的ε-邻域里所有的样本的集合组成一个DBSCAN聚类簇。

那么怎么才能找到这样的簇样本集合呢？DBSCAN使用的方法很简单，它任意选择一个没有类别的核心对象作为种子，然后找到所有这个核心对象能够密度可达的样本集合，即为一个聚类簇。接着继续选择另一个没有类别的核心对象去寻找密度可达的样本集合，这样就得到另一个聚类簇。一直运行到所有核心对象都有类别为止。至此，还是有三个问题没有考虑。

(1) 一些异常样本点或者说少量游离于簇外的样本点，这些点不在任何一个核心对象的周围，在DBSCAN中，一般将这些样本点标记为噪声点。

(2) 距离的度量问题，即如何计算某样本和核心对象样本的距离。在DBSCAN中，一般采用最近邻思想，采用某一种距离度量来衡量样本距离，比如欧氏距离。这和KNN分类算法的最近邻思想完全相同。对应少量的样本，寻找最近邻可以直接去计算所有样本的距离，如果样本量较大，则一般采用KD树或者球树来快速地搜索最近邻。

(3) 某些样本可能到两个核心对象的距离都小于ε，但是这两个核心对象由于不是密度直达，又不属于同一个聚类簇，那么如何界定这个样本的类别呢？一般来说，此时DBSCAN采用先来后到的原则，先进行聚类的类别簇标记这个样本为它的类别。也就是说DBSCAN的算法不是完全稳定的算法。

8.6.4 DBSCAN聚类算法

下面对DBSCAN聚类算法的流程总结如下：

- 输入：样本集 $D=(x_1,x_2,\cdots,x_m)$，邻域参数(ε，MinPts)，样本距离度量方式。
- 输出：簇划分 C。

(1) 初始化核心对象集合 $\Omega=\varnothing$，初始化聚类簇数 $k=0$，初始化未访问样本集合 $\Gamma=D$，簇划分 $C=\varnothing$。

(2) 对于 $j=1,2,\cdots,m$，按下面的步骤找出所有的核心对象：

① 通过距离度量方式，找到样本 x_j 的ε-邻域子样本集 $N_\varepsilon(x_j)$。

② 如果子样本集样本个数满足 $|N_\varepsilon(x_j)|\geqslant \text{MinPts}$，将样本 x_j 加入核心对象样本集合：$\Omega=\Omega\cup\{x_j\}$。

(3) 如果核心对象集合 $\Omega=\varnothing$，则算法结束，否则转入步骤(4)。

(4) 在核心对象集合 Ω 中，随机选择一个核心对象 o，初始化当前簇核心对象队列 $\Omega_{\text{cur}}=\{o\}$，初始化类别序号 $k=k+1$，初始化当前簇样本集合 $C_k=\{o\}$，更新未访问样本集合 $\Gamma=\Gamma-\{o\}$。

(5) 如果当前簇核心对象队列 $\Omega_{\text{cur}}=\varnothing$，则当前聚类簇 C_k 生成完毕，更新簇划分 $C=\{C_1,C_2,\cdots,C_k\}$，更新核心对象集合 $\Omega=\Omega-C_k$，转入步骤(3)。否则更新核心对象集合 $\Omega=\Omega-C_k$。

(6) 在当前簇核心对象队列 Ω_{cur} 中取出一个核心对象 o'，通过邻域距离阈值 ε 找出所有的ε-邻域子样本集 $N_\varepsilon(o')$，令 $\Delta=N_\varepsilon(o')\cap\Gamma$，更新当前簇样本集合 $C_k=C_k\cup\Delta$，更新未访问样本集合 $\Gamma=\Gamma-\Delta$，更新 $\Omega_{\text{cur}}=\Omega_{\text{cur}}\cup(\Delta\cap\Omega)-o'$，转入步骤(5)。

- 输出结果为：簇划分 $C=\{C_1,C_2,\cdots,C_k\}$。

8.6.5 DBSCAN 聚类的实现

前面已对 DBSCAN 聚类的原理、定义、思想、算法步骤进行了介绍，下面通过一个实例来演示 DBSCAN 聚类的实现。

【例 8-10】 利用 DBSCAN 算法对创建的数据实现聚类。

```
from sklearn import datasets
import numpy as np
import random
import matplotlib.pyplot as plt
#matplotlib inline
def findNeighbor(j,X,eps):
    N = []
    for p in range(X.shape[0]):                        #找到所有邻域内的对象
        temp = np.sqrt(np.sum(np.square(X[j]-X[p])))
#欧氏距离
        if(temp<=eps):
            N.append(p)
    return N
def dbscan(X,eps,min_Pts):
    k=-1
    NeighborPts = []                                   #array,某点邻域内的对象
    Ner_NeighborPts = []
    fil = []                                           #初始时已访问对象列表为空
    gama = [x for x in range(len(X))  ]                #初始所有点标为未访问
    cluster = [-1 for y in range(len(X))]
    while len(gama)>0:
        j = random.choice(gama)
        gama.remove(j)                                 #未访问列表中移除
        fil.append(j)                                  #加入访问列表
        NeighborPts = findNeighbor(j,X,eps)
        if len(NeighborPts) < min_Pts:
            cluster[j] = -1                            #标记为噪声点
        else:
            k = k+1
            cluster[j] = k
            for i in NeighborPts:
                if i not in fil:
                    gama.remove(i)
                    fil.append(i)
                    Ner_NeighborPts=findNeighbor(i,X,eps)
                    if len(Ner_NeighborPts) >= min_Pts:
                        for a in Ner_NeighborPts:
                            if a not in NeighborPts:
                                NeighborPts.append(a)
                    if (cluster[i]==-1):
                        cluster[i]=k
    return cluster
X1, y1 = datasets.make_circles(n_samples=1000, factor=.6,noise=.05)
X2, y2 = datasets.make_blobs(n_samples = 300, n_features = 2, centers = [[1.2,1.2]],
cluster_std = [[.1]],random_state = 9)
X = np.concatenate((X1, X2))
```

```
eps = 0.08
min_Pts = 10
C = dbscan(X,eps,min_Pts)
plt.figure(figsize = (12, 9), dpi = 80)
plt.scatter(X[:,0],X[:,1],c = C)
plt.show()
```

运行程序,效果如图 8-35 所示。

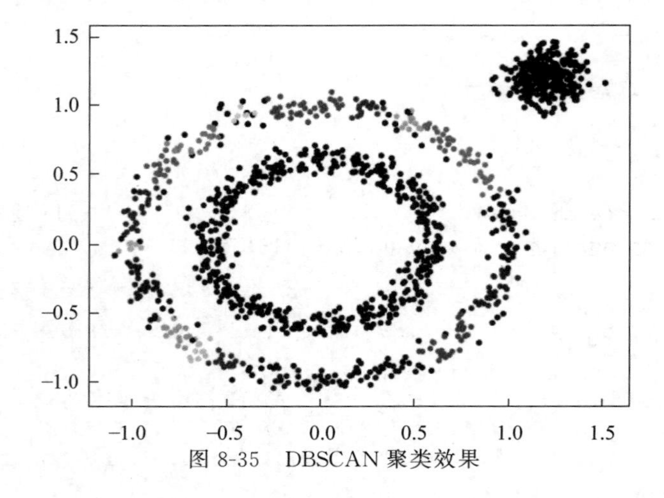

图 8-35 DBSCAN 聚类效果

第 9 章

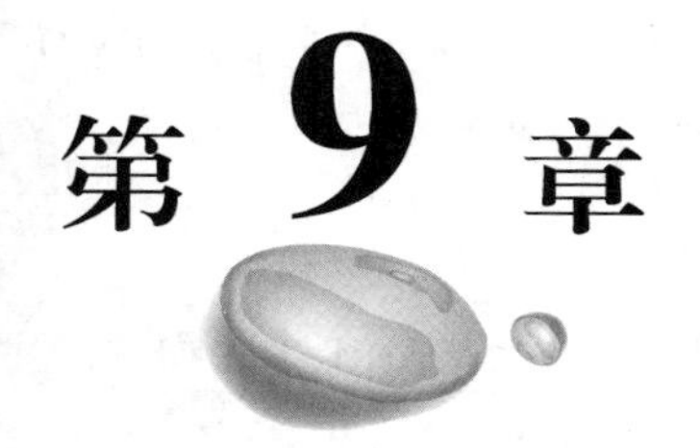

数据特征分析

我们前面讨论的数据都是浮点数的二维数据，而且横着那一排还是一个连续特征(Continue Feature)，实际上生活中基本是分类特征(Categorical Feature)，也叫离散特征(discrete feature)。经过前面学习，我们知道数据缩放很重要，用额外的特征扩充(augment)数据非常方便快捷，比如添加特征的交互项，本节将对数据特征工程展开学习。

9.1 数据表达

有时，通过对数据集原来的特征进行转换，生成新的"特征"或者说成分，会比直接使用原始的特征效果更好，这就叫数据表达(Data Representation)。

9.1.1 哑变量转换类型特征

哑变量(Dummy Variables)，也称为虚拟变量，是一种在统计学和经济学领域中非常常用的，用来把某些类型的变量转换为二值变量的方法，在回归分析中使用得尤其广泛。

在 Python 使用 get_dummies 函数将数据转换为哑变量，函数用法为：

pandas.get_dummies(data, prefix=None, prefix_sep='_', dummy_na=False, columns=None, sparse=False, drop_first=False, dtype=None)

其中各参数含义为：

- data：为输入数据。
- prefix：给输出的列添加前缀，如 prefix="A"输出的列会显示类似。
- prefix_sep：设置前缀跟分类的分隔符 separation，默认是下划线"_"。
- dummy_na：增加一列表示空缺值，如果为 False 就忽略空缺值。
- columns：指定需要实现类别转换的列名。
- sparse：哑编码列是否应该支持 SparseArray(True)或常规 NumPy 数组(False)。
- drop_first：获得 k 中的 k−1 个类别值，去除第一个。
- dtype：新列的数据类型，只允许一种类型的 dtype。

【例 9-1】 使用哑变量转换类型特征。

```
#导入 pandas
import pandas as pd
#手工输入一个数据表
```

```
fruits = pd.DataFrame({'数值特征':[5,6,7,8,9],'类型特征':['橘子','西瓜','葡萄','香蕉',
'苹果']})
#显示 fruits 数据表
display(fruits)
```

运行程序,效果如图 9-1 所示。

	数值特征	类型特征
0	5	橘子
1	6	西瓜
2	7	葡萄
3	8	香蕉
4	9	苹果

图 9-1 生成的水果数据集

从图 9-1 可以看出,pandas 的 DataFrame 生成的是一个完整数据集,其中包括整型数值特征[5, 6, 7, 8],还包括字符串组成的类型特征"橘子""西瓜""葡萄""香蕉"和"苹果"。

下面代码使用 get_dummies 将特征转换为只有 0 和 1 的二值特征:

```
#转换数据表中的字符串为数值
fruits_dum = pd.get_dummies(fruits)
#显示转换后的数据表
display(fruits_dum)
```

运行程序,效果如图 9-2 所示。

	数值特征	类型特征_橘子	类型特征_苹果	类型特征_葡萄	类型特征_西瓜	类型特征_香蕉
0	5	1	0	0	0	0
1	6	0	0	0	1	0
2	7	0	0	1	0	0
3	8	0	0	0	0	1
4	9	0	1	0	0	0

图 9-2 转换后的水果数据集

从图 9-2 中可以看到,通过 get_dummies 的转换,之前的类型变量全部变成了只有 0 或者 1 的数值变量,或者说,是一个系数矩阵。它在默认情况下是不会对数值特征进行转换的。

假如我们希望把数值特征也进行 get_dummies 转换怎么办?可以先将数值特征转换成字符串,然后通过 get_dummies 的 columns 参数来转换。如以下实现代码:

```
#将数值也看作字符串
fruits['数值特征'] = fruits['数值特征'].astype(str)
#用 get_dummies 转换字符串
pd.get_dummies(fruits,columns=['数值特征'])
```

运行程序,效果如图 9-3 所示。

	类型特征	数值特征_5	数值特征_6	数值特征_7	数值特征_8	数值特征_9
0	橘子	1	0	0	0	0
1	西瓜	0	1	0	0	0
2	葡萄	0	0	1	0	0
3	香蕉	0	0	0	1	0
4	苹果	0	0	0	0	1

图 9-3 指定 get_dummies 转换数值特征

提示:在以上代码中,如果不用"fruits['数值特征'] = fruits['数值特征'].astype(str)"这行代码把数值转换为字符串类型,也会得到同样的结果。但是在大规模数据集中,还是建议大家进行转换字符串的操作,避免产生不可预料的错误。

9.1.2 数据的装箱处理

由于传统算法效率较低，同时会造成很大的资源浪费。随着数据量的不断增长，及云计算技术的发展，面向云计算平台对传统算法进行了改进，可以提高海量数据处理效率。

装箱问题是最经典的组合优化问题之一，将若干大小不同的物件，通过某种填装策略，将所有物件放置到尽可能少的箱子内。该模型在现实生活中广泛应用于各领域。

在机器学习中，不同的算法建立的模型会有很大的差别。即使是在同一个数据集中，这种差别也会存在。这是由于算法的工作原理不同所导致的，如 KNN 和 MLP。本节我们通过直观的数据生成图像来感受不同算法的差异。

【例 9-2】 对数据进行装箱处理。

```
'''创建数据'''
#matplotlib inline
import numpy as np
import matplotlib.pyplot as plt
#生成随机数列
rnd = np.random.RandomState(38)
x = rnd.uniform(-5,5,size=50)
#为数据添加噪声
y_no_noise = (np.cos(6*x)+x)
X = x.reshape(-1,1)
y = (y_no_noise+rnd.normal(size=len(x)))/2
#绘制图形
plt.plot(X,y,'o',c='r')
#显示图形
plt.show()
```

以上代码用来生成一个随机数据，运行程序，效果如图 9-4 所示。

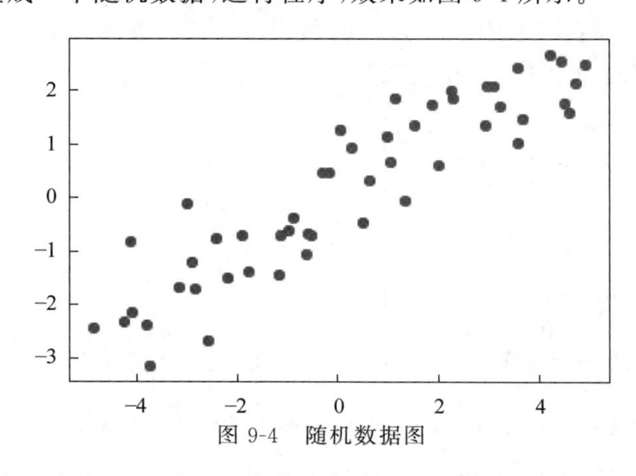

图 9-4 随机数据图

下面分别用 MLP 算法和 KNN 算法对这个数据集进行回归分析：

```
#导入神经网络
from sklearn.neural_network import MLPRegressor
#导入 KNN
from sklearn.neighbors import KNeighborsRegressor
#生成一个等差数列
line = np.linspace(-5,5,1000,endpoint=False).reshape(-1,1)
#用两种算法拟合数据
```

```
mlpr = MLPRegressor().fit(X,y)                                    #MLP 算法
knr = KNeighborsRegressor().fit(X,y)                              #KNN 算法
#绘制图形
plt.plot(line,mlpr.predict(line),label='MLP')
plt.plot(line,knr.predict(line),label='KNN')
plt.plot(X,y,'o',c='r')
plt.legend(loc='best')
#显示图形
plt.show()
```

代码中，保持 MLP 和 KNN 的参数都为默认值，即 MLP 有 1 个隐藏层，节点数为 100；而 KNN 的 n_neighbors 的数量为 5。

运行程序，效果如图 9-5 所示。

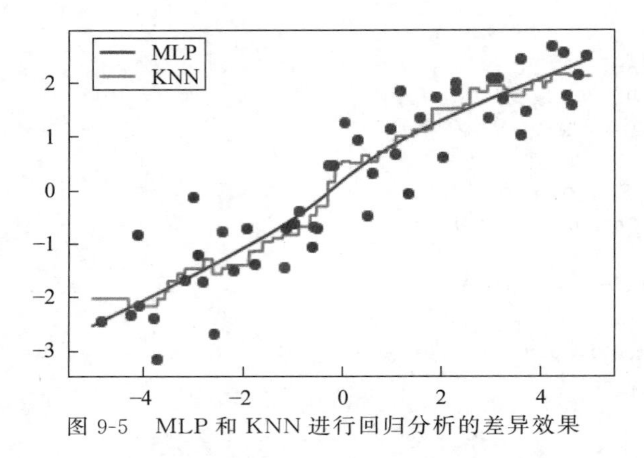

图 9-5　MLP 和 KNN 进行回归分析的差异效果

从图 9-5 可以看出，MLP 产生的回归线非常接近线性模型的效果，而 KNN 则相对复杂一些，它试图覆盖更多的数据点。

那么在现实生活中，应该采用哪个算法的预测结果呢？接下来，我们对数据集进行一下“装箱处理”，这种方法也称为“离散化处理”。

```
#设置箱体数为 11
bins = np.linspace(-5,5,11)
#装箱操作
target_bin = np.digitize(X,bins=bins)
#打印装箱数据范围
print('装箱数据范围:\n{}'.format(bins))
#打印前 10 个数据的特征值
print('\n 前 10 个数据点的特征值:\n{}'.format(X[:10]))
#找到它们所在的箱子
print('\n 前 10 个数据点所在的箱子:\n{}'.format(target_bin[:10]))
```

由于在生成实验数据集时，是在−5～5 随机生成了 50 个数据点，因此在生成“箱子”时，也指定范围是从−5～5，生成 11 个等差数列元素，这样每两个数值之间就形成了一个箱子，一共 10 个。

运行程序，输出如下：

```
装箱数据范围:
[-5. -4. -3. -2. -1.  0.  1.  2.  3.  4.  5.]
```

```
前 10 个数据点的特征值:
[[-1.1522688 ]
 [ 3.59707847]
 [ 4.44199636]
 [ 2.02824894]
 [ 1.33634097]
 [ 1.05961282]
 [-2.99873157]
 [-1.12612112]
 [-2.41016836]
 [-4.25392719]]

前 10 个数据点所在的箱子:
[[ 4]
 [ 9]
 [10]
 [ 8]
 [ 7]
 [ 7]
 [ 3]
 [ 4]
 [ 3]
 [ 1]]
```

从结果可以看到,第一个箱子是－5～4,第二个箱子是－4～－3,以此类推。第一个数据点－1.152268 所在的箱子是第 4 个,第二个数据点所在的箱子是第 9 个,而第三个数据点所在的箱子是第 10 个,以此类推。

接着,用新的方法来表达已经装箱的数据,所要用到的方法就是 sklearn 的热独编码 OneHotEncoder。OneHotEncoder 和 pandas 的 get_dummies 功能是一样的,但是 OneHotEncoder 目前只能用于整型数值的类型变量。

提示:独热编码即 One-Hot 编码,又称一位有效编码,其方法是使用 N 位状态寄存器来对 N 个状态进行编码,每个状态都有它独立的寄存器位,并且在任意时候,其中只有一位有效。

下面代码实现利用独热编码进行装箱:

```
#导入独热编码
from sklearn.preprocessing import OneHotEncoder
onehot = OneHotEncoder(sparse = False)
onehot.fit(target_bin)
#使用独热编码转换数据
X_in_bin = onehot.transform(target_bin)
#打印结果
print('装箱后的数据形态:{}'.format(X_in_bin.shape))
print('\n 装箱后的前 10 个数据点:\n{}'.format(X_in_bin[:10]))
```

运行程序,输出如下:

```
装箱后的数据形态:(50, 10)

装箱后的前 10 个数据点:
[[0. 0. 0. 1. 0. 0. 0. 0. 0. 0.]
 [0. 0. 0. 0. 0. 0. 0. 0. 1. 0.]
```

```
[0. 0. 0. 0. 0. 0. 0. 0. 0. 1.]
[0. 0. 0. 0. 0. 0. 0. 1. 0. 0.]
[0. 0. 0. 0. 0. 0. 1. 0. 0. 0.]
[0. 0. 0. 0. 0. 0. 1. 0. 0. 0.]
[0. 0. 1. 0. 0. 0. 0. 0. 0. 0.]
[0. 0. 0. 1. 0. 0. 0. 0. 0. 0.]
[0. 0. 1. 0. 0. 0. 0. 0. 0. 0.]
[1. 0. 0. 0. 0. 0. 0. 0. 0. 0.]]
```

由结果可以看到,虽然数据集中样本数量仍然是 50 个,但特征数变成了 10 个,这是因为生成的箱子是 10 个,而新的数据点的特征是用其所在的箱子号码来表示的。例如,第 1 个数据点在第 4 个箱子上,则其特征列表中第 4 个数字是 1,其他数字是 0,以此类推。

以下代码实现再用 MLP 和 KNN 算法重新进行回归分析:

```
#使用独热编码进行数据表达
new_line = onehot.transform(np.digitize(line,bins=bins))
#使用新的数据来训练模型
new_mlpr = MLPRegressor().fit(X_in_bin,y)
new_knr = KNeighborsRegressor().fit(X_in_bin,y)
#绘制图形
plt.plot(line,new_mlpr.predict(new_line),label='NEW MLP')
plt.plot(line,new_knr.predict(new_line),label='NEW KNN')
plt.plot(X,y,'o',c='r')
#设置图注
plt.legend(loc='best')
plt.show()
```

在代码中,对需要预测的数据进行相同的装箱操作,这样才能得到正确的预测结果。运行程序,效果如图 9-6 所示。

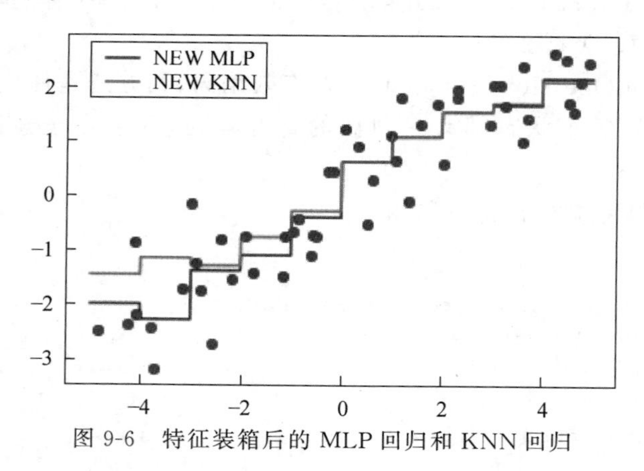

图 9-6 特征装箱后的 MLP 回归和 KNN 回归

由结果可看出,MLP 模型和 KNN 模型变得更相似了,尤其在 $x>0$ 的部分,两个模型几乎完全重合。与图 9-5 相比,我们会发现 MLP 的回归模型变得更复杂,而 KNN 的模型变得更简单。所以特征装箱可以纠正模型过拟合或欠拟合的问题。尤其是当针对大规模高维度的数据集使用线性模型时,装箱处理可以大幅提高线性模型的预测准确率。

9.1.3 数据的分箱处理

在建立模型前,一般需要对特征变量进行离散化,特征离散化后,模型会更稳定,降低模型过拟合的风险。尤其是采用 Logistic 建立评分卡模型时，必须对连续变量进行离散化。而特征离散化处理通常采用的就是分箱法，数据分箱（也称为离散分箱或分段）是一种数据预处理技术，用于减少次要观察误差的影响，提高泛化性。

数据分箱又分为有监督分箱和无监督分箱，是否使用标签进行离散化（分箱）决定了有监督还是无监督的离散化方法。

对数据进行分箱的优点主要表现在以下几方面。

（1）对异常数据有很强的鲁棒性，比如一个特征的会话时长为 702341 秒，换算成天是 8.1 天，这属于明显的异常值。如果特征没有离散化，一个异常数据“会话时长＝8.1 天”会给模型造成很大的干扰。

（2）在逻辑回归模型中，单变量离散化为 N 个哑变量后，每个哑变量有单独的权重，相当于为模型引入了非线性，能够提升模型表达能力，加大拟合。

（3）缺失值也可以作为一类特殊的变量进入模型。

（4）分箱后降低模型运算复杂度，提升模型运算速度，对后期生产上线较为友好。

1. 无监督分箱

为了实验，下面代码就随机生成了一些实验数据：

```
import pandas as pd
import numpy as np
data = pd.read_csv("category.csv")
data.shape
(5, 22)
data.head()                                          #效果如图 9-7 所示
```

	Unnamed: 0	datetime	category_1	category_14	category_77	category_21	category_13	category_62	category_68	category
0	0	2020/6/13	0.495720	11638800	90	-999	1	0	0	
1	1	2020/10/22	0.517549	734893200	38	-999	2	0	0	
2	2	2020/9/11	0.435992	860778000	21	9	1	0	0	
3	3	2020/5/5	0.504451	872010000	143	-999	1	0	0	
4	4	2020/5/13	0.511435	846349200	56	-999	2	0	0	

5 rows × 22 columns

图 9-7　显示数据

图 9-7 中的 datetime 表示数据日期；y 表示标签值，取值 1、0；category_1 ～ category_86 表示用户的特征数据。

1）等频法

等频法属于自动分箱，每个箱内的样本数量是相同的，假设有 10000 个样本，设置频数为 100，则按照数值排序后，就会分成 100 个箱子。

在 pandas 中，cut 和 qcut 函数都可以进行分箱处理操作。其中 cut 函数是按照数据的值进行分割，而 qcut 函数则是根据数据本身的数量来对数据进行分割。qcut 函数的语法格式为：

pd.qcut(x,q,duplicates,labels)：x 为原始数据，只接收一维矩阵或 Series。当 q 为整数时，代表分箱数。duplicates 的默认值为 raise，如果 x 中有重复值时会报错；当 duplicates＝'drop'时，x 中有重复值时会对分箱合并。labels 接收 array 型或 False 型数据，当 labels＝False 时，只返回分箱的索引；当 labels 为 array 时，其长度要和 q 相等。

利用等频法实现分箱的代码为：

```
equal_frequency_cut = pd.qcut(data.category_34, q=5, duplicates="drop", labels =
range(0, 5))
#分箱后的结果
import pandas as pd
from sklearn import datasets
equal_frequency_cut.hist()
```

运行程序,效果如图 9-8 所示。

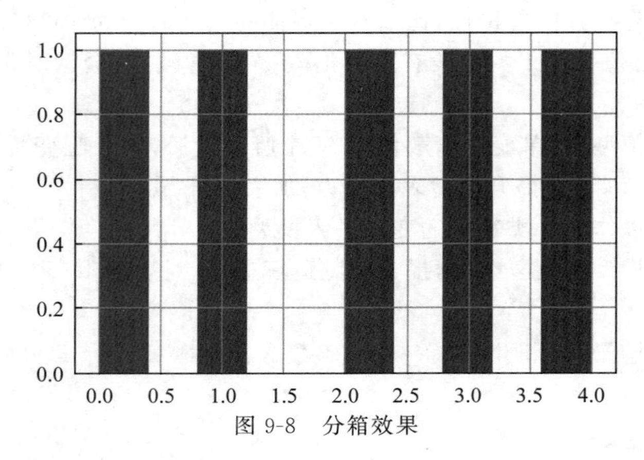

图 9-8 分箱效果

从图 9-8 可以看到分箱后的数据基本是均匀分布的(最后两个柱子不均匀是因为有重复数据,在分箱时进行了数据合并)。

2) 等距法

等距法同样属于自动分箱,可以理解为每个箱子中的数据极差是相同的,也就是区间的距离是一致的。利用 cut 函数可以利用等距法实现分箱。函数的语法格式为:

pd.cut(x,bins,labels):x 为原始数据,只接收一维矩阵或 Series。bins 为整数时,代表分箱数,和 qcut 的 q 参数一样。labels 用于接收 array 型或 False 型数据,当 labels=False 时,只返回分箱的索引;当 labels 为 array 型时,其长度要和 bins 相等。

利用等距法实现分箱的代码为:

```
equal_distance_cut = pd.cut(data.category_34, 5, labels = range(0, 5))
#此时分箱后的数据就不再均匀分布
equal_distance_cut.hist()
```

运行程序,效果如图 9-9 所示。

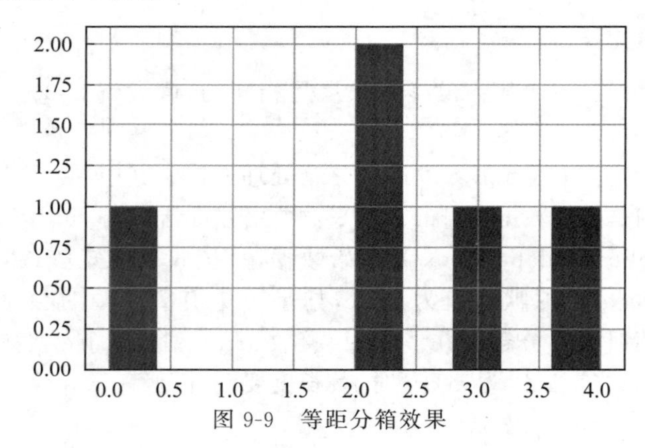

图 9-9 等距分箱效果

3）自定义法

通常在现实中，会根据经验，对分箱规则做出定义。这里的经验既可以是专业人员之前的经验，也可以是数据探索性分析中得出的结论。利用自定义法实现分箱的代码为：

```
user_defined_cut = pd.cut(data.category_34, [0, 0.5, 0.6, 1], labels = ['(0, 0.5]',
'(0.5, 0.6]', '(0.6, 1]'])
#划分结果如图 9-10 所示
user_defined_cut.hist()
<matplotlib.axes._subplots.AxesSubplot at 0x147cc250c88>
```

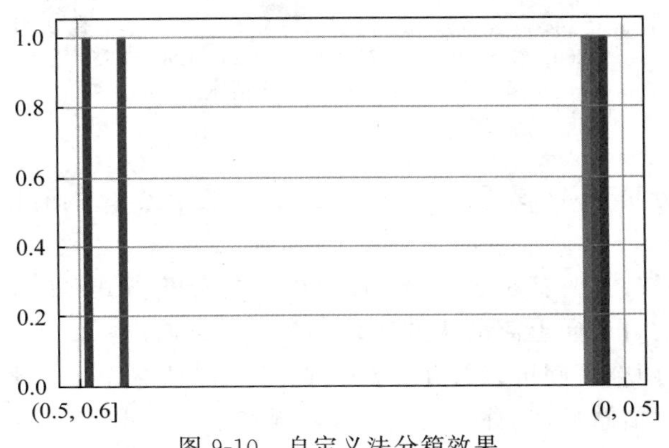

图 9-10 自定义法分箱效果

4）聚类法

分箱其实就是一个聚类的应用，我们希望具有相同特征的数据点能够被放置在同一个箱子中，因此可以通过聚类的方式找到具有相同属性的类别。聚类分箱就是用 Python 中的 k-means 函数进行划分的。

```
from sklearn.cluster import KMeans
num_clusters = 3
km_cluster = KMeans(n_clusters=num_clusters, max_iter=300, n_init=40,init='k-
means++',n_jobs=-1)
result = km_cluster.fit_predict(np.array(data.category_34).reshape(-1,1))
cluster_cut = pd.DataFrame({'Data':np.array(data.category_34),"Categories":
result})
cluster_cut.head()
```

运行程序，效果如图 9-11 所示。

	Data	Categories
0	0.574799	0
1	0.390684	2
2	0.473826	1
3	0.491736	1
4	0.529865	0

图 9-11 k-means 划分效果

#用聚类方式划分的分布情况，效果如图 9-12 所示。

```
cluster_cut.Categories.hist()
<matplotlib.axes._subplots.AxesSubplot at 0x147cc470278>
```

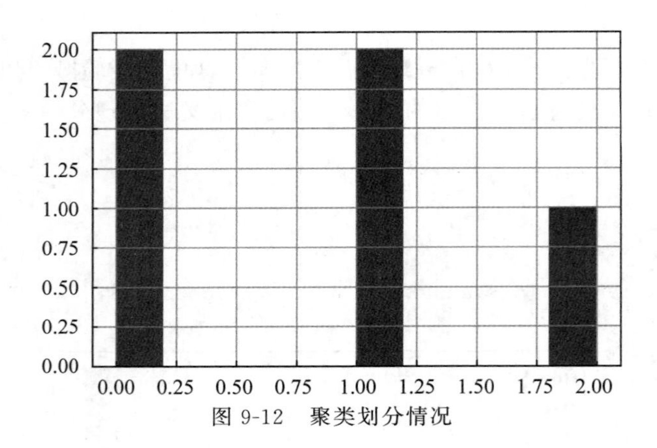

图 9-12 聚类划分情况

2. 有监督分箱

上述是无监督的分箱，不需要用到 labels 信息。从理论上来说，有监督的分箱会比无监督的分箱更合理。

merge 分箱为自底向上的基于合并(merge)机制的分箱方式，如卡方分箱。卡方分箱是典型的基于合并机制的自底向上离散化方法。其基于如下假设：如果两个相邻的区间具有非常类似的类分布，则这两个区间可以合并；否则，它们应当保持分开。此处衡量分布相似性的指标就是卡方值。卡方值越低，类分布的相似度就越高。卡方分箱的一般流程如下。

(1) 排序

卡方分箱的第一步即对数据排序，对于连续变量，直接根据变量数值大小排序即可。对于离散变量，由于取值不存在大小关系，无法直接排序。这里一般采用的排序依据是：正例样本的比例，即待分箱变量每个取值中正例样本的比例，对应代码中的 pos_ratio 属性。

卡方分箱是基于合并机制的离散化方法。因此，初始的分箱状态为：将待分箱变量的每个取值视为一个单独的箱体，后续分箱的目的就是将这些箱体合并为若干个箱体。首先，统计待分箱变量的可选取值，以及各个取值的正负样本数量(count)，然后判断变量类型确定排序依据。实现的 Python 代码为：

```
def data_describe(data, var_name_bf, var_name_target, feature_type):
    """
   统计各取值的正负样本分布[累计样本个数,正例样本个数,负例样本个数]并排序
    data: DataFrame 输入数据
    var_name_bf: str 待分箱变量
    var_name_target: str 标签变量(y)
    feature_type: 特征的类型:0(连续)1(离散)
    DataFrame 排好序的各组中正负样本分布 count
    """
    #统计待离散化变量的取值类型(string 或 digits)
    data_type = data[var_name_bf].apply(lambda x: type(x)).unique()
    var_type = True if str in data_type else False     #取值的类型:false(数字), true(字符)
    if feature_type == var_type:
        ratio_indicator = var_type
    elif feature_type == 1:
        ratio_indicator = 0
        print("特征%s 为离散有序数据,按照取值大小排序!" % (var_name_bf))
    elif feature_type == 0:
        exit(code="特征%s 的类型为连续型,与其实际取值(%s)型不一致,请重新定义特征类型"
```

```
% (var_name_bf, data_type))
    #统计各分箱(group)内正负样本分布[累计样本个数,正例样本个数,负例样本个数]
    count = pd.crosstab(data[var_name_bf], data[var_name_target])
    total = count.sum(axis=1)
    #排序:离散变量按照 pos_ratio 排序,连续变量按照 index 排序
    if ratio_indicator:
        count['pos_ratio'] = count[count.columns[count.columns.values>0]].sum
(axis=1) * 1.0 / total
        count = count.sort_values('pos_ratio')      #离散变量按照 pos_ratio 排序
        count = count.drop(columns = ['pos_ratio'])
    else:
        count = count.sort_index()                  #连续变量按照 index 排序
    return count, ratio_indicator
```

其中,var_name_bf 表示需要分箱的变量,函数返回排序后的待分箱变量的统计分布,包括样本取值、正例样本、负例样本。

需要注意的是,如果待分箱变量为离散变量,该方法只能使用于二分类模型。因为计算 pos_ratio 时,要求 $y\in[0,1]$。

计算各分组的卡方值的代码为:

```
def calc_chi2(count, group1, group2):
    """
    根据分组信息(group)计算各分组的卡方值
    count: DataFrame 待分箱变量各取值的正负样本数
    group1: list 单个分组信息
    group2: list 单个分组信息
    return:该分组的卡方值
    """
    count_intv1 = count.loc[count.index.isin(group1)].sum(axis=0).values
    count_intv2 = count.loc[count.index.isin(group2)].sum(axis=0).values
    count_intv = np.vstack((count_intv1, count_intv2))
    #计算四联表
    row_sum = count_intv.sum(axis=1)
    col_sum = count_intv.sum(axis=0)
    total_sum = count_intv.sum()
    #计算期望样本数
    count_exp = np.ones(count_intv.shape) * col_sum / total_sum
    count_exp = (count_exp.T * row_sum).T
    #计算卡方值
    chi2 = (count_intv - count_exp) ** 2 / count_exp
    chi2[count_exp == 0] = 0
    return chi2.sum()
```

(2) 区间合并

这一部分比较简单,计算得到相邻分组的卡方值后,找到卡方值最小的分组合并。实现代码为:

```
def merge_adjacent_intervals(count, chi2_list, group):
    """
    根据卡方值合并卡方值最小的相邻分组并更新卡方值
    count: DataFrame 待分箱变量的
    chi2_list: list 每个分组的卡方值
```

```
    group: list 分组信息
    return: 合并后的分组信息及卡方值
    """
    min_idx = chi2_list.index(min(chi2_list))
    #根据卡方值合并卡方值最小的相邻分组
    group[min_idx] = group[min_idx] + group[min_idx+1]
    group.remove(group[min_idx+1])
    #更新卡方值
    if min_idx == 0:
        chi2_list.pop(min_idx)
        chi2_list[min_idx] = calc_chi2(count, group[min_idx], group[min_idx+1])
    elif min_idx == len(group)-1:
        chi2_list[min_idx-1] = calc_chi2(count, group[min_idx-1], group[min_idx])
        chi2_list.pop(min_idx)
    else:
        chi2_list[min_idx-1] = calc_chi2(count, group[min_idx-1], group[min_idx])
        chi2_list.pop(min_idx)
        chi2_list[min_idx] = calc_chi2(count, group[min_idx], group[min_idx+1])
    return chi2_list, group
```

对应的卡方分箱实现代码为：

```
def Chi_Merge(count, max_interval=6, sig_level=0.05):
    """
    基于 ChiMerge 的卡方离散化方法
    count: DataFrame 待分箱变量各取值的正负样本数
    max_interval: int 最大分箱数量
    sig_level: 显著性水平(significance level) = 1 - 置信度
    return: 分组信息(group)
    """
    print("ChiMerge 分箱开始:")
    #自由度(degree of freedom)= y类别数-1
    deg_freedom = len(count.columns) - 1
    #卡方阈值
    chi2_threshold = chi2.ppf(1 - sig_level, deg_freedom)
    #分组信息
    group = np.array(count.index).reshape(-1, 1).tolist()
    #计算相邻分组的卡方值
    chi2_list= [calc_chi2(count, group[idx], group[idx + 1]) for idx in range(len
(group)-1)]
    #合并相似分组并更新卡方值
    while 1:
        if min(chi2_list) >= chi2_threshold:
            print("最小卡方值%.3f大于卡方阈值%.3f,分箱合并结束!" % (min(chi2_list),
chi2_threshold))
            break
        if len(group) <= max_interval:
            print("分组长度%s等于指定分组数%s" % (len(group), max_interval))
            break
        chi2_list, group = merge_adjacent_intervals(count, chi2_list, group)
    print("ChiMerge 分箱完成!!!")
    return group
```

(3) 停止条件

卡方分箱的停止条件有如下两种选择。

- 分箱个数等于指定的分箱数目(max_interval)：限制最终的分箱个数结果，每次将样本中具有最小卡方值的区间与相邻的最小卡方区间进行合并，直到分箱个数达到限制条件为止。
- 最小卡方值大于卡方阈值(chi2_threshold)：根据自由度和显著性水平得到对应的卡方阈值，如果分箱的各区间最小卡方值小于卡方阈值，则继续合并，直到最小卡方值超过设定阈值为止。

可以两个选择同时用，也可以只用其中一个，看实际需求调整即可。类别和属性独立时，有90%的可能性，计算得到的卡方值会小于4.6。大于阈值4.6的卡方值就说明属性和类不是相互独立的，不能合并。如果阈值选得大，区间合并就会进行很多次，离散后的区间数量少、区间大。

下面代码利用停止条件实现卡方分箱的停止。

```
from scipy.stats import chi2
#待分箱变量的类型(0: 连续型变量 1:离散型变量)
feature_type = 1
#最大分箱数量
max_interval = 5
#初始化:将每个值视为一个箱体 & 统计各取值的正负样本分布并排序
print("分箱初始化开始:")
count, var_type = data_describe(data, 'category_1', 'y', feature_type)
print("分箱初始化完成")
#卡方分箱
group = Chi_Merge(count, max_interval)
#后处理
if not feature_type:
    group = [sorted(ele) for ele in group]
group.sort()
#根据 var_type 修改返回的 group 样式(var_type=0:返回分割点列表;var_typ=1:返回分箱成员列表)
if not feature_type:
    group = [ele[-1] for ele in group] if len(group[0])==1 else [group[0][0]] + [ele
[-1] for ele in group]
    #包含最小值
    group[0] = group[0]-0.001 if group[0]==0 else group[0] * (1-0.001)
    #包含最大值
    group[-1] = group[-1]+0.001 if group[-1]==0 else group[-1] * (1+0.001)
group
```

运行程序，输出如下：

```
分箱初始化开始:
特征 category_1 为离散有序数据，按照取值大小排序!
分箱初始化完成
ChiMerge 分箱开始:
分组长度 5 等于指定分组数 5
ChiMerge 分箱完成
[[0.435992], [0.49572], [0.504451], [0.5114350000000001], [0.5175489999999999]]
```

3. split 分箱

split 分箱和 merge 分箱原理不同，是自顶向下的分箱方法。其中最典型的就是最小熵分箱,其原理是将待分箱特征的所有取值都放到一个箱体里,然后依据最小熵原则进行箱体分裂。这个过程其实类似决策树的生成过程,只不过决策树首先会涉及特征的选择,然后才是对选中的特征进行分裂点的选择。而最小熵分箱处理的特征是由用户指定的,下面给出 split 分箱的计算过程。

1）条件熵计算

条件熵 $H(Y|X)$,表示在已知随机变量 X 的条件下随机变量 Y 的不确定性。

$$H(Y \mid X)=\sum_{i=1}^{n} p_i * \log p_i$$

计算分组熵值的函数为:

```
def calc_entropy2(count):
    """
    count: DataFrame 分组的分布统计
    return: float 该分组的熵值
    """
    p_clockwise = count.cumsum(axis=0).div(count.sum(axis=1).cumsum(axis=0),
axis=0)
    entropy_clockwise = -p_clockwise * np.log2(p_clockwise)
    entropy_clockwise = entropy_clockwise.fillna(0)
    entropy_clockwise = entropy_clockwise.sum(axis=1)

    count = count.sort_index(ascending=False)
    p_anticlockwise = count.cumsum(axis=0).div(count.sum(axis=1).cumsum(axis=0),
axis=0)
    entropy_anticlockwise = -p_anticlockwise * np.log2(p_anticlockwise)
    entropy_anticlockwise = entropy_anticlockwise.fillna(0)
    entropy_anticlockwise = entropy_anticlockwise.sum(axis=1)
    entropy = [entropy_clockwise.values[idx] + entropy_anticlockwise.values[len
(entropy_clockwise.index) - 2 - idx] for idx in range(len(entropy_clockwise.index)
- 1)]
    return entropy
```

2）划分点确定

给定样本集 D 和连续属性 a,假定 a 在 D 上出现了 n 个不同的取值,将这些值从小到大进行排序,记为 $a^1,a^2,\cdots,a^n$。基于划分点 t 可将 D 分为子集 D_t^- 和 D_t^+,其中 D_t^- 包含那些在属性 a 上取值不大于 t 的样本,而 D 则包含那些在属性 a 上取值大于 t 的样本。显然,对相邻的属性取值 a^i 与 a^{i+1} 来说,t 在区间$[a^i,a^{i+1})$中取任意值所产生的划分结果相同。因此,对连续属性 a,可考查包含 $n-1$ 个元素的候选划分点集合。

根据指示计算最佳分割点的函数为:

```
def get_best_cutpoint(count, group, binning_method):
    """
    count: 待分箱区间
    group:                                            #待分箱区间内值的数值分布统计
    return: 分割点的下标
    """
    #以每个点作为分箱点(左开右闭区间),以此计算分箱后的指标(熵,信息增益,KS)值=左区间+右区间
    if binning_method == 'entropy':
        entropy_list = calc_entropy2(count)
    else:
```

```
        exit(code='无法识别分箱方法')
    #最大指标值对应的分割点即为最佳分割点
    intv = entropy_list.index(min(entropy_list))
    return intv
```

3）迭代停止条件

得到第一个分裂点后，数据会被划分成两部分。然后分别对左右两部分数据重复划分操作，直到箱体数目达到预定值。

基于 BestKS 的特征离散化方法的函数为：

```
def BestKS_dsct(count, max_interval, binning_method):
    """
    count: DataFrame 待分箱变量的分布统计
    max_interval: int 最大分箱数量
    return: 分组信息(group)
    """
    #初始分箱:所有取值视为一个分箱
    group = count.index.values.reshape(1,-1).tolist()
    #重复划分,直到 KS 的箱体数达到预设阈值。
    while len(group) < max_interval:
        group_intv = group[0]                          #待分箱区间
        if len(group_intv) == 1:
            group.append(group[0])
            group.pop(0)
            continue
        #选择最佳分箱点
        #待分箱区间内值的数值分布统计
        count_intv = count[count.index.isin(group_intv)]
        #分箱点的下标
        intv = get_best_cutpoint(count_intv, group_intv, binning_method)
        cut_point = group_intv[intv]
        print("cut_point:%s" % (cut_point))
        #状态更新
        group.append(group_intv[0:intv+1])
        group.append(group_intv[intv+1:])
        group.pop(0)
    return group
```

接下来，通过代码来实现 split 分箱计算结果：

```
from sklearn.tree import DecisionTreeClassifier
#待分箱变量的类型(0: 连续型变量  1:离散型变量)
feature_type = 1
#最大分箱数量
max_interval = 5
#初始化:将每个值视为一个箱体 & 统计各取值的正负样本分布并排序
print("分箱初始化开始:")
count, var_type = data_describe(data, 'category_14', 'y', feature_type)
print("分箱初始化完成")
#entropy 分箱方法
group = BestKS_dsct(count, max_interval, 'entropy')
group.sort()
#根据 var_type 修改返回的 group 样式(var_type=0: 返回分割点列表;var_typ=1:返回分箱成员列表)
```

```
    if not feature_type:
        group = [ele[-1] for ele in group] if len(group[0]) == 1 else [group[0][0]] +
[ele[-1] for ele in group]
        #包含最小值
        group[0] = group[0] - 0.001 if group[0] == 0 else group[0] * (1 - 0.001)
        #包含最大值
        group[-1] = group[-1] + 0.001 if group[-1] == 0 else group[-1] * (1 + 0.001)
    group
```

运行程序,输出如下:

```
分箱初始化开始:
特征 category_14 为离散有序数据,按照取值大小排序!
分箱初始化完成
cut_point:734893200
cut_point:11638800
cut_point:846349200
cut_point:860778000
[[11638800], [734893200], [846349200], [860778000], [872010000]]
```

总的来说,分箱给模型带来的好处有以下几点:

- 使得模型的鲁棒性更高,对缺失值和异常值不敏感。
- 降低模型过拟合的风险。
- 离散化后,特征的改变、数据分布的小变动不会对模型有较大的影响。
- 将评分映射到不同的分区中使得模型的可解释性更强。

9.2 交互式与多项式特征

在实际应用中,常常会遇到数据集的特征不足的情况,要解决这个问题,就需要对数据集的特征进行扩充。本节介绍两种在统计建模中常用的方法:交互式特征(Interaction Features)和多项式特征(Polynomial Features)。这两种方法在现今机器学习领域非常普遍。

9.2.1 添加交互式特征

顾名思义,交互式特征是在原始数据特征中添加交互项,使特征数量增加。在 Python 中,可以通过 Numpy 的 hstack()函数来对数据集添加交互项。

【例 9-3】 利用 hstack()函数为数据集添加交互式特征。

```
import numpy as np
#创建的数组
a_1 = [1,-2,3,4,5]
a_2 = [3,7,8,9,0]
#使用 hstack()函数将两个数组进行堆叠
a_3 = np.hstack((a_1, a_2))
print('将数组 2 添加到数组 1 中后得到:{}'.format(a_3))
```

在代码中,先建立了一个数组 a_1,并进行赋值,然后又建立了另一个数组 a_2,也进行赋值。然后使用 np.hstack()函数将两个数组堆叠在一起。运行程序,输出如下:

将数组 2 添加到数组 1 中后得到:[1 -2 3 4 5 3 7 8 9 0]

从结果中可以看到,原来两个五维数组被堆叠到一起,形成了一个新的十维数组,也就是说,使 a_1 和 a_2 产生了交互。假如 a_1 和 a_2 分别代表两个数据点的特征,那么生成的 a_3

就是它们的交互特征。

接下来继续用之前生成的数据集来进行实验，看对特征进行交互式操作会对模型产生什么样的影响，实现代码如下：

```
import matplotlib.pyplot as plt
rnd = np.random.RandomState(38)
x = rnd.uniform(-5,5,size=50)
y_no_noise = (np.cos(6*x)+x)
X = x.reshape(-1,1)
y = (y_no_noise + rnd.normal(size=len(x)))/2
bins = np.linspace(-5,5,11)
target_bin = np.digitize(X, bins=bins)
from sklearn.preprocessing import OneHotEncoder
onehot = OneHotEncoder(sparse = False)
onehot.fit(target_bin)
X_in_bin = onehot.transform(target_bin)

#将原始数据和装箱后的数据进行堆叠
X_stack = np.hstack([X, X_in_bin])
X_stack.shape
```

在代码中，把数据集中的原始特征和装箱后的特征堆叠在一起，形成了一个新的特征 X_stack。运行程序，输出如下：

```
(50, 11)
```

从结果可以看到，X_stack 的数量仍然是 50 个，而特征数量变成了 11。下面用新的特征 X_stack 来训练模型，实现代码为：

```
from sklearn.neural_network import MLPRegressor
line = np.linspace(-5,5,1000,endpoint=False).reshape(-1,1)
new_line = onehot.transform(np.digitize(line,bins=bins))
#将数据进行堆叠
line_stack = np.hstack([line, new_line])
#重新训练模型
mlpr_interact = MLPRegressor().fit(X_stack, y)
#中文显示问题
plt.rcParams['font.sans-serif']=['SimHei']
#绘制图形
plt.plot(line, mlpr_interact.predict(line_stack),
        label='用于交互的 MLP')
plt.ylim(-4,4)
for vline in bins:
    plt.plot([vline,vline],[-5,5],':',c='r')
plt.legend(loc='lower right')
plt.plot(X, y,'o',c='y')
plt.show()
```

运行程序，效果如图 9-13 所示。

对比图 9-13 和图 9-6 中的 MLP 模型，我们会发现：在每个数据的箱体中，图 9-6 中的模型是水平的，而图 9-13 中的模型是倾斜的，也就是说，在添加了交互式特征后，在每个数据所在的箱体中，MLP 模型增加了斜率。相比图 9-6 中的模型来说，图 9-13 中的模型复杂度是有

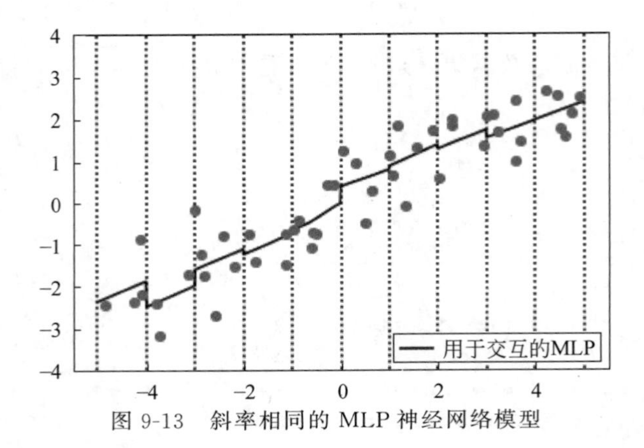

图 9-13 斜率相同的 MLP 神经网络模型

所提高的。

但是，这样操作后发现每个箱体中模型的斜率都是一样的，这还不是我们想要的结果，我们希望达到的效果是：每个箱体中都有各自的截距和斜率。下面代码换一种数据处理的方式来实现：

```
#使用新的堆叠方式处理数据
X_multi = np.hstack([X_in_bin, X * X_in_bin])
print(X_multi.shape)
print(X_multi[0])
```

运行程序，输出如下：

```
(50, 20)
[ 0.        0.                  0.        1.        0.        0.
  0.        0.                  0.        0.       -0.       -0.
 -0.       -1.1522688          -0.       -0.       -0.       -0.
 -0.       -0.                  ]
```

从结果中可看到，经过处理后，新的数据集特征 X_multi 变成了每个样本有 20 个特征值的形态。从打印出的第一个样本中发现：20 个特征中大部分数值是 0，而在之前的 X_in_bin 中数值为 1 的特征，与原始数据中的 X 的第一个特征值－1.1522688 保留了下来。

下面代码使用处理过的数据集训练神经网络，观察结果有什么不同。

```
#重新训练模型
mlpr_multi = MLPRegressor().fit(X_multi, y)
line_multi = np.hstack([new_line, line * new_line])
plt.plot(line, mlpr_multi.predict(line_multi), label = 'MLP 回归器')
for vline in bins:
    plt.plot([vline,vline],[-5,5],':',c='r')
plt.plot(X, y, 'o', c='y')
plt.legend(loc='lower right')
plt.show()
```

运行程序，效果如图 9-14 所示。

从图 9-14 中可发现：每个箱子中模型的“截距”和“斜率”都不同了。而这种数据处理的目的，主要是让比较容易出现欠拟合现象的模型能有更好的表现。

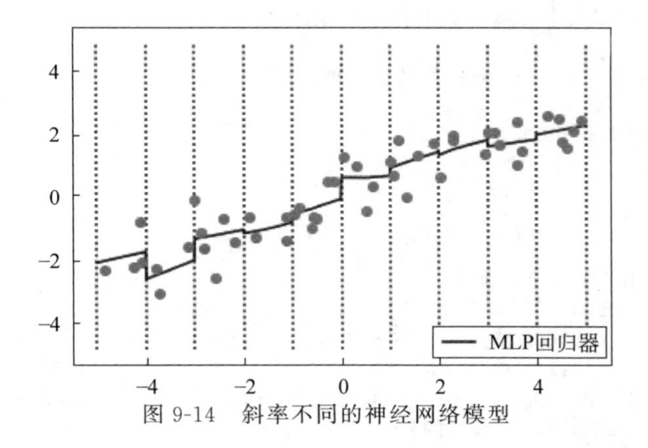

图 9-14 斜率不同的神经网络模型

9.2.2 添加多项式特征

在数学中,多项式指的是多个单项式相加所组成的代数式。如果是减号,可以看作是这个单项式的相反数。一个典型的多项式为

$$ax^4+bx^3+cx^2+dx+e$$

其中,ax^4、bx^3、cx^2、dx 和 e 都是单项式。在机器学习中,常用的扩展样本特征的方式就是将特征 X 进行乘方,如 X^5、X^4、X^3 等。在 scikit-learn 中内置了一个函数,称为 PolynomialFeatures(),这个函数可以轻松地将原始数据集的特征进行扩展。

【例 9-4】 向数据集添加多项式特征演示。

```
#导入 numpy
import numpy as np
#导入画图工具
import matplotlib.pyplot as plt
#生成一个等差数列
line = np.linspace(-5,5,1000,endpoint=False).reshape(-1,1)
''' 向数据集添加多项式特征'''
#导入多项式特征工具
from sklearn.preprocessing import PolynomialFeatures
#向数据集添加多项式特征
poly = PolynomialFeatures(degree=20,include_bias = False)
X_poly = poly.fit_transform(X)
#打印结果
print(X_poly.shape)
```

在代码中,首先指定了 PolynomialFeatures()的 degree 参数为 20,这样可以生成 20 个特征,include_bias 设定为 False,如果为 True,PolynomialFeatures()只会为数据集添加数值为 1 的特征。运行代码,输出如下:

```
(50, 20)
```

从结果中可以看到,处理的数据集仍然是 50 个样本,但每个样本的特征数变成了 20 个。

那么 PolynomialFeatures()对数据进行了怎样的调整呢? 下面代码打印一个样本的特征,观察效果:

```
#打印结果
print('原始数据集中的第一个样本特征:\n{}'.format(X[0]))
```

```
print('\n处理后数据集中的第一个样本特征:\n{}'.format(X_poly[0]))
#打印结果
print('PolynomialFeatures对原始数据的处理:\n{}'.format(poly.get_feature_names()))
```

运行程序,输出如下:

```
原始数据集中的第一个样本特征:
[-1.1522688]

处理后数据集中的第一个样本特征:
[ -1.1522688     1.3277234  -1.52989425    1.76284942   -2.0312764
   2.34057643    -2.6969732   3.10763809   -3.58083443    4.1260838
  -4.75435765     5.47829801   -6.3124719     7.27366446   -8.38121665
   9.65741449  -11.12793745  12.82237519  -14.77482293   17.02456756]
PolynomialFeatures()对原始数据的处理:
['x0', 'x0^2', 'x0^3', 'x0^4', 'x0^5', 'x0^6', 'x0^7', 'x0^8', 'x0^9', 'x0^10', 'x0^11',
'x0^12', 'x0^13', 'x0^14', 'x0^15', 'x0^16', 'x0^17', 'x0^18', 'x0^19', 'x0^20']
```

从结果可以看到,原始数据集的样本只有一个特征,而处理后的数据集有 20 个特征。即第一个特征是原始特征,第二个特征是原始特征的 2 次方,第三个特征是原始特征的 3 次方,以此类推。

下面用线性模型回归处理数据集,代码如下:

```
#导入线性回归
from sklearn.linear_model import LinearRegression
#matplotlib inline
#使用处理后的数据训练线性回归模型
LNR_poly = LinearRegression().fit(X_poly,y)
line_poly = poly.transform(line)
#中文显示问题
plt.rcParams['font.sans-serif']=['SimHei']
#绘制图形
plt.plot(line,LNR_poly.predict(line_poly),label='线性回归')
plt.xlim(np.min(X)-0.5,np.max(X)+0.5)
plt.ylim(np.min(y)-0.5,np.max(y)+0.5)
plt.plot(X,y,'o',c='y')
plt.legend(loc='lower right')
#显示图形
plt.show()
```

运行程序,效果如图 9-15 所示。

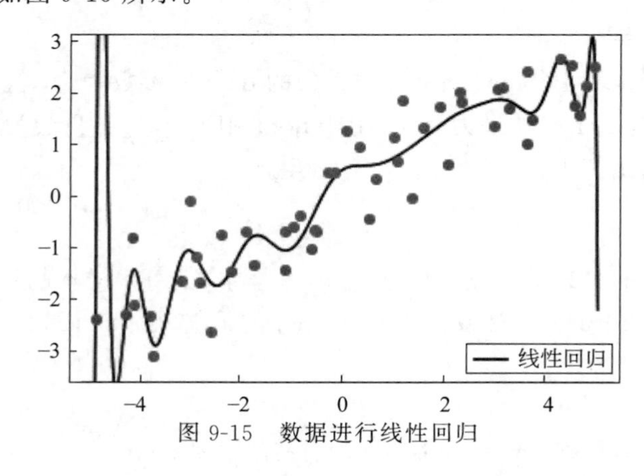

图 9-15　数据进行线性回归

从图 9-15 可以看出，这条线变得格外曲折，从而得出结论：对于低维数据集，线性模型常常出现欠拟合的问题，而将数据集进行多项式特征扩展后，可以在一定程度上解决线性模型欠拟合的问题。

9.3 自动化特征选择

经过 9.2 节的学习，我们已经掌握了如何对低维数据集扩充特征的方法。但是在纷繁复杂的特征当中，有一些对于模型预测的结果的影响比较大，而有一些重要性相对较低，本节将讨论如何进行自动特征选择。

9.3.1 单变量特征选择

有一定统计学基础的读者可能了解，在统计学中，会分析在样本特征和目标之间是否会有明显的相关性。在进行统计分析的过程中，我们会选择那些置信度最高的样本特征来进行分析。当然这只适用于样本特征之间没有明显关联的情况，也就是大家常说的单变量法(univariate)。

例如，在市场营销中，玩具厂商更关注目标人群的年龄，不同年龄段的儿童对于玩具的需求是不同的，所以厂商更倾向于根据年龄来细分市场，并且进行产品设计。而小额贷款公司更关心客户的偿债能力，因此会将目标客户的收入情况作为更重要的特征。在这种情况下，有些不是那么重要的特征就会被剔除。这种方法的优点是计算量较小，而且不需要建模，只用基本的方差分析就可以实现了。

在 scikit-learn 中，有若干种方法可以用来进行特征选择，其中最简单的两种是 SelectPercentile()和 SelectKBest()，其中 SelectPercentile 是自动选择原始特征的百分比，例如原始数据的特征数是 200 个，那么 SelectPercentile()的 percentile 参数设置为 50，就会选择 100 个原始特征中的 50%，即 100 个，而 SelectKBest()是自动选择 K 个最重要的特征。

【例 9-5】 一个单变量特征选择的实例。

这个例子将无信息的噪声特征添加到 iris 数据集里。对于每一个特征，绘制出单变量特征选择的 p-value 和一个 SVM 对应的权重。

```
import numpy as np
import matplotlib.pyplot as plt
#matplotlib inline
from sklearn import datasets, svm
from sklearn.feature_selection import SelectPercentile, f_classif

#中文显示问题
plt.rcParams['font.sans-serif']=['SimHei']
#显示负号
plt.rcParams['axes.unicode_minus'] = False

#导入 iris 数据集(Python 自带)
iris = datasets.load_iris()
#一些不相关的噪声数据
E = np.random.uniform(0, 0.1, size=(len(iris.data), 20))
#将噪声数据添加到信息特征中
X = np.hstack((iris.data, E))
y = iris.target
plt.figure(1)
```

```
plt.clf()
X_indices = np.arange(X.shape[-1])
#使用 F 检验进行单变量特征选择,进行特征评分
#使用默认选择函数:10%最显著的特征
selector = SelectPercentile(f_classif, percentile=10)
selector.fit(X, y)
scores = -np.log10(selector.pvalues_)
scores /= scores.max()
plt.bar(X_indices - .45, scores, width=.2,
        label=r'单变量得分 ($-Log(p_{value})$)', color='darkorange',
        edgecolor='black')
#与 SVM 的权重进行比较
clf = svm.SVC(kernel='linear')
clf.fit(X, y)
svm_weights = (clf.coef_ ** 2).sum(axis=0)
svm_weights /= svm_weights.max()
plt.bar(X_indices - .25, svm_weights, width=.2, label='SVM 权重',
        color='navy', edgecolor='black')

clf_selected = svm.SVC(kernel='linear')
clf_selected.fit(selector.transform(X), y)
svm_weights_selected = (clf_selected.coef_ ** 2).sum(axis=0)
svm_weights_selected /= svm_weights_selected.max()
plt.bar(X_indices[selector.get_support()] - .05, svm_weights_selected,
        width=.2, label='选择后的 SVM 权重', color='c',
        edgecolor='black')
plt.title("比较特征选择")
plt.xlabel('特征数据')
plt.yticks(())
plt.axis('tight')
plt.legend(loc='upper right')
plt.show()
```

运行程序,效果如图 9-16 所示。

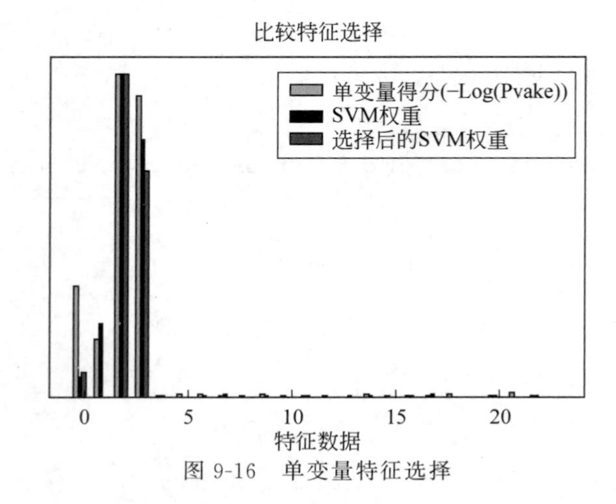

图 9-16　单变量特征选择

图 9-16 的结果显示：有信息的特征具有更大的权值。

在整个特征集里,仅仅有 4 个是显著的,它们具有最高的单变量特征选择分数。SVM 同时也选择了很多无信息的特征。在 SVM 之前应用单变量特征选择,能够增加显著的特征的

权值,这样也改善了分类的效果。

9.3.2　基于模型的特征选择

单变量特征选择方法独立地衡量每个特征与响应变量之间的关系,另一种主流的特征选择方法是基于机器学习模型的方法。有些机器学习方法本身就具有对特征进行打分的机制,或者很容易将其运用到特征选择任务中,例如回归模型、SVM、决策树、随机森林等。

1. 线性模型和正则化特征选择

下面将介绍如何用回归模型的系数来选择特征。越是重要的特征在模型中对应的系数就会越大,而与输出变量越是无关的特征对应的系数就会越接近0。在噪声不多的数据上,或者是数据量远远大于特征数的数据上,如果特征之间相对来说是比较独立的,那么即便是运用最简单的线性回归模型也一样能取得非常好的效果。

【例9-6】 线性模型的特征选择。

```
from sklearn.linear_model import LinearRegression
import numpy as np

np.random.seed(0)
size = 5000
#具有3个特征的数据集
X = np.random.normal(0, 1, (size, 3))
Y = X[:,0] + 2*X[:,1] + np.random.normal(0, 2, size)
lr = LinearRegression()
lr.fit(X, Y)
#打印线性模型的helper方法
def pretty_print_linear(coefs, names = None, sort = False):
    if names == None:
        names = ["X%s" % x for x in range(len(coefs))]
    lst = zip(coefs, names)
    if sort:
        lst = sorted(lst,  key = lambda x:-np.abs(x[0]))
    return " + ".join("%s * %s" % (round(coef, 3), name)
                                   for coef, name in lst)
print("线性模型:", pretty_print_linear(lr.coef_))
```

运行程序,输出如下:

```
线性模型: 0.984 * X0 + 1.995 * X1 + -0.041 * X2
```

在例9-6中,尽管数据中存在一些噪声,但这种特征选择模型仍然能够很好地体现出数据的底层结构。当然这也是因为例子中的这个问题非常适合用线性模型来解:特征和响应变量之间全都是线性关系,并且特征之间均是独立的。

在很多实际的数据当中,往往存在多个互相关联的特征,这时候模型就会变得不稳定,数据中细微的变化就可能导致模型的巨大变化(模型的变化本质上是系数,或者叫参数,可以理解成W),这时让模型的预测变得困难,这种现象也称为多重共线性。例如,假设有一个数据集,它的真实模型应该是$Y=X_1+X_2$,当观察时,发现$Y'=X_1+X_2+e$,e是噪声。如果X_1和X_2之间存在线性关系,例如X_1约等于X_2,这个时候由于噪声e的存在,这时的模型可能就不是$Y=X_1+X_2$了,有可能是$Y=2X_1$,或者$Y=-X_1+3X_2$。

【例 9-7】 在同一个数据上加入了一些噪声,用随机森林算法进行特征选择。

```
from sklearn.linear_model import LinearRegression

size = 100
np.random.seed(seed=5)
X_seed = np.random.normal(0, 1, size)
X1 = X_seed + np.random.normal(0, .1, size)
X2 = X_seed + np.random.normal(0, .1, size)
X3 = X_seed + np.random.normal(0, .1, size)
Y = X1 + X2 + X3 + np.random.normal(0,1, size)
X = np.array([X1, X2, X3]).T
lr = LinearRegression()
lr.fit(X,Y)
print("线性模型:", pretty_print_linear(lr.coef_))
```

运行程序,输出如下:

```
线性模型: -1.291 * X0 + 1.591 * X1 + 2.747 * X2
```

系数之和接近 3,基本上和例 9-6 的结果一致,应该说学到的模型对于预测来说还是不错的。但是,如果从系数的字面意思去解释特征的重要性,X_3 对于输出变量来说具有很强的正面影响,而 X_1 具有负面影响,而实际上所有特征与输出变量之间的影响是均等的。

正则化就是把额外的约束或者惩罚项加到已有模型(损失函数)上,以防止过拟合并提高泛化能力。损失函数由原来的 $E(X,Y)$ 变为 $E(X,Y)+\text{alpha}\|\boldsymbol{w}\|$,$\boldsymbol{w}$ 是模型系数组成的向量,$\|\cdot\|$ 一般是 L1 或者 L2 范数,alpha 是一个可调的参数,控制着正则化的强度。当用在线性模型上时,L1 正则化和 L2 正则化也分别称为 Lasso 和 Ridge。

1) L1 正则化(Lasso)

L1 正则化将系数 $\boldsymbol{w}$ 的 L1 范数作为惩罚项加到损失函数上,由于正则项非零,这就迫使弱的特征所对应的系数变成 0。因此 L1 正则化往往会使学到的模型很稀疏(系数 $\boldsymbol{w}$ 经常为 0),这个特性使得 L1 正则化成为一种很好的特征选择方法。

scikit-learn 为线性回归提供了 Lasso,为分类提供了 L1 逻辑回归。

【例 9-8】 在波士顿房价数据上运行了 Lasso,其中参数 alpha 是通过 grid search 进行优化的。

```
from sklearn.linear_model import Lasso
from sklearn.preprocessing import StandardScaler
from sklearn.datasets import load_boston
import numpy as np

boston = load_boston()
scaler = StandardScaler()
X = scaler.fit_transform(boston["data"])
Y = boston["target"]
names = boston["feature_names"]

lasso = Lasso(alpha=.3)
lasso.fit(X, Y)
print("Lasso model: ", pretty_print_linear(lasso.coef_, sort=True))
```

运行程序,输出如下:

```
Lasso model:  -3.707 * X12 + 2.992 * X5 + -1.757 * X10 + -1.081 * X7 + -0.7 * X4 +
0.631 * X11 + 0.54 * X3 + -0.236 * X0 + 0.081 * X1 + -0.0 * X2 + -0.0 * X6 + 0.0 * X8
+ -0.0 * X9
```

由结果可以看到，很多特征的系数都是 0。如果继续增加 α 的值，得到的模型就会越来越稀疏，即越来越多的特征系数会变成 0。

然而，L1 正则化像非正则化线性模型一样，也是不稳定的，如果特征集合中具有相关联的特征，当数据发生细微变化时也有可能导致很大的模型差异。

2) L2 正则化(Ridge Regression)

L2 正则化同样将系数向量的 L2 范数添加到了损失函数中。由于 L2 惩罚项中系数是二次方的，这使得 L2 和 L1 有着诸多差异，最明显的一点就是，L2 正则化会让系数的取值变得平均。对于关联特征，这意味着它们能够获得更相近的对应系数。还是以 $Y=X_1+X_2$ 为例，假设 X_1 和 X_2 具有很强的关联，如果用 L1 正则化，不论学到的模型是 $Y=X_1+X_2$ 还是 $Y=2X_1$，惩罚都是一样的，都是 2α。但是对于 L2 来说，第一个模型的惩罚项是 2α，但第二个模型的是 4α。可以看出，系数(待求参数)之和为常数时，各系数相等时惩罚是最小的，所以才有了 L2 会让各个系数趋于相同的特点。

可以看出，L2 正则化对于特征选择来说是一种稳定的模型，不像 L1 正则化那样，系数会因为细微的数据变化而波动。所以 L2 正则化和 L1 正则化提供的价值是不同的，L2 正则化对于特征理解来说更加有用：表示能力强的特征对应的系数是非零。

【例 9-9】 分别以 10 个不同的随机种子初始化运行 10 次，来观察 L1 和 L2 正则化的稳定性。

```
import numpy as np
from sklearn.linear_model import LinearRegression
from sklearn.linear_model import Ridge

size = 100
#使用不同的随机种子运行该方法 10 次
for i in range(10):
    print("Random seed %s" % i)
    np.random.seed(seed=i)
    X_seed = np.random.normal(0, 1, size)
    X1 = X_seed + np.random.normal(0, .1, size)
    X2 = X_seed + np.random.normal(0, .1, size)
    X3 = X_seed + np.random.normal(0, .1, size)
    Y = X1 + X2 + X3 + np.random.normal(0, 1, size)
    X = np.array([X1, X2, X3]).T
    lr = LinearRegression()
    lr.fit(X, Y)
    print("线性模型:", pretty_print_linear(lr.coef_))
    ridge = Ridge(alpha=10)
    ridge.fit(X, Y)
    print("Ridge 模型:", pretty_print_linear(ridge.coef_))
    print()
```

运行程序，输出如下：

```
Random seed 0
线性模型: 0.728 * X0 + 2.309 * X1 + -0.082 * X2
```

```
Ridge 模型: 0.938 * X0 + 1.059 * X1 + 0.877 * X2

Random seed 1
线性模型: 1.152 * X0 + 2.366 * X1 + -0.599 * X2
Ridge 模型: 0.984 * X0 + 1.068 * X1 + 0.759 * X2

Random seed 2
线性模型: 0.697 * X0 + 0.322 * X1 + 2.086 * X2
Ridge 模型: 0.972 * X0 + 0.943 * X1 + 1.085 * X2

Random seed 3
线性模型: 0.287 * X0 + 1.254 * X1 + 1.491 * X2
Ridge 模型: 0.919 * X0 + 1.005 * X1 + 1.033 * X2

Random seed 4
线性模型: 0.187 * X0 + 0.772 * X1 + 2.189 * X2
Ridge 模型: 0.964 * X0 + 0.982 * X1 + 1.098 * X2

Random seed 5
线性模型: -1.291 * X0 + 1.591 * X1 + 2.747 * X2
Ridge 模型: 0.758 * X0 + 1.011 * X1 + 1.139 * X2

Random seed 6
线性模型: 1.199 * X0 + -0.031 * X1 + 1.915 * X2
Ridge 模型: 1.016 * X0 + 0.89 * X1 + 1.091 * X2

Random seed 7
线性模型: 1.474 * X0 + 1.762 * X1 + -0.151 * X2
Ridge 模型: 1.018 * X0 + 1.039 * X1 + 0.901 * X2

Random seed 8
线性模型: 0.084 * X0 + 1.88 * X1 + 1.107 * X2
Ridge 模型: 0.907 * X0 + 1.071 * X1 + 1.008 * X2

Random seed 9
线性模型: 0.714 * X0 + 0.776 * X1 + 1.364 * X2
Ridge 模型: 0.896 * X0 + 0.903 * X1 + 0.98 * X2
```

由结果可以看出,不同的数据上线性回归得到的模型(系数)相差甚远,但对于L2正则化模型来说,结果中的系数非常稳定,差别较小,都比较接近于1,能够反映出数据的内在结构。

2. 树模型的特征选择

随机森林具有准确率高、鲁棒性好、易于使用等优点,这使得它成为目前最流行的机器学习算法之一。随机森林提供了两种特征选择的方法:平均不纯度减少(Mean Decrease Impurity)和平均精确率降低(Mean Decrease Accuracy)。

1) 平均不纯度减少

随机森林由多个决策树构成。决策树中的每一个节点都是关于某个特征的条件,为的是将数据集按照不同的响应变量一分为二。利用不纯度可以确定节点(最优条件),对于分类问题,通常采用基尼不纯度或者信息增益,对于回归问题,通常采用的是方差或者最小二乘拟合。当训练决策树时,可以计算出每个特征减少了多少树的不纯度。对于一个决策树森林来说,可以算出每个特征平均减少了多少不纯度,并把它平均减少的不纯度作为特征选择的值。

【例 9-10】 实现 sklearn 中基于随机森林的特征重要度量方法。

```
from sklearn.datasets import load_boston
from sklearn.ensemble import RandomForestRegressor
import numpy as np

#以加载波士顿住房数据集
boston = load_boston()
X = boston["data"]
Y = boston["target"]
names = boston["feature_names"]
rf = RandomForestRegressor()
rf.fit(X, Y)
print("按分数排序的特征:")
print(sorted (zip (map (lambda x: "%.4f"% x, rf.feature_importances_), names),
reverse=True))
```

运行程序,输出如下:

```
按分数排序的特征:
[('0.4145', 'RM'), ('0.3898', 'LSTAT'), ('0.0733','DIS'), ('0.0285', 'CRIM'), ('0.0252',
'NOX'), ('0.0229', 'PTRATIO'), ('0.0128', 'TAX'), ('0.0113', 'B'), ('0.0105', 'AGE'),
('0.0066', 'INDUS'), ('0.0027', 'RAD'), ('0.0012', 'ZN'), ('0.0009', 'CHAS')]
```

这里特征得分实际上采用的是 Gini Importance。使用基于不纯度的方法时,要记住:

- 这种方法存在偏向,对具有更多类别的变量会更有利。
- 对于存在关联的多个特征,其中任意一个都可以作为指示器(优秀的特征),并且一旦某个特征被选择之后,其他特征的重要度就会急剧下降(因为不纯度已经被选中的那个特征降下来了,其他的特征就很难再降低那么多不纯度了,这样,只有先被选中的那个特征重要度很高,其他的关联特征重要度往往较低)。在理解数据时,这就会造成误解,导致错误地认为先被选中的特征是很重要的,而其余的特征是不重要的,但实际上这些特征对响应变量的作用确实是非常接近的(这跟 Lasso 是很像的)。

特征随机选择方法稍微缓解了这个问题,但总的来说并没有完全解决。

【例 9-11】 X0、X1、X2 是三个互相关联的变量,在没有噪声的情况下,输出变量是三者之和。

```
from sklearn.ensemble import RandomForestRegressor
import numpy as np

size = 10000
np.random.seed(seed=10)
X_seed = np.random.normal(0, 1, size)
X0 = X_seed + np.random.normal(0, .1, size)
X1 = X_seed + np.random.normal(0, .1, size)
X2 = X_seed + np.random.normal(0, .1, size)
X = np.array([X0, X1, X2]).T
Y = X0 + X1 + X2

rf = RandomForestRegressor(n_estimators=20, max_features=2)
rf.fit(X, Y)
print('Scores for X0, X1, X2:', ['%.3f'%x for x in rf.feature_importances_])
```

运行程序,输出如下:

```
分数为 X0, X1, X2: ['0.272', '0.548', '0.179']
```

当计算特征重要性时,可以看到 X1 的重要度比 X2 的重要度要高出 3 倍,但实际上它们真正的重要度是一样的。尽管数据量已经很大且没有噪声,且用了 20 棵树来做随机选择,但这个问题还是会存在。

值得注意的是,关联特征的打分存在不稳定的现象,这不仅仅是随机森林特有的,大多数基于模型的特征选择方法都存在这个问题。

2) 平均精确率降低

另一种常用的特征选择方法就是直接度量每个特征对模型精确率的影响。主要思路是打乱每个特征的特征值顺序,并且度量顺序变动对模型的精确率的影响。很明显,对于不重要的变量来说,打乱顺序对模型的精确率影响不会太大,但是对于重要的变量来说,打乱顺序就会降低模型的精确率。这个方法 sklearn 中没有直接提供,但是很容易实现。

【例 9-12】 继续在波士顿房价数据集上进行实现。

```
rom sklearn.cross_validation import ShuffleSplit
from sklearn.metrics import r2_score
from sklearn.datasets import load_boston
from collections import defaultdict
from sklearn.ensemble import RandomForestRegressor
import numpy as np

boston = load_boston()
X = boston["data"]
Y = boston["target"]
names = boston["feature_names"]
rf = RandomForestRegressor()
scores = defaultdict(list)
#交叉验证数据的多个不同随机分割的分数
for train_idx, test_idx in ShuffleSplit(len(X), 100, .3):
    X_train, X_test = X[train_idx], X[test_idx]
    Y_train, Y_test = Y[train_idx], Y[test_idx]
    r = rf.fit(X_train, Y_train)
    acc = r2_score(Y_test, rf.predict(X_test))
    for i in range(X.shape[1]):
        X_t = X_test.copy()
        np.random.shuffle(X_t[:, i])
        shuff_acc = r2_score(Y_test, rf.predict(X_t))
        scores[names[i]].append((acc - shuff_acc) / acc)
print("按分数排序的特征:")
print(sorted( [(float('%.4f'%np.mean(score)), feat) for
              feat, score in scores.items()], reverse=True) )
```

运行程序,输出如下:

```
按分数排序的特征:
[(0.7351, 'LSTAT'), (0.5645, 'RM'), (0.08, 'DIS'), (0.0406, 'CRIM'), (0.0405, 'NOX'),
(0.0228, 'PTRATIO'), (0.0169, 'TAX'), (0.0112, 'AGE'), (0.0048, 'INDUS'), (0.0047, 'B'),
(0.0032, 'RAD'), (0.0008, 'CHAS'), (0.0, 'ZN')]
```

在例 9-12 中,LSTAT 和 RM 这两个特征对模型的性能有着很大的影响,打乱这两个特征的特征值,使得模型的性能下降了75%和57%。注意,尽管这些是在所有特征上进行训练得到的模型,然后才得到了每个特征的重要性测试,这并不意味着删掉某个或者某些重要特征后模型的性能就一定会下降很多,因为即便某个特征删掉之后,其关联特征一样可以发挥作用,让模型性能基本上不变。

3. 顶层特征选择

之所以称顶层特征选择,是因为它们都是建立在基于模型的特征选择方法基础之上的,例如回归和SVM,在不同的子集上建立模型,然后汇总最终确定特征得分。

1) 稳定性选择(Stability Selection)

稳定性选择也叫随机稀疏模型(Randomized Sparse Models):基于L1的稀疏模型的局限在于,当面对一组互相相关的特征时,它们只会选择其中一项特征。为了减轻该问题的影响可以使用随机化技术,通过多次重新估计稀疏模型来扰乱设计矩阵,或通过多次下采样数据来统计一个给定的回归量被选中的次数。

稳定性选择是一种基于二次抽样和选择算法相结合的较新的方法,选择算法可以是回归、SVM或其他类似的方法。它的主要思想是在不同的数据子集和特征子集上运行特征选择算法,不断地重复,最终汇总特征选择结果,比如可以统计某个特征被认为是重要特征的频率(被选为重要特征的次数除以它所在的子集被测试的次数)。理想情况下,重要特征的得分会接近100%。稍微弱一点的特征得分会是非0的数,而最无用的特征得分将会接近于0。

【例9-13】 sklearn在随机lasso(RandomizedLasso)和随机逻辑回归中有对稳定性选择的实现。

```
rom sklearn.linear_model import RandomizedLasso
from sklearn.datasets import load_boston
boston = load_boston()
#使用波士顿住房数据
#数据通过 sklearn 实现自动缩放
X = boston["data"]
Y = boston["target"]
names = boston["feature_names"]
rlasso = RandomizedLasso(alpha=0.025)
rlasso.fit(X, Y)
print("按分数排序的特征:")
print(sorted(zip(map(lambda x: format(x, '.4f'), rlasso.scores_), names), reverse=
True))
```

运行程序,输出如下:

```
按分数排序的特征:
[('1.0000', 'RM'), ('1.0000', 'PTRATIO'), ('1.0000', 'LSTAT'), ('0.6150', 'CHAS'),
('0.5750', 'B'), ('0.5000', 'CRIM'), ('0.4100', 'TAX'), ('0.2150', 'NOX'), ('0.1900',
'DIS'), ('0.1450', 'INDUS'), ('0.0500', 'ZN'), ('0.0100', 'RAD'), ('0.0050', 'AGE')]
```

在例9-13中,最高的3个特征得分是1.0,这表示它们总会被选作有用的特征(当然,得分会受到正则化参数alpha的影响,但是sklearn的随机Lasso能够自动选择最优的alpha)。接下来的几个特征得分就开始下降,但是下降得不是特别急剧,这跟纯Lasso的方法和随机森林的结果不一样。能够看出稳定性选择对于克服过拟合和对数据理解来说都是有帮助的。总的来说,好的特征不会因为有相似的特征、关联特征而得分为0,这跟Lasso是不同的。对于特征选择任务,在许多数据集和环境下,稳定性选择往往是性能最好的方法之一。

2）迭代式特征选择

迭代式特征选择是基于各模型进行特征选择。在 scikit-learn 中，有一个称为递归特征剔除法(Recurise Feature Elimination，RFE)，功能就是通过这种方式来进行特征选择。在最开始，RFE 会用某个模型对特征进行选择，之后再建立两个模型，其中一个对已经被选择的特征进行筛选；另外一个对被剔除的模型进行筛选，然后一直重复这个步骤，直到达到我们指定的特征数量。这种方式比前面学习的基于单个模型进行特征选择更加强悍，但是相对地，对计算能力的要求也更高。

【例 9-14】 利用 RFE 包对数据递归特征进行消除。

```
from sklearn.feature_selection import RFE
from sklearn.linear_model import LinearRegression
from sklearn.datasets import load_boston

boston = load_boston()
X = boston["data"]
Y = boston["target"]
names = boston["feature_names"]
#使用线性回归作为模型
lr = LinearRegression()
#对所有特征进行排序,即继续消除,直到最后一个
rfe = RFE(lr, n_features_to_select=1)
rfe.fit(X,Y)
print("按等级排序的特征:")
print(sorted(zip(rfe.ranking_, names)))
```

运行程序，输出如下：

```
按等级排序的特征:
[(1, 'NOX'), (2, 'RM'), (3, 'CHAS'), (4, 'PTRATIO'), (5, 'DIS'), (6, 'LSTAT'), (7, 'RAD'),
(8, 'CRIM'), (9, 'INDUS'), (10, 'ZN'), (11, 'TAX'), (12, 'B'), (13, 'AGE')]
```

参考文献

[1] 埃里克·马瑟斯. Python 编程从入门到实践[M]. 袁国忠，译. 北京：人民邮电出版社，2016.

[2] 芒努斯·利·海特兰德. Python 基础教程[M]. 袁国忠，译. 3 版. 北京：人民邮电出版社，2016.

[3] 李刚. 疯狂 Python 讲义[M]. 北京：电子工业出版社，2019.

[4] 小甲鱼. 零基础入门学习 Python[M]. 北京：清华大学出版社，2016.

[5] 阿尔·斯维加特. Python 编程快速上手——让繁琐的工作自动化[M]. 王海鹏，译. 北京：人民邮电出版社，2016.

[6] 明日科技. Python 数据分析(从入门到精通)[M]. 北京：清华大学出版社，2021.

[7] 韦斯·麦金尼. 利用 Python 进行数据分析(原书第 2 版)[M]. 徐敬一，译. 北京：机械工业出版社，2018.

[8] 明日科技. Python 数据分析从入门到实践[M]. 长春：吉林大学出版社，2022.

[9] 克林顿·布朗利. Python 数据分析基础[M]. 陈光欣，译.北京：人民邮电出版社，2017.

图书资源支持

感谢您一直以来对清华版图书的支持和爱护。为了配合本书的使用,本书提供配套的资源,有需求的读者请扫描下方的"书圈"微信公众号二维码,在图书专区下载,也可以拨打电话或发送电子邮件咨询。

如果您在使用本书的过程中遇到了什么问题,或者有相关图书出版计划,也请您发邮件告诉我们,以便我们更好地为您服务。

我们的联系方式:

清华大学出版社计算机与信息分社网站:https://www.shuimushuhui.com/

地　　址:北京市海淀区双清路学研大厦 A 座 714

邮　　编:100084

电　　话:010-83470236　010-83470237

客服邮箱:2301891038@qq.com

QQ:2301891038(请写明您的单位和姓名)

资源下载:关注公众号"书圈"下载配套资源。

资源下载、样书申请

书圈

图书案例

清华计算机学堂

观看课程直播